U0190971

储能科学与技术丛书

燃料电池的建模与控制及其在分布式发电中的应用

Modeling and Control of Fuel Cells: Distributed Generation Applications

[美] M. 哈希姆·内里 （M. Hashem Nehrir）
王才胜 （Caisheng Wang）　著

赵仁德　张龙龙　李　睿　徐海亮　何金奎　译

机械工业出版社

燃料电池技术近年来得到了快速的发展，尤其是在分布式发电的应用领域。本书除介绍质子交换膜燃料电池的建模外，还介绍了固体氧化物燃料电池和电解器的模型，同时分析了用于燃料电池的电力电子接口电路、并网型和独立型燃料电池发电系统的控制、混合型燃料电池能量系统，以及对燃料电池的挑战与展望。

值得肯定的是，本书中所有的模型在 PSpice 和 MATLAB 中都有建立，同时在书中给出了本书所有模型的仿真文件。

本书对从事分布式发电、燃料电池方面工作的技术人员以及相关专业的高校师生，将会提供极大的帮助。

图书在版编目（CIP）数据

燃料电池的建模与控制及其在分布式发电中的应用/（美）M. 哈希姆·内里（M. Hashem Nehrir）等著；赵仁德等译. —北京：机械工业出版社，2018. 12（2022. 8 重印）
（储能科学与技术丛书）
书名原文：Modeling and Control of Fuel Cells：Distributed Generation Applications
ISBN 978-7-111-61454-8

Ⅰ. ①燃…　Ⅱ. ①M…②赵…　Ⅲ. ①燃料电池 – 研究　Ⅳ. ①TM911. 4

中国版本图书馆 CIP 数据核字（2018）第 267360 号

机械工业出版社（北京市百万庄大街22号　邮政编码100037）
策划编辑：付承桂　责任编辑：付承桂　闻洪庆
责任校对：陈　越　封面设计：鞠　杨
责任印制：郜　敏
北京盛通商印快线网络科技有限公司印刷
2022 年 8 月第 1 版第 2 次印刷
169mm×239mm · 15 印张 · 2 插页 · 284 千字
标准书号：ISBN 978-7-111-61454-8
定价：85. 00 元

凡购本书，如有缺页、倒页、脱页，由本社发行部调换
电话服务　　　　　　　　　　　　网络服务
服务咨询热线：010 - 88361066　　机 工 官 网：www. cmpbook. com
读者购书热线：010 - 68326294　　机 工 官 博：weibo. com/cmp1952
　　　　　　　010 - 88379203　　金 书 网：www. golden - book. com
封面无防伪标均为盗版　　　　　教育服务网：www. cmpedu. com

译 者 序

化石能源的不可持续及其引发的环境问题，使得太阳能、风能等可再生能源在近20年来得到了迅猛发展。并网发电是开发和利用太阳能、风能的主要方式，但由于它们具有随机性和不稳定性的特征，当其发电的比例较高时，将影响电力系统的运行，弃光、弃风不可避免。通过合理配置储能环节，使太阳能和风力发电系统成为可信的电源，具有重要的意义。

而在众多的储能方式中，氢能是最理想的方案，它与电能互补，是未来绿色、低碳、清洁、高效能源体系的重要组成部分。电解水制氢和由燃料电池将氢气和氧气结合起来产生电力，可以实现电能与氢能的相互转换，且转换的过程安静、无污染。

燃料电池是氢能转换为电能的枢纽，种类繁多，相关书籍很多。本书主要介绍了作者10多年来在质子交换膜燃料电池和固体氧化物燃料电池方面的研究成果，融汇了燃料电池系统的理论、建模、接口和控制。对于使用燃料电池进行发电系统设计的研究人员和工程师，有很好的参考作用。本书相关的 MATLAB/SIMU - LINK 和 PSpice 仿真模型在网站 ftp：//ftp. wiley. com/sci_tech_med/fuel_cells 中给出，并且在附录中详细介绍了使用方法，对希望深入研究燃料电池发电系统的读者，本书将起到极好的引导作用。

本书译校者具体分工为：赵仁德译第1、3、5、7、8章及附录，张龙龙译第2章，李睿译第9章，徐海亮译第4、10章，何金奎译第6章，赵仁德统稿并校对全书。本书在翻译过程中，吴尚谦、袁诚、宣丛丛和董雪梅等做了大量工作，在此深表谢意。

限于译者水平，书中难免存在错误和不妥之处，恳请广大读者批评指正。

译者

原 书 前 言

燃料电池在过去的十年受到了密切的关注，在美国国家航空航天局于 20 世纪 60 年代成功地将燃料电池应用于载人航天计划之后，燃料电池技术和不同类型燃料电池的应用取得了显著的进步。

环境问题、降低二氧化碳排放的世界范围内的社会和政治压力、在发电方面追求更高能量转换效率的愿望，是燃料电池技术发展和应用的主要推动力。燃料电池的应用包括分布式发电和燃料电池电动汽车。发电商通过寻求各种降低排放的方法来获得在放开管制的电力市场中的竞争力。另外，为发展新技术以降低碳排放，汽车工业已经开始发展燃料电池汽车，最终的目标是要实现零排放。

以电化学原理为基础的燃料电池的工作原理，通常能够被科学家（即化学家、物理学家和材料学家）和工作于该领域的化学工程师更好地理解。因为燃料电池的最终输出是电，所以，燃料电池的工作原理也需要能够被工作于这一领域的电气工程师所理解，以便于他们能够设计出充分提升燃料电池性能的接口电路和控制器。因此，需要准确的、用户容易掌握的动态燃料电池模型来从电气工程的角度评估燃料电池的稳态和动态性能。本书建立起沟通化学工程师和电气工程师的桥梁。它以一种易被电气工程师理解的简单的语言来解释燃料电池的工作原理，还介绍了在分布式发电和电动汽车领域有较大应用潜力的质子交换膜燃料电池（PEMFC）和固体氧化物燃料电池（SOFC）的物理动态模型。本书的重点就是这两种燃料电池的建模、控制和应用。PEMFC 适用于居民用电和备用电源，如用于分布式发电和燃料电池电动汽车。SOFC 是高温燃料电池，适用于分布式发电和热电联产以获得较高的系统能量效率。

本书主要介绍了作者十多年来在 PEMFC 和 SOFC 方面的研究成果。在本书里融汇了燃料电池系统的理论、建模、接口和控制。本书旨在作为工程师们的参考资料，尤其是电气、化学、机械工程师以及所有对将来的燃料电池能量系统和燃料电池汽车的控制器设计、接口电路设计感兴趣的研究人员。本书各章的内容梗概如下：

第 1 章简要介绍了美国公共电力系统的构成和重构公共电力系统的背景，这种重构导致分布式发电受到日益广泛的关注。然后，本章又概述了分布式发电的概况和分类、燃料电池的分布式发电应用、氢能经济的介绍和对燃料电池供电的社会需求。

第 2 章概述了电能、热能、热力学的基础知识和电化学的过程，这些引出了燃料电池的工作原理。主要几类燃料电池和电解器的工作原理也将在本章介绍。

第 3 ~5 章分别阐述了 PEMFC、管式 SOFC 和电解器的模型。第 3 章给出了 PEMFC 的物理动态模型和电路等效模型及模型的验证。第 4 章给出了管式 SOFC 在不同工作状态下的物理动态模型。水电解的过程和电解器的建模将在第 5 章介绍。这 3 章的重点是 PEMFC、管式 SOFC 和电解器的电气端子特性。

第 6 章给出了燃料电池能量系统用的电力电子开关器件和电路的介绍和建模。电力电子装置是燃料电池系统获得高质量、可控电能输出的重要组成部分。还介绍了旋转（*dq*）坐标系下的数学模型，在随后两章关于控制器设计的内容中会用到。

燃料电池会面临各种负载和电气的扰动。为使燃料电池系统可靠地、持续地输出高质量的电能，合适的控制器是必不可少的。第 7 章和第 8 章别介绍了燃料电池分布式发电系统的独立和并网运行的控制方法和控制器设计。

混合新能源发电系统被认为是将来电力供应的重要部分。第 9 章介绍了两个典型地应用前面讲到的燃料电池模型和控制器设计方法来设计包含燃料电池的混合分布式发电系统的例子。一是使用 PEMFC 的风能、光伏和燃料电池 - 电解器的混合式系统的设计与性能研究，二是 SOFC 在热电联产模式下的运行与效能评估。

第 10 章概述了燃料电池商品化面临的三大挑战（成本，燃料和燃料基础设施，以及材料和制造）。本章还概述了作者对燃料电池当前发展状况和未来潜力的看法和总结。

本书的一个重要的特色是提供计算机仿真模型的电子文件，可在 ftp：//ftp. wiley. com/sci_ tech_ med/fuel_ cells 中下载。这些文件包括：MATLAB/SIMULINK 和 PSpice 环境下的 PEMFC 仿真模型、MATLAB/SIMULINK 环境下的 SOFC 动态模型以及它们在燃料电池分布式发电中的应用模型。这些模型是在 MATLAB/SIMULINK 7. 0. 4 版本中建立的，相应的仿真结果也是在这个版本中仿真得到的。模型的运行指南在本书附录中给出。使用这些模型需要具备 MATLAB/SIMULINK 和 PSpice 软件的基础知识。作者们希望这些模型及其在燃料电池中的应用能够对全世界研究未来燃料电池能量系统的建模和控制方面新技术的教师、学生和研究人员有所裨益。

M. Hashem Nehrir
王才胜
美国蒙大拿州博兹曼市
美国密歇根州底特律市

原 书 致 谢

　　作者诚挚地感谢在准备本书的过程中给予过帮助的人和组织，可以说，没有这些帮助，本书将不可能成书。

　　我们由衷地感谢蒙大拿州立大学电气和计算机工程系的荣誉教授 Don Pierre 博士，他为本书提供了宝贵的建议，并且非常仔细地编辑和校对了几乎整本书。我们还感谢蒙大拿州立大学电气和计算机工程系的 Steven Shaw 博士，在我们研究的过程中曾与他有过富有成效的讨论。

　　蒙大拿州立大学化学和生物工程系的 Paul Gannon 博士对本书第 10 章（燃料电池目前的挑战和发展趋势）的写作有很大贡献。他在燃料处理、燃料电池内部的运行和燃料电池广泛应用所面临的挑战等方面的知识帮助我们为本书完美收官。

　　蒙大拿州立大学电气和计算机工程系的博士研究生 Chris Colson 先生，为从热与功率结合的角度分析 SOFC 的混合运行及效率评价做出贡献，他以前的部分工作被用作第 9 章的一个例子，这部分工作是他与本书的作者、蒙大拿州立大学化学和生物工程系的 Emeritus Max Diebert 教授、蒙大拿州立大学机械和工业工程系的 Ruhul Amin 教授合作完成的。Colson 先生还帮助我们编辑了本书的部分内容。对此，我们非常感谢。

　　在我们研究的过程中，我们在技术会议上做过很多有关 PEMFC 和 SOFC 建模与控制的报告。我们感谢许多人在听完我们的报告后给我们提出的建设性的意见和建议。他们的意见帮助我们丰富了本书的内容。

　　我们对由下列单位提供的与本书内容有关的项目资助表示感谢：蒙大拿 DOEEPSCoR（1994—2001），蒙大拿 NSF－EPSCoR（1998—2000），美国国家科学基金（批准号 0135229，2002—2006）和由美国能源部资助的蒙大拿州立大学高温电化学燃料电池项目，它是一个来自美国巴特尔纪念研究所和西北太平洋国家实验室（批准号 DE －

AC06 –76RL01830，2002—2008）的分包项目。

　　M. Hashem Nehrir 感谢蒙大拿州立大学为他提供宽松的时间（公休假）来准备本书第 1 版草稿。他还感谢蒙大拿州立大学电气和计算机工程系提供的支持和鼓励。

　　我们感谢为本书提供产品照片的下列燃料电池公司：Ballard Power Systems 公司、FuelCell Energy 公司、ReliOn 公司、Siemens 公司、Versa Power Systems 公司和 Hydrogenics 公司。

　　我们感谢美国俄克拉荷马州立大学的 Rama Ramakumar 博士和德国柏林技术大学的 Kai Strunz，他们认真地审阅本书，他们建设性的意见和建议使本书更加全面。我们还感谢 IEEE – Wiley 出版社和汤姆逊数码的工作人员为本书所做的贡献。

　　最后，我们感谢我们的家庭在我们写作本书的过程中给予的鼓励与支持。

M. Hashem Nehrir

王才胜

目　录

译者序

原书前言

原书致谢

第1章　绪论 …………………………………………………… 1

  1.1　背景：美国电网的形成与重构简介 ………………… 2

  1.2　电力管制放开和分布式发电 ………………………… 5

  1.3　分布式电源的类型 …………………………………… 6

  1.4　燃料电池分布式电源 ………………………………… 8

  1.5　氢能经济 ……………………………………………… 11

    1.5.1　简介 ………………………………………………… 11

    1.5.2　转型到氢能经济的挑战 …………………………… 12

    1.5.3　氢的生产 …………………………………………… 12

    1.5.4　氢能的存储和配送 ………………………………… 16

    1.5.5　美国能源部的与氢有关的活动 …………………… 16

    1.5.6　本书的任务 ………………………………………… 18

  参考文献 …………………………………………………… 20

第2章　燃料电池的工作原理 ……………………………… 22

  2.1　引言 …………………………………………………… 23

  2.2　元素的化学能与热能 ………………………………… 23

  2.3　热力学基础 …………………………………………… 24

    2.3.1　热力学第一定律 …………………………………… 24

    2.3.2　热力学第二定律 …………………………………… 24

  2.4　电化学基础 …………………………………………… 26

    2.4.1　吉布斯自由能 ……………………………………… 26

  2.5　化学反应中的能量平衡 ……………………………… 27

  2.6　能斯特方程 …………………………………………… 28

  2.7　燃料电池的基础 ……………………………………… 29

  2.8　燃料电池的类型 ……………………………………… 30

  2.9　燃料电池等效电路 …………………………………… 39

  2.10　双电层电容效应 …………………………………… 40

  2.11　总结 ………………………………………………… 41

  参考文献 …………………………………………………… 42

第3章　质子交换膜燃料电池的动态建模与仿真 … 43

  3.1　引言：燃料电池动态模型的需求 ………………… 44

3.2 专门术语（PEMFC） ···················· 44

3.3 PEMFC 的动态模型建立 ···················· 47

 3.3.1 电极上的气体扩散 ···················· 48

 3.3.2 物质守恒 ···················· 50

 3.3.3 PEMFC 的输出电压 ···················· 50

 3.3.4 PEMFC 的电压降 ···················· 51

 3.3.5 PEMFC 热力学平衡 ···················· 53

3.4 PEMFC 的模型结构 ···················· 54

3.5 PEMFC 的等效电路模型 ···················· 55

3.6 PEMFC 模型的验证 ···················· 59

参考文献 ···················· 64

第 4 章 固体氧化物燃料电池的动态建模与仿真 ···················· 65

4.1 引言 ···················· 66

4.2 术语（SOFC） ···················· 66

4.3 SOFC 动态建模 ···················· 68

 4.3.1 有效分压 ···················· 69

 4.3.2 物质守恒 ···················· 71

 4.3.3 SOFC 输出电压 ···················· 72

 4.3.4 管状 SOFC 的热力学能量平衡 ···················· 76

4.4 SOFC 动态模型结构 ···················· 78

4.5 恒定燃料流量操作下 SOFC 模型的响应特性 ···················· 79

 4.5.1 稳态特性 ···················· 79

 4.5.2 动态响应 ···················· 81

4.6 恒定燃料利用率模式下的 SOFC 模型响应 ···················· 85

 4.6.1 稳态特性 ···················· 86

 4.6.2 动态响应 ···················· 87

参考文献 ···················· 88

第 5 章 电解槽的运行原理和建模 ···················· 90

5.1 电解槽的运行原理 ···················· 91

5.2 电解槽的动态建模 ···················· 92

 5.2.1 电解槽的静态（$V-I$）特性 ···················· 93

 5.2.2 制氢速率的建模 ···················· 93

 5.2.3 电解槽的热模型 ···················· 94

5.3 电解槽模型的实现 ···················· 95

参考文献 ···················· 97

第 6 章 应用于燃料电池的功率变换器 ···················· 98

6.1 引言 ···················· 99

6.2 功率半导体开关器件的概述 ···················· 100

 6.2.1 二极管 ···················· 100

 6.2.2 晶闸管 ···················· 100

6.2.3 双极结型晶体管 ·· 101
6.2.4 金属 - 氧化物半导体场效应晶体管 ································ 102
6.2.5 门极可关断晶闸管 ··· 103
6.2.6 绝缘栅双极型晶体管 ·· 103
6.2.7 MOS 控制晶闸管 ··· 104
6.3 AC/DC 整流器 ··· 105
6.3.1 电路拓扑 ·· 105
6.3.2 三相可控整流器的简化模型 ··· 107
6.4 DC/DC 变换器 ·· 110
6.4.1 升压变换器 ··· 110
6.4.2 降压变换器 ··· 114
6.5 三相 DC/AC 逆变器 ··· 117
6.5.1 电路拓扑 ·· 117
6.5.2 状态空间模型 ·· 119
6.5.3 abc/dq 变换 ·· 122
6.5.4 dq 坐标系下状态空间模型 ·· 123
6.5.5 三相 VSI 的理想模型 ··· 124
参考文献 ··· 127

第 7 章 并网型燃料电池发电系统的控制 ··· 128
7.1 引言 ·· 129
7.2 并网系统的配置 ··· 129
7.2.1 PEMFC 单元的配置 ·· 130
7.2.2 SOFC 单元的配置 ··· 131
7.3 DC/DC 变换器和逆变器的控制器的设计 ····································· 132
7.3.1 升压 DC/DC 变换器电路和控制器的设计 ··························· 132
7.3.2 三相 VSI 的控制器的设计 ··· 136
7.4 仿真结果 ·· 143
7.4.1 期望输出到电网的有功和无功功率——重载 ························ 143
7.4.2 轻载情况下向电网输出有功功率、从电网吸收无功功率 ········· 146
7.4.3 燃料电池的负载性能跟随分析 ··· 150
7.4.4 故障分析 ·· 152
7.5 总结 ·· 154
参考文献 ··· 154

第 8 章 独立型燃料电池发电系统的控制 ··· 157
8.1 引言 ·· 158
8.2 系统描述和控制策略 ·· 158
8.3 减缓负载瞬变控制 ··· 159
8.3.1 铅酸蓄电池的电路模型 ··· 160
8.3.2 电池充/放电控制器 ·· 161
8.3.3 滤波器的设计 ·· 162

8.4 仿真结果 ······ 163
8.4.1 负载的暂态变化 ······ 163
8.4.2 负载瞬变减缓 ······ 166
8.4.3 蓄电池充/放电控制器 ······ 170
8.5 总结 ······ 172
参考文献 ······ 172

第9章 基于混合燃料电池的能源系统案例研究 ······ 174
9.1 引言 ······ 175
9.2 混合电子接口系统 ······ 176
9.2.1 直流耦合系统 ······ 176
9.2.2 交流耦合系统 ······ 178
9.2.3 不同于并网系统的独立运行系统 ······ 178
9.3 热电混合运行模式下的燃料电池 ······ 179
9.4 案例研究Ⅰ：风能－光伏－燃料电池混合式独立发电系统 ······ 180
9.4.1 系统结构 ······ 180
9.4.2 系统单元规格 ······ 182
9.4.3 系统组件特性 ······ 185
9.4.4 系统控制 ······ 186
9.4.5 仿真结果 ······ 191
9.5 案例研究Ⅱ：混合运行模式 SOFC 的效率评估 ······ 196
9.5.1 热力学定律与 SOFC 效率 ······ 196
9.5.2 氢燃料热值 ······ 200
9.5.3 SOFC 电效率 ······ 201
9.5.4 混合热电联产运行模式 SOFC 的效率 ······ 202
9.6 总结 ······ 204
参考文献 ······ 204

第10章 燃料电池目前的挑战和发展趋势 ······ 210
10.1 引言 ······ 211
10.2 燃料电池系统运行 ······ 211
10.2.1 燃料处理器 ······ 211
10.2.2 燃料电池堆 ······ 212
10.2.3 功率调节器系统 ······ 213
10.2.4 发电厂平衡（BOP）系统 ······ 215
10.3 当前的挑战和机遇 ······ 216
10.3.1 成本 ······ 216
10.3.2 燃料和燃料基础设施 ······ 216
10.3.3 材料和制造 ······ 217
10.4 美国燃料电池研发项目 ······ 218
10.4.1 美国能源部的 SOFC 相关项目 ······ 218
10.5 燃料电池的未来：综述和作者的观点 ······ 219
参考文献 ······ 220

附录 运行 PEMFC、SOFC 模型及其分布式发电应用模型的指南 ······ 223

第1章 绪论

全球环境问题和日益增加的发电需求、稳步推进电力放松管制和新建用于长距离电能输送的输电线路的严格限制增加了大家对分布式发电的兴趣。特别让大家感兴趣的是由风能、光伏等免费能源构成的可再生分布式发电和由燃料电池、微型燃气轮机发电系统构成的低污染气体排放的可替代能源分布式发电。

本章首先介绍了电力系统重构的一些背景，电力重构导致人们对分布式发电兴趣增加；然后，对不同类型的分布式发电进行了概述；接下来介绍了燃料电池分布式发电系统；由于所有可行的燃料电池都使用氢气作为燃料，本章的最后一部分涉及氢能经济和对燃料电池供电的需要。

1.1 背景：美国电网的形成与重构简介[1-4]

美国电网形成于 19 世纪晚期，是各自独立没有相互连接的电力系统。在 20 世纪 20 年代，为了相互协助实现负荷分担和电源备用，独立的电力系统相互连接起来。1934 年，美国国会通过了《公共事业控股法案》（PUHCA），它增加了证券交易委员会的管辖范围以及联邦电力委员会的管辖范围。该法案建立了激励机制来促进独立电网扩张并构建地区电网，几个州的电网公司可以组合成一个地区电网公司。每个电网公司在其投资者拥有的区域内垄断经营，有发电、输电和配电等业务。但是，每个电网公司受国家调控，其价格须由公用事业委员会批准。

1977 年，美国能源部（DOE）成立，其目的是为了监督国家的与能源相关的活动。在能源部中，设有联邦能源监管委员会（FERC）来建立电能生产、传输和电能质量的规则。

1978 年，美国国会通过了《公共事业政策法案》。这一法案鼓励将非电力企业所有的发电技术整合到现有的电网中，这些发电技术包括传统能源发电技术和非传统（可再生/替代）能源发电技术。在上面的法案中，联邦能源监管委员会为这些电源接入电网设置了规则。直到 20 世纪末，电网仍是在垂直的（垄断）结构下运行，每个电力公司在特定的区域垄断发电、输电和配电的业务。

1992 年由美国国会颁布的主要的能源政策法案，推动了美国电力行业进入全面重构，到现在已超过了 15 年，仍在重构的过程中。因为这个法案诞生了"免税大规模发电机（EWG）"实体，它们只能在批发市场上而不能在零售市场上出售它们发的电。相反地，电网没有要求必须从 EWG 买电，但被要求从包括可再生/替代能源发电企业的合格发电企业买电。这项能源政策法案在常规电能供应上产生了由区域级到联邦级的重要转换，而联邦能源监管委员会仍是其规则制定机构。根据这项政策法案，发电实体可将其发的电接入输电系统。1996 年，联邦能源监管委员会发布了"麦格规定（Mega Rule）"，规定了输电入口的开放程度将被控制，它要求输电系统的拥有者对所有用户一视同仁且服务必须明码标价。

逐渐地，原来的垂直电网结构，即一家企业拥有发电、输电和配电的所有业务，变为一个水平的结构。在这种新的结构中，发电、输电和配电公司各自变为独立的公司，被称为发电集团、输电集团和配电集团。发电只是三个实体中的一个，这是真正的放开管制，于是很多独立的发电企业（IPP）成立了并且找到了销售他们所生产电能的机会。这种变化为大型和小型电力营销商创造了机会，他们为独立的发电企业（或发电集团）卖电。自 1996 年电力重构开始以来，联邦能源监管委员会一直在推广成立区域输电组织（RTO）的做法。

1999 年，FERC Order 2000（联邦能源监管委员会 2000 年指南）中要求输电系统的拥有者将他们的输电系统置于区域输电组织的控制下。目前，有几个区域已经成立了或者正在计划成立独立系统运营商（ISO），来运营他们的输电系统、提供输电服务。2005 年，美国政府通过了《2005 能源法案》，该法案授权成立用电可靠性组织（ERO），该组织有权要求所有市场参与者必须遵守国家用电可靠性委员会（NERC）制定的可靠性标准，而这在 2005 年以前是自愿的。2006 年，联邦能源监管委员会认定国家用电可靠性委员会（NERC）是美国的用电可靠性组织（ERO）。考虑到美国与加拿大电力系统是紧密连接的，国家用电可靠性委员会（NERC）也在寻求被加拿大政府正式承认为用电可靠性组织（ERO）。

图 1.1a 展示了过去的垂直电力系统结构，某一区域的发电、输电和配电系统属于该区域的电力公司，在这一区域内由该公司进行售电。图 1.1b 展现了重构后的水平电力系统，在这种系统中，不同的发电集团出售他们发的电，输电和配电集团则将这些电能传递到用户。图 1.2 展示了独立系统运营商在重构的电力系统和放开管制的电力市场中的作用，其监管电能从发电到输电再到配电的整个过程，包括电的交易（买/卖）。独立运营商的结构和实体取决取当地的市场结构。在写本书的时候，电力管制放开和电力系统重构正在全球范围内积极地开展着。

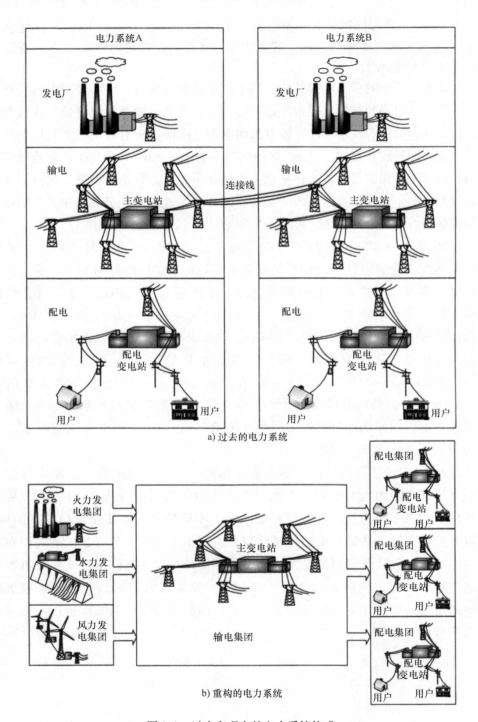

a) 过去的电力系统

b) 重构的电力系统

图 1.1　过去和现在的电力系统构成

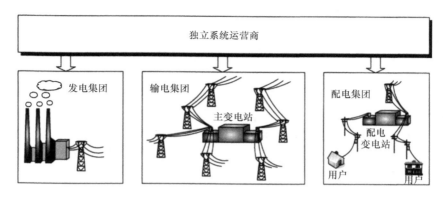

图 1.2　独立系统运营商在重构的电力系统中的角色

1.2　电力管制放开和分布式发电[1,4]

　　如前所述，电力管制放开后，出现了许多独立的发电企业，这也激发了对分布式能源发电的考虑。这种考虑背后的主要原因曾经是，现在仍然是经济性和市场驱动力。在 20 世纪最后四分之一的时间里，发电能力增长缓慢但用电需求增长快速，导致电力系统的备用发电容量减少，使系统变得脆弱，因而需要增加额外的发电容量。建设大型集中式的发电厂和扩大输电基础设施背后的经济制约因素，鼓励了对分布式能源发电的考虑。分布式发电具有模块化结构和更低的建造成本，通常布置在配电网中靠近负载的地方，尺寸较小（相对于相同发电容量的系统所需的尺寸）。如果可能，分布式发电可以策略性地（最好）放置在配电系统来加固电网，减少损耗和高峰期运行成本，改善电压曲线和负载率。因此分布式发电的安装可以推迟或消除系统升级的需要，并且能够提升系统的完整性、可靠性和效率。由于这些优势，分布式发电已成为，现在仍然是一个优先方案。

　　分布式发电也有壁垒和障碍，必须加以克服，才能成为主流。这些障碍包括技术、经济和监管问题。所提出的某些技术还没有进入市场，在进入市场之前，它们需要先满足一些定价和性能目标。除此之外，分布式发电所面临的最重要的问题是安全问题、运行问题、电能质量问题和问责问题。下面简要地介绍这些问题。

　　安全问题是非常重要的。如果在电网停电后不采取适当措施断开接在电网上的分布式发电系统，那么，分布式发电系统在电网停电后仍然会使电线带电（这会使维修人员在对断电的电线操作时不安全）。IEEE 电力工程学会在制定"电力孤岛"检测标准的过程中起了主导作用（例如 IEEE 1547[26]），所谓"电力孤岛"，是指主电网已停电但分布式电源仍然接在电网上给相邻的负载供电。根据前面的标准，处于孤岛状态的分布式电源必须在电网断电后 2s 内从电网断开。开发可靠的孤岛检测和使分布式电源能够自动切换为独立供电模式为某些重要负载继续供电的研究正在进行。尽管传统的和现代的分布式电源仍存在着技术和社会经济问题，但仍有望在全球范围内普及。

分布式电源的运行和可靠性问题对于其接入的配电系统来说既有积极影响又有消极影响。分布式电源通常接到配电网上，能够通过提供无功来对电网电压进行支撑。如果配电系统能够正确配置分布式电源接入，电压支撑将有助于配电系统的可靠运行。反之，分布式电源会对配电系统的运行产生负面影响。例如，输出波动的分布式电源（如风能和太阳能）不能在合适的时间提供所需要的电能，而且，采用感应发电机的分布式电源（如风力发电）将从电网吸收无功，实际上恶化了配电网的无功协调和运行的可靠性。

电能质量问题日益突出，由于更多的现代分布式电源（如风能、太阳能和燃料电池）利用电力电子装置（如 DC/DC 变换器和 DC/AC 逆变器）与电网连接。这些装置向电网注入非正弦（或至少不完美的正弦）电流。如果这些装置产生的谐波没有被很好地滤除的话，它们将引起分布式电源接入的配电网的运行问题，而且还可能引起接入同一配电网的其他负载发生故障。IEEE 519—1992 和 IEEE 1547—2003 建议分布式电源注入电网的总电流谐波失真应小于 5%[25,26]。

与分布式电源有关的问责问题非常复杂。最终用户可能不了解或不关心电力行业重构的本质，但他们想要可靠的电能。在配有一个或多个分布式电源的配电系统中，如果分布式电源停机或者不能向电网提供所需的电能，提供给最终用户电能的质量可能会降低。出现这样的问题，谁将为用户负责？是分布式电源的所有者还是最终用电服务的提供商？这是电力行业重构面临的一个严重的问题，而且将随着分布式电源在电网中所占比例的增大变得更加严重。因此，解决这些问题需要周密严谨的政策、法规和购销协议，而这使得联邦能源监管委员会在放开电力市场管制后的作用比以往更加重要。

1.3　分布式电源的类型

在本书中，分布式电源指的是从几 kW 到 10MW 的发电系统，既包括并网型发电系统，也包括在没有电网供电的地方作为独立电源供电的发电系统。通常小型分布式电源，容量在 5～250kW 之间，供电范围从普通家庭到大型建筑（以独立供电或并网的形式）。并网型大容量的分布式电源由电网或独立的发电企业来管理。它们分布在重要的地方，通常在靠近负载中心的配电网，用来进行负荷支撑、电压支撑和调节以及降低线损。分布式发电技术可以分为可再生能源分布式发电和不可再生能源分布式发电。

可再生能源发电技术一般是可持续的（即它们的能源不会耗尽），对环境破坏很少或没有破坏。它们包括如下几大类：

- 太阳能光伏发电；

- 太阳能热发电;
- 风力发电;
- 地热发电;
- 潮汐发电;
- 低水头(小)水电;
- 生物质能和沼气发电;
- 氢燃料电池(这里的氢是指由可再生能源产生的)。

不可再生能源发电技术是指采用汽油、柴油、石油、丙烷、甲烷、天然气或煤等化石燃料作为能源的发电技术。化石能源型分布式电源被认为是不可持续的,因为这些能源不可再生。它们主要包括如下几类:

- 内燃机;
- 燃气轮机;
- 微型燃气轮机;
- 氢燃料电池(这里的氢是指由天然气等化石燃料产生的)。

上述这两类分布式电源(可再生和不可再生)在世界各地流行和广泛使用。可再生分布式电源的缺点是可再生能源的间歇性,以化石燃料为基础的分布式电源的缺点在于它们对环境产生污染,并且在某些情况下会产生有毒废气,如 SO_2 和 NO_x,它们与传统的集中发电厂中排放的污染物类似。但是,考虑到对电力的需求日益增加,具有低污染气体排放的不可再生分布式发电技术的优点大于缺点,预计在可预见的未来会得到应用。

燃料电池发电技术可以属于上述两类中的任何一类,这取决于氢是如何生产的。如果燃料电池所需的氢燃料是由可再生能源生产的,燃料电池发电被认为是可再生能源分布式发电技术。这种情况的一个例子(即用风能和太阳能产生氢提供给燃料电池组)将在第9章给出。反之,如果燃料电池所需的氢燃料是由化石能源(例如天然气或沼气)生产的,燃料电池发电被认为是不可再生能源分布式发电技术。

通过仔细设计,由精选化石燃料驱动的分布式电源可以氧化一些化石燃料(通过与氧结合)来产生热量。这种运行模式,无论是在机电(旋转)系统还是电化学(燃料电池)系统中,都被称作热电联产(CHP)运行模式。

表 1.1 给出了一些现有和潜在的分布式发电技术的容量和效率范围,有不可再生的也有可再生的。

表 1.1 现有和潜在的分布式发电技术的可调度性、容量范围和频率范围[2,5,27,28]

分布式发电的类型	容量范围	效率范围(%)	可调度性
内燃机发电	50kW ~ 5MW	25 ~ 40	是
燃气轮机发电	1 ~ 100MW	30 ~ 40	是
微型燃气轮机发电	10 ~ 500kW	20 ~ 30	是
风力发电	150kW ~ 5MW	<40	否
光伏发电	200W ~ 10MW	10 ~ 20	否

（续）

分布式发电的类型	容量范围	效率范围（%）	可调度性
生物质能发电	20～50MW	10～20	是
燃料电池	0.5kW～3MW	40～65	
磷酸燃料电池	50kW～1MW	约40	
质子交换膜燃料电池	0.5kW～1MW	35～40	是
固体氧化物燃料电池①	5kW～2MW	45～65	
熔融碳酸盐燃料电池①	5kW～3MW	50	

① 这些燃料电池在热电联产模式下的效率可以达到或超过80%。

　　大多数新型分布式发电系统中由电力电子装置来输出可用的电能，它们通常被称为"电力电子接口的分布式电源"。通过控制这些发电系统的电力电子接口单元，就可以极大地改进它们的功率控制。这些发电装置的输出电压，不管是直流还是交流，通常先转换为可控的直流电压，然后转换为可用的直接并网或独立运行的交流电。

　　分布式电源对当前的电力系统既有正面影响，也有负面影响。这些新的问题，如孤岛检测及操作（前面讨论过的）、分布式电源在电力系统中的容量和位置优化等问题，使分布式电源的运行成为一个重要的研究领域，以帮助分布式发电发挥出最大潜力。

　　下一节将介绍本书的重点——燃料电池分布式电源（FCDG）。

1.4　燃料电池分布式电源

　　燃料电池是静止的能量转换装置，它将燃料的化学能直接转换为直流电能。燃料电池有非常广阔的应用，这些应用包括微电源、辅助电源、交通电源和静止的建筑电源以及热电联产的应用。

　　进入21世纪以来，燃料电池技术已经历了指数级的增长，世界范围内已安装的燃料电池的数目迅速增长。如图1.3所示，政府的政策、舆论和燃料电池技术的进步都促成了这一显著增长。像计算机技术在20世纪下半叶的快速发展一样，燃料电池（和燃料电池分布式电源）技术将在21世纪的上半叶迅猛发展。然而，燃料电池分布式电源必须先克服一系列的障碍才能成为可靠的能源。主要的障碍是技术和经济问题。

　　2005年，美国能源部更新了《氢能、燃料电池和基础设施技术项目的多年研究、开发和示范计划》。这个计划勾画出成本、耐用性和功率密度等燃料电池关键性能指标的产业目标。为促进固态氧化物燃料电池的发展，汇集政府、工业界和科研界的固态能源转换联盟（SECA）在1999年成立，固态氧化物燃料电池在住宅、辅助电源和分布式发电应用等领域显示出巨大的潜力。这些年来，政府（通

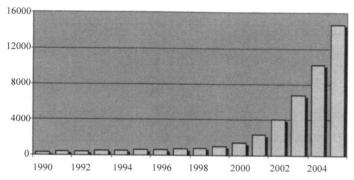

图 1.3　1990～2005 年世界范围内的燃料电池累计装机容量
（数据来源：2005 年燃料电池的全球调查，www. fuelcelltoday.com[29]）

过国家实验室）、工业界和大学通力合作，促进了燃料电池技术的进步。这种支持给燃料电池一个潜在的美好未来，尽管它在能源市场中发挥重要作用之前，仍有大量的工作要做。

在各种不同的燃料电池中，质子交换膜燃料电池（PEMFC）、固体氧化物燃料电池（SOFC）和熔融碳酸盐燃料电池（MCFC）在分布式发电的应用上潜力巨大。质子交换膜燃料电池（PEMFC）和固体氧化物燃料电池（SOFC）在交通应用中有巨大潜力。与传统的发电厂相比，这些燃料电池分布式电源有许多优点，如高效率、零排放或低排放（污染气体）和灵活的模块化结构。燃料电池分布式电源可以被战略性地分配到电力系统中的任何位置（通常在配电网）来加强电网、推迟或消除系统升级的需求和提高系统的完整性、可靠性、效率。

表 1.2 给出了质子交换膜燃料电池的现状和美国能源部为其设定的目标[17,18]，表 1.3 总结了固体氧化物燃料电池目前的发展阶段和固态能源转换联盟的目标[19-21]。考虑到燃料电池的研究得到重点支持，实现美国能源部和固态能源转换联盟目标的可能性很大。

表 1.2　在固定应用场合①质子交换膜燃料电池堆②的现状和美国能源部为其设定的目标

参数	单位	现状	2010 目标
电池堆的功率密度	W/L	1330	2000
电池堆的比功率	W/kg	1260	2000
25% 额定功率时电池堆的效率	%	65	65
额定功率时电池堆的效率	%	55	55
贵金属含量	g/kW	1.3	0.3
成本	美元/kW	75	30
循环耐久性	h	2200③	5000
动态响应（从 10% 到 90% 额定功率所需时间）	s	1	1
-20℃ 环境温度冷启动到 90% 额定功率时间	s	100③	30
生存力（最低环境温度）	℃	-40	-40

① 不包括储氢和燃料电池辅助设备：热、水、空气管理系统。

② 基于参考文献 [17] 中报道的直接以氢为燃料的 80kW（净）交通用燃料电池堆的技术目标。

③ 基于巴拉德电力系统 2005 年报告的性能数据[18]。

表1.3 在固定应用场合的 3~10kW 固体氧化物燃料电池模块的现状及固态能源转换联盟的目标

	阶段			
	I①	现状	II	III（到 2010 年）
成本	800 美元/kW	724 美元/kW②	③	400 美元/kW
效率	35%~55%	41%②	40%~60%	40%~60%
稳态测试小时	1500h	1500h	1500h	1500h
可用性	80%	90%②	85%	95%
每 500h 功率下降	≤2%	1.3%④	≤1%	≤0.1%
瞬态测试周期	10	n/a	50	100
循环测试后功率下降	≤1%	n/a	≤0.5%	≤0.1%
功率密度	0.3W/cm²	0.575W/cm²⑤	0.6W/cm²	0.6W/cm²
工作温度	800℃	700~750℃④	700℃	700℃

① 已实现的第一阶段目标。通用电气公司是六个固态能源转换联盟行业团队中第一个完成第一阶段规划的[20]。

② 基于通用电气公司报告中的数据。

③ 有实现 400 美元/kW 的潜力[19]。

④ 基于燃料电池能源公司报告中的数据[21]。

⑤ 基于 Delphi 公司报告中的数据[20]。

　　燃料电池能源系统中包括电力电子接口装置，可以向外输出可控的直流和交流电能。通过控制电力电子器件，可以控制输出的电压和功率。图 1.4 给出了燃料电池能源系统的主要工作流程。含碳氢化合物的燃料（例如，天然气）被输送至燃料处理器，将它们变得清洁后转换为富含氢气的气体。气体重整的原理将在 1.5.3 节进行简单讨论。在每个燃料电池中，通过电化学能量转换（在第 2 章中解释），氢能被转换为直流电能。这些燃料电池通过串联和并联组合在一起（称为燃料电池堆）以产生特定应用所需的功率和电压。功率调节单元将直流电能转换为用户所需的稳定的直流或交流电能。燃料电池系统中还可能有储能装置，来进行能量管理和/或减缓瞬态负载冲击，能量在燃料电池与储能装置之间可以双向流动，如图 1.4 所示。燃料电池的副产品有热和清洁的尾气，它们可以用来进行水或

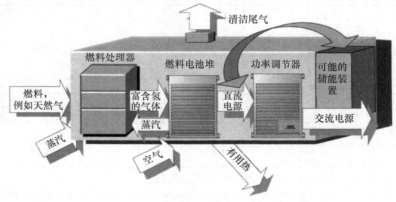

图 1.4 一个通用燃料电池能源系统的主要流程

空间的加热，或者用来产生额外的电能。

适当地控制功率调节单元，可以实现对燃料电池系统电压和功率的控制。因此，燃料电池和电力电子装置的精确数学模型对于两者之间的协调性评价和控制器的设计是非常必要的。燃料电池分布式发电系统的建模和功率调节单元（即 DC/DC 变换器和 DC/AC 逆变器）控制器的设计将在第 3、4、6、8、9 章详细讨论。

1.5　氢能经济

1.5.1　简介

氢能、氢的生产和使用及氢能经济等都不是新的概念。自从英国科学家威廉·格罗夫首先在 1839 年阐明了燃料电池利用氢气和氧气工作的基本原理（见第 2 章）。世界上许多研究者已研究出了不同的生产和使用氢能的方式。能源特别是氢能不同生产方法的研究，在 20 世纪 50 年代开始增多，且在 1973 年石油生产国发起石油禁运以后飞速发展。自此，从风能和太阳能等可再生能源中生产能量，并利用这些能量进行氢能的生产，以及燃料电池等已经引起了全世界的关注，例如参考文献［6 - 10］。这样的研究活动目前正在进行，并且正处在鼎盛时期。

1990 年美国国会通过了一项《氢能研究和发展法案》，该法案要求美国能源部为氢能技术开发关键硬件，作为迈向氢能经济的重要一步。基于该项法案，成立了一个由行业和学术界专家组成的氢能技术咨询小组，该小组向能源部部长提供有关氢能发展的现状和推荐方向的建议。1996 年美国国会又通过了《未来氢能法案》，进一步促进氢能生产、存储、运输和使用技术的开发和示范。

2001 年，美国能源部宣布它的国家愿景——在 2030 年及以后过渡到基于氢能的经济。应美国能源部的要求，美国国家科学院国家研究委员会（NRC）于 2002 年任命了未来氢生产和使用方案与策略委员会来解决氢能经济的复杂问题。这个委员会是由美国国家科学院国家研究委员会（NRC）的能源和环境系统理事会、美国国家科学和工程院（NAE）计划办公室构成。它评估氢能的生产、运输、存储和最终应用技术的现状与成本。这个委员会也负责审核能源部的氢能的研究、开发和示范策略。该委员会所持的愿景仍被认为是可以实现的。

氢能经济是指依靠氢作为燃料的经济，能够提供一个国家相当大的一部分以能源为基础的商品和服务。这一愿景是基于两个预期：① H_2 可以由国内能源以实惠又环保的方式生产；②基于 H_2 的燃料电池和燃料电池车辆可以在与常规发电和运输车辆的竞争中获得市场份额。如果这些期望能够实现，整个世界将从减少能源中断的脆弱性、改善环境质量，特别是减少碳排放中受益。然而，在这一愿景能够成为现实和经济转型发生之前，必须克服许多技术、社会和政策挑战来使基于 H_2 的燃料电池和燃料电池车辆得到广泛使用[11 - 15]。

H_2 是一种多用途的能源载体（是能量存储的介质，不是一次能源），它具有在包括固定式发电和交通运输等多种应用中使用的潜力。H_2 是可燃的，可以在常规内燃机中用作燃料以产生机械或电功率。它也可以在燃料电池内与氧结合产生电能。在这两种情况下，使用 H_2 的总能量效率高于采用如煤、柴油和汽油等传统燃料的内燃机。尤其是氢燃料电池车辆的效率预计将达到以汽油为燃料的内燃机车辆的 $2 \sim 3$ 倍。再者，与传统内燃机排出污染气体作为燃烧的结果不同，氢燃料电池和氢燃料电池车辆只排出水蒸气。正是由于这些原因，H_2 的生产已经受到了全世界的极大关注，燃料电池和氢燃料电池车辆通常被看作是减少对石油依赖的一种手段。

1.5.2 转型到氢能经济的挑战[11,24]

扩大使用氢作为能源载体能够解决当今许多关于使用传统化石燃料的问题，这些问题包括能源安全和环境质量等。尽管氢能经济有引人注目的优点，转型到氢能经济仍面临多重挑战。与汽油和天然气不同，氢能没有现有的大规模基础设施配套，建设这样的基础设施需要大量投资。尽管氢的生产、存储和输送技术目前在化工和炼油工业中已投入使用，但现有的氢的存储和转换技术成本太高，还远不能得到广泛的使用。

向氢能经济转型可能要经过一个漫长的过程，在这一过程中，燃料电池车辆和氢燃料电池发电单元与传统内燃机车辆和发电单元相比还没有竞争力（至少在成本上）。因此，预期氢燃料的需求将在转型期间受到限制，有限使用的氢可以通过分布式生产技术来制造。然而，在通过天然气蒸汽甲烷重整（SMR）或电解等方法进行小规模生产氢能以前，必须解决在氢能生产、存储和输送中面临的安全和成本效益的挑战。

天然气是不可再生的，温室气体（CO_2）的排放也与它的使用有关，因此，它不能成为长期制氢所依赖的能源，特别是那些缺乏天然气储备的国家。然而，它被认为是一种在转型期内有潜力的制氢能源。

风能和太阳能是为电解水分布式制氢提供所需电能的环保选项。这种生产方式在集中式制氢和输送的大量投资到位之前为市场的发展留出时间，集中式制氢面临着众多挑战，如需要氢气输送管道、存储和配送基础设施等。

在本节的剩余部分，将讨论发展氢能经济必不可少的关键因素，即氢的生产、使用、存储和配送，以及美国能源部旨在促进氢能经济的氢能研究计划。

1.5.3 氢的生产

可用于生产氢气的各种技术包括：

- 通过天然气重整制氢；
- 煤的转化制氢；
- 使用核能制氢；
- 使用电网的电或由风能和/或太阳能发出的电来电解水制氢；
- 生物质能制氢。

上述技术及其相关联的技术挑战将在下面进行简要的说明。

1.5.3.1 天然气重整制氢

天然气是用于制氢的最具成本效益的化石燃料。目前，美国 90% 以上的氢气是通过天然气的蒸汽甲烷重整生产的，其主要原因是天然气的供应是充足的。此外，天然气中氢的含量比例很高，价格也实惠。它的缺点是天然气是化石燃料，使用量的增加将最终导致成本的增加。蒸汽甲烷重整还可以应用于其他的富含氢的燃料（烃），如甲烷和汽油等。图1.5给出了一个典型的蒸汽甲烷重整的流程框图。烃燃料会先经过纯化过程，将它的有毒物质如硫和氯化物等清除。纯化不仅会提高产品（H_2）的质量，而且增加了后面重整和系统中使用的其他催化剂的寿命。然后将纯化的烃在高温下与蒸汽反应（$750 \sim 800℃$），产生合成气体，主要是 CO 和 H_2 的混合物。在上一步骤中产生的 CO 将在催化剂的帮助下通过水转移反应转化成氢。液体吸收系统将 CO_2 从产生的气体中除去。甲烷化方法可应用于生产高纯度的氢，以进一步除去碳氧化物的残留。

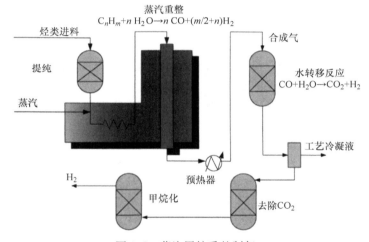

图 1.5　蒸汽甲烷重整制氢

用天然气进行分布式制氢可能是转型期成本最低的方案。例如，当像燃料电池和燃料电池车辆等消耗氢气的设备进入市场时，制氢设备会被布置在服务站为燃料电池车辆加注燃料。研制出可靠的、能够大量生产的、在服务站运行的制氢设备是一个主要的挑战。天然气不被认为是适合于集中式制氢的一种长期燃料[11]。

1.5.3.2　煤制氢

煤有用来大规模集中式制氢的极佳的潜力。然而，只有对氢的需求大到足以支持一个大的氢气配送系统时，煤的使用从长远来看才是合理的。据预测，美国有足够的煤，这些煤可以产生超过两个世纪氢能经济需求的氢[11]，而且支持这一技术的大量的煤炭基础设施已存在。另外，大多数用煤制氢的问题和技术类似于与燃煤发电厂有关的问题和技术。煤的汽化技术是特殊情况，这是用煤清洁高效制氢的关键。如图1.6所示，煤的汽化技术是煤在高温和增压过程中被氧气和蒸汽部分氧化，而不是在现有的燃煤发电厂中使用的燃烧过程。用煤的汽化过程来制氢，提供了低成本、高效率、低排放的通过联合循环过程发电的极好机会。将煤转换为氢的一些技术是可用的，而且由煤制氢成本也是最低的。

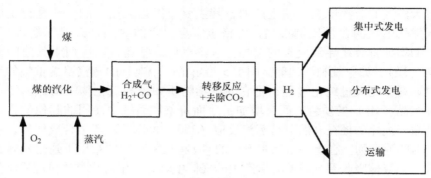

图 1.6　煤制氢的示意图

　　2003 年美国能源部公布了未来电力倡议，建立全球首个集固碳和制氢研究于一体的零排放的发电厂。固碳、制氢和用氢的各方面研究活动已在美国全国范围内（和许多其他国家）进行。

　　用煤来制氢的最大缺点是 CO_2 排放，比用其他方式制氢的排放量都大。在广泛使用煤制氢之前，需要重点研究一种安全的、永久的存储 CO_2 的方法（即固碳技术）[11]。

　　2008 年美国能源部宣布了对未来电力项目的改造方案，与 2003 版相比，更加注重碳捕获和存储技术。煤的气化和清洁煤技术仍然是未来基于煤发电的基本组成部分。而且，能够以煤气为燃料的高温固体氧化物燃料电池和发展更清洁、高效的固体氧化物燃料电池 – 燃气轮机联合循环发电系统也是计划的一部分。SECA 固体氧化物燃料电池将是在未来电力计划中要测试的研发技术之一[30]。

1.5.3.3　核能制氢

　　核能是一种能够通过制氢和发电服务世界的可以长期使用的能源（当安全使用和安全处理其废弃物时），而且，核动力反应堆不像化石燃料发电厂那样排放 CO_2 和有毒气体到大气中。目前美国工厂使用水作为冷却剂，通常被称为轻水反应堆（LWR）。它们依靠蒸汽的朗肯循环进行热 – 电功率转换。其他国家应用不同的技术，在英国用的是 CO_2 冷却反应堆，而加拿大和印度用的是重水反应堆（HWR）[11]。

　　核反应堆可通过电解水或热化学过程来制氢。在电解水或用热化学方法制氢之前将水温升高到 700～1000℃ 可实现高效制氢，然而，运行温度低于 350℃ 的 LWR 和高级 LWR 无法实现这一点。不过，可以在高于 700℃ 的温度下运行的高级冷却剂已被发现。美国电力研究院（EPRI）认为核反应堆采用为蒸汽甲烷重整过程供热的方式比电解水制氢更经济[16]。核能辅助蒸汽甲烷重整会降低天然气的使用以及废气的排放。

1.5.3.4　电解水制氢

　　将水分子分解成氢气和氧气的过程被称为电解。该方法已在世界各地使用多年，主要是在化学工厂，来满足用氢的需求。电解法制氢目前比天然气蒸汽重整制氢成本更高，但它可能在向氢能经济转型过程中起重要作用。电解设施可以被放置在现有的加油站为燃料电池汽车制氢，在能够实现它们的安全运行的情况下也可以放置在住宅楼为燃料电池制氢。电解槽可以在非用电高峰时段制氢并存储起来，而在用电高峰时段用存储的氢供给燃料电池分布式电源，使之产生额外的电力，这样也提高了电网的负载因数。

现在的电解技术分为两个基本类别：使用质子交换膜（PEM）的固体聚合物和液体电解质，最常用液体电解质是氢氧化钾（KOH）。在这两种技术中，水被引入反应过程，电流从其中流过使它的氢原子和氧原子分离。质子交换膜电解槽本质上是质子交换膜燃料电池反向运行。液体氢氧化钾电解系统的运行与质子交换膜电解槽类似。在这两种系统中，氧离子通过电解液迁移，留下溶在水流中的氢气。然后，从水中提取出氢气并将其导入单独用于存储的通道。质子交换膜燃料电池和氢氧化钾电解槽的工作原理分别在第2、3、5章讨论。

电解水制氢所消耗的电能可以来自电网，也可以来自风能和太阳能等可再生能源发电。电解与间歇性可再生能源技术可以很好地匹配。下面将简要介绍一下各种可再生能源制氢技术。

1.5.3.5 太阳能制氢

太阳能制氢可以通过光伏电池将太阳能转化为电能，然后再电解水来实现。另一种方法是用光电化学电池直接制氢。后一种方法正处于初级阶段，在可预见的未来还不能指望。

现在，用来发电的光伏组件产品有超过80%是基于单晶硅或多晶硅。第二种类型的光伏技术是基于非晶硅和微晶硅薄膜的沉积。尽管薄膜技术显示出更好地降低成本的前景，但是现在基于薄膜技术的光伏组件的成本比基于晶体硅的高。

1.5.3.6 风能制氢

用风力发电以无污染电解水的方式生产大量氢气，是很有希望的一种方案，特别是在转型期氢的需求是有限的情况。风力发电的价格低至4美分/kWh，这是现在应用的最实惠的可再生能源技术。能源安全和环境质量问题，可以通过将风能转化为 H_2 来解决，这是激励氢能经济的强大因素。随着风力发电机（WTG）的性能和效率的提高，它的容量因子也将在现有30%左右的基础上有所提高，进而捕获最大的风能。这些进步可以通过改进风轮的设计和电力电子设备的控制来实现。

风力发电电解水制氢系统仍面临许多障碍，值得政府继续关注，包括对制造商和最终用户的激励。对于一个成功的风 - 氢方案来说，电解槽效率的提高、成本的降低以及储氢系统的进步，都是非常必要的。

因为风电场通常位于郊外，从风电场到市区配送 H_2 方面的进步是广泛使用这一技术的根本。而且，对于独立运行和风电场的应用场合来说，风力发电机与电解槽的匹配、H_2 的存储系统都是必要的。本书第9章对用于发电和制氢的风能/光伏/燃料电池系统进行了建模与仿真研究，探讨了该系统运行的可行性和能量管理。

1.5.3.7 生物质能制氢

生物质能可以通过生物质气化来制氢。有两种生物质原料可以用来制氢：农作物的生物能源、农业生产和木材加工的有机废弃物（称为生物质废弃物）。用上述原料制氢的最主要的能源是太阳能。用生物质制氢不是一个高效的热力学过程，小于 0.5% 的总太阳能转换为氢。除了其效率低外，生物质制氢价格昂贵，现在的价格是 7 美元/kg，这与许多成熟的制氢技术（如天然气蒸汽重整、煤的汽化等技术，其价格约为 1 美元/kg）相比没有竞争力。由于生物质原料的成本高，加之原料的收集和运输也需要成本，生物质气化工厂的运营成本很高。乐观地估计认为生物质制氢的成本将降到 1.2 美元/kg，但这仍是大型集中式煤的气化厂制氢成本（0.46 美元/kg）的近 3 倍。基于上述理由，生物质气化不可能在未来的氢能生产中起主要作用。相反地，由于它有低温室气体排放的优点，生物质可在满足减少温室气体排放的目标中发挥显著作用。据预测，生物质可用在与煤一起燃烧的场合，生物质最高可提供燃料混合物输入总能量的 15%[11]。

1.5.4 氢能的存储和配送

未来氢能经济的主要经济因素是氢能从生产到用户的配送系统的成本和安全性，虽然对于任何燃料都是这样，但是对于氢来讲面对的挑战是独一无二的，因为它的高扩散性、非常低的密度（在气体或液体形式）和可燃性。为了克服这些独特的挑战将涉及特殊安全措施及由此产生的成本。特别地，对于在将来的燃料电池车辆上存储氢的安全措施是至关重要的。

氢可以加压气体或低温液体的形式来存储和运输。存储氢的常用方法如下[3]：

● 在高压储罐压缩气体：新材料已经允许构建在极高压力（高达 700bar，$1bar = 10^5Pa$）下存储氢的压力罐和容器。

● 储氢材料：氢可以与金属和金属合金（或炭）结合形成具有较高氢能量密度的金属氢化物（或炭）。当加热金属氢化物（或炭）时，氢就会被释放出来。

● 液氢存储：当温度低于 -253℃时，氢会变为液体。与压缩气体相比，存储和运输液氢的成本更低，但它需要额外的能量（成本）以使氢始终处于这样低的温度下。据估计，氢的能量含量的 25% ~30% 将消耗在这上面。另外一个与液氢存储有关的情况是蒸发会引起氢的损失。

氢是一种独特的商品，很难在大范围内运输，无论是以液体的形式通过管道运输还是以压缩气体的形式以气缸运输。在相同质量的情况下，氢的能量比汽油高（氢 120MJ/kg，汽油 46MJ/kg）。但在相同容量的情况下，汽油的能量比氢高得多：氢在 5000lbf/in²⊖时只有 3MJ/L，液氢只有 8MJ/L，而汽油则有 32MJ/L[11]。

氢气比天然气的管道传输预计成本更高。为了实现相同的能量传输率，传输氢气的管道的直径至少是传输天然气的 150%。另外，为避免泄漏，氢气管道需要更昂贵的钢、阀门和金属密封连接器。随着氢气需求的增长，氢的存储、运输和配送过程中的主要安全规范必须到位。

1.5.5 美国能源部的与氢有关的活动

由美国能源部在 2006 年 12 月发布的《氢能立场计划》，它概括了最近的在美

⊖ $1lbf/in^2 = 6.895kPa$，后同。

国能源部和交通部的氢燃料倡议下开展的活动的协调计划，并给出了一个将目前和未来的氢的研究、开发和示范活动整合起来的集中的氢能计划。

美国能源部氢能研发计划活动的重点在于推进高性价比和高效率的制氢。它还包括各种相关活动，如氢的存储、传输、转化（将氢能转化为电能，即燃料电池）、应用和技术验证、安全、规范和标准、教育、基础研究和系统分析与集成等。这些活动的总结和参与每一项活动的美国能源部办公室的名单将在下面给出。

1.5.5.1 制氢

天然气制氢：能源效率与可再生能源（EERE）办公室和化石能源（FE）办公室主要专注于通过蒸汽甲烷重整制氢。能源效率与可再生能源办公室重点负责用天然气和生物衍生的液体原料进行分布式制氢。化石能源办公室则重点关注天然气的次集中和集中式制氢。因为担心其长期可用性、安全性和温室气体排放，美国能源部不认为天然气是一种制氢的长期能源，但它仍被认为是制氢的近期能源。

煤制氢：化石能源办公室重点关注开发用煤衍生的合成气制氢所需的技术，它还重点关注零排放、高效率、氢电联产的电厂的发展。为了实现这一目标，化石能源办公室还在相关的计划中研究固碳技术，作为燃煤电厂管理温室气体排放的一个选项。

核能制氢：核能（NE）办公室重点关注用核能系统产生的热制氢的技术。核能办公室研发的领域包括高温热化学循环、高温电解和反应堆/进程等问题。

新能源制氢：能源效率与可再生能源办公室重点研究开发可再生能源制氢的先进技术。主要研究领域包括电解、生物质热化学转化、光解和微生物系统、光电化学系统，以及高温化学水分解等。

1.5.5.2 氢能的基础研究

科学办公室的基础研究主要侧重于对用太阳能通过半导体和光催化将水分解成氢气和氧气的原理和过程的基本理解。该办公室还在催化、膜和气体分离等使化石燃料制氢更高效、更具成本效益等方面进行了重点的基础研究。

1.5.5.3 氢能的传输

能源效率与可再生能源办公室、化石能源办公室和科学办公室都参与了安全和符合成本效益的氢能传输的基础设施研发。这些研究包括为管道开发改良的材料，在氢液化、高压储氢所需的轻巧而坚固的材料以及用于氢输送和存储的低压固体和液体载体等方面的突破。这些研究有一个长期目标——为在氢能经济中的交通和固定式供电发展氢能传输技术。

1.5.5.4 氢能的存储

在高压和低温下储氢的研发活动主要集中在美国能源部的能源效率与可再生能源办公室。这一领域的研究包括交通的车载应用、用于加注燃料的基础设施和固定式（基于氢能的）燃料电池发电站的应用。

储氢新材料（包括碳基材料、金属－有机结构，以及金属和化学氢化物）的发展由能源效率与可再生能源办公室和化石能源办公室负责。科学办公室则侧重于进行包括纳米结构材料的新存储材料的基础研究。

1.5.5.5 氢能转换（燃料电池）

美国能源部在这方面的研究活动包括氢能转换为电能或热能、使用质子交换膜燃料电池作为车辆辅助供电单元和固定的发电单元及备用电源等。

科学办公室的基础研究项目和能源效率与可再生能源办公室专注于提高质子交换膜燃料电池的成本、寿命和效率。他们在这方面的研发活动包括改善质子交换膜燃料电池的催化剂、电解质（膜）和电极材料。

虽然与氢倡议没有直接关系，但关于磷酸、熔融碳酸盐和固体氧化物燃料电池的研发仍在美国能源部进行。这些技术与固定式发电密切相关，主要由化石能源办公室负责。

美国能源部其他的与氢能有关的活动包括发展安全规范和标准、系统分析和集成、教育等，这些主要由能源效率与可再生能源办公室负责。这些领域的基础研究由基础能源科学办公室负责。表 1.4 给出了美国能源部向 2040 年氢能经济转型的计划目标的概要。

几个美国能源部国家实验室与大学和工业合作伙伴一起协同能源部的相关办公室为实现上述过渡计划的目标而努力。美国能源部国家实验室积极参与氢能相关的工作如下：

国家可再生能源实验室（NREL）：可再生能源制氢、氢的检测与安全。

爱达荷国家实验室（INL）：基于氢的内燃机汽车、核能制氢、热等离子体和替代燃料、氢存储技术。

国家能源技术实验室（NETL）：煤制氢。

西北太平洋国家实验室（PNNL）：基于先进的纳米级材料的制氢和储氢。

1.5.6 本书的任务

前面部分我们已经看到，燃料电池在将来的氢能经济中发挥关键作用，包括在燃料电池车辆和固定式发电系统中。为了使学生和在相关领域工作的有实际经验的工程师/科学家能够评估燃料电池的反应和设计使其适应特定应用的控制器，有必要让他们理解燃料电池的动态建模和响应预测。本书的目的是填补两种在分布式发电应用中很有前途的燃料电池（质子交换膜燃料电池和固体氧化物燃料电池）现阶段的空白。质子交换膜燃料电池是交通、住宅分布式发电和备用电源用燃料电池的首选，固体氧化物燃料电池则具有应用于从 5kW 到 MW 级的各种分布式电源的潜力。本书的重点是上述两种类型燃料电池的动态建模与控制器设计。

第 2 章涵盖主要类型的燃料电池的工作原理，并给出了它们特点的比较概要。第 3 章和第 4 章分别介绍了质子交换膜燃料电池和固体氧化物燃料电池的动态建模。电解槽的建模在第 5 章中介绍。第 6 章的主要内容是燃料电池应用的电力电子接口电路的简介和建模。

燃料电池面临着各种负载和/或电气扰动。这些发电装置需要设计合适的控制

表1.4　美国向氢能经济转型规划概览[22]

		2000	2010	2020	2030	2040
公共政策框架			• 安全 • 气候 • 氢气安全	延伸活动与公共接受	公众对氢作为能源事业的信心	
氢产业链	生产过程		天然气/生物质重整 利用可再生能源和核能能电解水 利用核能进行热化学水分解	煤的汽化	生物光催化剂水的光解	
	传输		• 管道 • 卡车、火车、驳船			
	存储		增压罐（气体和液体）	现场分配设备	完整的集中-分布式网络	
	能量转换		燃烧	固体（氢化物） • 燃料电池 • 先进燃烧	大规模生产的成熟技术固态 大规模生产的成熟技术（碳，玻璃结构）	
	终端能源市场		• 燃料精制 • 航天飞机 • 便携式电源	• 固定分布式电源 • 公交公司 • 政府车队	• 商业车队 • 分布式热电联产 • 市场：个人交通工具的推广	• 公用事业系统

19

器来处理或减轻干扰以保证它们在独立和并网应用中都能安全运行。第 7 章和第 8 章分别介绍了并网型和独立型燃料电池分布式发电的控制方法和控制器的设计。

作为应用所研究出的模型和控制器的设计方法的例子，第 9 章介绍了风能/光伏/质子交换膜燃料电池 – 电解槽系统和固体氧化物燃料电池 – 热电联产系统。第 10 章对将来有潜力的燃料电池进行了总结。

本书所给出的燃料电池模型和控制器设计方法是在独立和并网发电系统中的应用，这些模型还可以用来研究其他燃料电池的应用，例如，在交通中的应用。

参 考 文 献

[1] H.L. Willis and W.G. Scott, *Distributed Power Generation: Planning and Evaluation*, Marcel Decker, New York, 2000.

[2] A.-M. Borbley and J.F. Kreider (editors), *Distributed Generation: The Power Paradigm for the New Millennium*, CRC Press, Boca Raton, FL, 2001.

[3] G.M. Masters, *Renewable and Efficient Electric Power Systems*, IEEE-Wiley, Hoboken, NJ, 2004.

[4] H.B. Putgen, P.R. Macgregor, and F.C. Lambert, Distributed generation: semantic hype of the dawn of a New Era? *Power & Energy Magazine*, 1 (1), 2003.

[5] *Fuel Cell Handbook*, 7th edn, EG&G Services, Inc., Science Applications International Corporation, DOE, Office of Fossil Energy, National Energy Technology Laboratory, 2004.

[6] R. Ramakumar, H.J. Allison, and W.L. Hughes, Prospects for tapping solar energy on a large scale, *Solar Energy*, 16 (2), 107–115, 1974.

[7] R. Ramakumar, H.J. Allison, and W.L. Hughes, Solar energy conversion and storage systems for the future, *IEEE Transactions on Power Apparatus and Systems*, PAS-94 (6), 1926–1934, 1975.

[8] H.J. Allison, *A new approach to high-pressure, high-temperature hydrogen-oxygen fuel cell and electrolysis-cell design*, PhD Thesis, Oklahoma State University, Stillwater, OK, 1967.

[9] L.A. Slotin, The hydrogen economy: future policy implications, *International Journal of Hydrogen Energy*, 8 (4), 1983.

[10] J.O'M. Bockris and T.N. Veziroglu, A solar-hydrogen economy for USA, *International Journal of Hydrogen Energy*, 8 (5), 1983.

[11] *The Hydrogen Economy: Opportunities,* Costs, Barriers, and R&D Needs, Report of the committee on alternatives and strategies for future hydrogen production and use, National Research Council, National Academies Press, 2004.

[12] D. Smith, The hydrogen economy—the next great economic revolution? *REFOCUS: The International Renewable Energy Magazine*, 2003.

[13] W.W. Clark, et al. Hydrogen energy stations: along the roadside to the hydrogen economy, *Utilities Policy (Elsevier journal)*, 13, 41–50, 2005.

[14] G.W. Crabtree, et al. The Hydrogen Economy, *Physics Today*, 2004.

[15] Special Issue on the hydrogen economy, *Proceedings of the IEEE*, 94(10), 2006.

[16] L. Sandell, High Temperature gas-cooled reactors for the production of hydrogen: an assessment in support of the hydrogen economy, Electric Power Research Institute, Report No. 1007802, Palo Alto, CA, 2003.

[17] DOE Hydrogen, Fuel Cells & Infrastructure Technologies Program Multi-Year Research, Development and Demonstration Plan, 2005.

[18] Technology "Road Map," Ballard Power Systems Inc., http://www.ballard.com/be informed/fuel cell technology/roadmap.

[19] SECA Program Plan, DOE Office of Fossil Energy: National Energy Technology Laboratory (NETL) and the Pacific Northwest National Laboratory, 2002.

[20] Significant Milestone Achieved in SECA Fuel Cell Development Program, http://www.netl.doe.gov/publications/TechNews/tn ge seca.html, 2006.

[21] *Thermally Integrated High Power Density SOFC Generator*, FuelCell Energy Inc., FY, Progress Report, 2004.

[22] *A National Vision of America's Transition to a Hydrogen Economy-to 2030 and Beyond*, U.S. Department of Energy, 2002.

[23] *Hydrogen Posture Plan: An Integrated Research, Development, and Demonstration Plan*, U.S. Department of Energy and U.S. Department of Transportation, 2006.

[24] *National Hydrogen Energy Roadmap*, U.S. Department of Energy, 2002.

[25] IEEE Std 519-1992, *IEEE Recommended Practices and Requirements for Harmonic Control in Electrical Power Systems*, 1992.

[26] IEEE Std 1547-2003, *IEEE Standard for Interconnecting Distributed Resources with Electric Power Systems*, 2003.

[27] Online http://www1.eere.energy.gov/biomass/electrical_power.html.

[28] Online http://www.fossil.energy.gov/programs/powersystems/fuelcells/.

[29] Online http://www.fuelcelltoday.com/FuelCellToday/FCTFiles/FCTArticle-Files/Article 1068 2005%20Global%20Survey.pdf.

[30] Online http://www.energy.gov/news/5912.htm.

第 2 章 燃料电池的工作原理

2.1 引言

燃料电池（FC）是一种通过电化学过程将燃料与氧化剂的化学能转化为电能的发电装置，其产生的电能可用于电动汽车、电子设备、家用电器供电或直接并入电网。过去几十年，由于燃料电池技术具有洁净、高效的优点，受关注程度越来越高。燃料电池与储能电池的区别在于，燃料电池内部无任何存储材料用于存储能量，而是直接将进入燃料电池的燃料与氧化剂反应，产生电能；与传统热机的区别在于，燃料电池直接将化学能转化为电能，而无需转换为机械能的中间过程。燃料电池以氢气作为燃料，产物只有水和热量。

1839 年，英国律师和物理学家威廉·格罗夫爵士首次演示了燃料电池运行的基本原理，其采用四个原电池，利用氢气和氧气最终产生了电能。然而，这一重大发现直到 100 多年以后才获得应用。1950 年，另一位英国科学家弗兰西斯·培根制作了首个具有应用价值的燃料电池：碱性燃料电池原理样机。20 世纪 50 年代和 60 年代，燃料电池获得广泛关注，美国国家航空航天局（NASA）陆续开发了多款燃料电池样机，显示出燃料电池在航天领域具有广阔的应用前景，燃料电池也因此得到商业公司的青睐。然而，这一时期燃料电池的开发因技术和经济因素所限，发展缓慢。1984 年，美国能源部开始资助燃料电池技术的研发，一些燃料电池技术因而获得商业化应用。燃料电池后续研发主要在于降低成本、提高可靠性和运行性能。通过进一步研发，燃料电池技术将获得更大进步，并有望在 2050 年以前发展成为一种可靠的能源。

本章将首先简要介绍与燃料电池电能、热能相关的热力学、电化学过程等基础知识，然后介绍燃料电池的工作原理，并对不同类型燃料电池进行简要对比。然后将介绍电解器的工作原理，其利用直流电将水转化为氢气和氧气。

2.2 元素的化学能与热能

化学能是一种存在于元素原子之间或分子之间化学键的能量。每个化学键都蕴含一定程度的化学能，并可通过化学反应转化为其他形式的能量。用于破坏化学键所吸收的能量称之为熵，两个被破坏的化学键重新组合生成更稳定分子过程中释放的能量称之为焓。如果释放的能量大于吸收的能量，整个过程称之为焓变；反之，称之为熵变。化石燃料燃烧是产生能量的最主要焓变之一。植物光合作用是典型的熵变过程：在光合作用过程中，植物吸收的能量大于其释放的能量。

从宏观角度来看，热能或热量可认为是存在温差的两个系统之间传递的能量。从微观角度来看，热能与原子或分子运动有关。不同形式的能量可转化为热能，热能也可以根据热力学第二定律转化为其他形式的能量。因此，热能可看作是最基本的能量形式。

2.3 热力学基础

鉴于能量转化过程中的热力学分析在对燃料电池等电化学过程进行建模时尤为重要，本节将简要介绍热力学基础知识。

2.3.1 热力学第一定律

根据热力学第一定律，系统的能量是守恒的，并以热或功的形式存在，既不能凭空产生，也不能任意创造，只能以一种形式转化为另外一种形式。系统的能量变化（$\mathrm{d}E$）定义为整个系统的能量（$\mathrm{d}Q$）与整个系统对外做功（$\mathrm{d}W$）之差。即

$$\mathrm{d}E = \mathrm{d}Q - \mathrm{d}W \tag{2.1}$$

式（2.1）表示系统对外做功。若外界发生改变不会影响系统状态，则该系统可看作孤立系统，外界可以是系统所处的外部环境。特别值得关注的是不受毛细作用、固相畸变、外部电磁场或重力场、内部绝热壁影响的简单系统，其系统总能量等于系统总内能，即

$$E = U \tag{2.2}$$

若无特别说明，本章中电化学定律和热力学定律只针对简单系统进行分析。

对于特定的控制体或开放系统，当系统在恒定压力下吸收热量时，通常会发生膨胀。部分热量会导致内能增加和系统温度升高，其余热量则用于扩大系统的压力。焓是一个热力学系统中的能量参数，用于表征系统状态，定义为系统的内能 U 和系统的压强 P 与体积 V 的乘积之和，即

$$H = U + PV \tag{2.3}$$

焓与系统达到何种状态无关，因此，系统的压强 P 与体积 V 的乘积是固定值。式（2.3）可改写成

$$\mathrm{d}H = \mathrm{d}Q - \mathrm{d}W \tag{2.4}$$

由式（2.4）可知，系统焓变等于外界对系统所传递热量与系统对外做功之差。

2.3.2 热力学第二定律

根据式（2.1）所述热力学第一定律，热机在理想热力循环过程（见图 2.1）中所做的功定义为

$$W = Q_1 - Q_2 \tag{2.5}$$

式中，W 代表系统对外所做的功，Q_1 代表进入系统的热量，Q_2 代表离开系统的热量。

1842 年，法国科学家萨迪·卡诺提出了吸热过程和放热过程中热量及其温度

T_1 和 T_2 之间的关系，即

$$\frac{Q_1}{T_1} = \frac{Q_2}{T_2} \qquad (2.6)$$

转换效率为

$$\eta_c = \frac{W}{Q_1} = \frac{Q_1 - Q_2}{Q_1} = 1 - \frac{T_2}{T_1} \qquad (2.7)$$

可以看出，温度 T_1 和 T_2 温度之差越大，转换效率越高。

卡诺的另一个贡献在于指出 Q/T 是系统的状态参数，Q_1/T_1 和 Q_2/T_2 是等价的。基于该理论，波兰科学家鲁道夫·克劳修斯（1822—1888）引入熵的概念，并提出了热力学第二定律，用来表征系统的无序程度。假定系统处于极小的可逆过程，在温度 T 时所吸收的热量为 $\mathrm{d}Q$，则极小的熵变定义为

$$\mathrm{d}S = \frac{\mathrm{d}Q}{T}\bigg|_{\mathrm{rev}} \qquad (2.8)$$

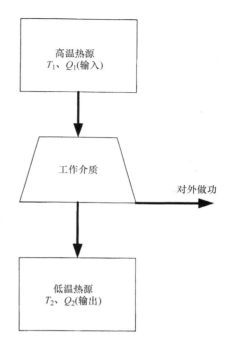

图 2.1　理想热力循环过程示意图

可逆过程是指热力学系统由某一状态出发，经过某一过程到达另一状态后，存在另一过程，它能使系统和外界完全复原，既使系统回到原来状态，同时又完全消除原来过程对外界所产生的一切影响。如果一个循环过程仅由可逆过程组成，则在一个循环过程中就没有发生熵变，即 $\Delta S = 0$。反之，如果循环过程包含不可逆过程，则将发生熵变，因而系统将对外做功或外界对系统做功。熵是一个重要的系统性质，它在描述热力学过程中是非常有用的。卡诺循环的温熵图如图 2.2 所示，abcd 对应面积代表系统温度由 T_1

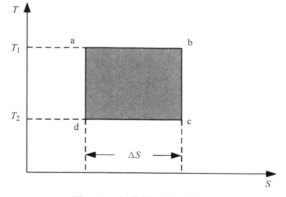

图 2.2　卡诺循环的温熵图

变至 T_2 时系统对外所做的功。特别说明，当 $\Delta S = 0$ 时，即使温度发生改变，系统也不会对外做功。

热力学第二定律的克劳修斯表述如下：

$$dS \geqslant \frac{dQ}{T} \tag{2.9}$$

式中，等号适用于可逆循环过程，大于号适用于不可逆过程。也就是说，对于任何不可逆过程，熵变大于 dQ/T 时系统才会对外做功。换言之，若外界对系统不做功，则热量不会从低温状态传递至高温状态。热力学第二定律还表明，由于熵的增加，实际热机效率不能达到 100%。对于一个孤立的系统，熵变总是大于或等于零。

2.4 电化学基础

2.4.1 吉布斯自由能

吉布斯自由能也称为吉布斯能或自由焓，定义为

$$G = H - TS = U + PV - TS \tag{2.10}$$

式中，右侧参数定义见 2.3 节。对式（2.10）进行微分运算可得

$$dG = dH - (TdS + SdT) = dU + PdV + VdP - (TdS + SdT) \tag{2.11}$$

化学反应朝着吉布斯能减小的方向进行。因此，dG 为负值，直到化学反应接近平衡点时，dG 为零。根据式（2.1）所述热力学第一定律，对于简单系统，式（2.11）可改写为

$$dG = dH - (TdS + SdT) = dQ - dW + PdV + VdP - (TdS + SdT) \tag{2.12}$$

对于仅限于膨胀做功的系统，则简化为

$$dW = PdV \tag{2.13}$$

若过程可逆，则下列条件成立：

$$dQ = TdS \tag{2.14}$$

将式（2.13）和式（2.14）代入式（2.12），则可得

$$dG = VdP - SdT \tag{2.15}$$

求解式（2.15），可得任意压力和给定温度时的吉布斯自由能

$$G(T) = G^\circ(T) + nRT\ln\left(\frac{P}{P^\circ}\right) \tag{2.16}$$

式中，$G^\circ(T)$ 代表标准压力（P°）为 $1\,atm^\ominus$、工作温度为 T 时的标准吉布斯自由能。对于电化学反应，功（电）的最大值是由反应物转变为产物时吉布斯能量的变化决定的。可以看出，产生的最大电能（W_e）等于吉布斯自由能的变化。

$$W_e = -\Delta G \tag{2.17}$$

$\ominus$ $1\,atm = 101.325\,kPa$，后同。

2.5 化学反应中的能量平衡

在化学反应中，由化学反应导致的焓变为

$$\Delta H = H_P - H_R = \sum_{P_i} N_{P_i} H_{P_i} - \sum_{R_j} N_{R_j} H_{R_j} \qquad (2.18)$$

式中，H_P 为生成物的总焓，H_R 为反应物的总焓。N_{P_i} 为第 i 种生成物的摩尔量，N_{R_j} 为第 j 种反应物的摩尔量。N_{P_i} 和 N_{R_j} 分别为生成物和反应物的摩尔生成焓，记为

$$H_{P_i} = (H°_f + H - H°)_{P_i} \qquad (2.19)$$

式中，$H°_f$ 为标准摩尔生成焓，单位为 J/mol。$(H - H°)$ 代表由于温度变化导致的焓变。

化学反应引起的熵变记为

$$\Delta S = S_P - S_R = \sum_{P_i} N_{P_i} S_{P_i} - \sum_{R_j} N_{R_j} S_{R_j} \qquad (2.20)$$

式中，S_P 为生成物的总熵，S_R 为反应物的总熵。N_{P_i} 和 N_{R_j} 分别为生成物和反应物的摩尔熵。

化学反应引起的吉布斯自由能变化（ΔG）可由式（2.10）推得

$$\Delta G = \Delta G_P - \Delta G_R = \Delta H - T\Delta S \qquad (2.21)$$

为说明如何计算反应中吉布斯自由能（或电能）变化，下面将分析由氢气和氧气分别生成蒸汽形式的水和液态形式的水的反应。公式中水、氢气和氧气的摩尔焓和摩尔熵参数见表2.1。假定化学反应处于标准状况，即大气压力为 1atm，工作温度为 25℃。

$$H_2 + \frac{1}{2}O_2 = H_2O(g) \qquad (2.22)$$

$$H_2 + \frac{1}{2}O_2 = H_2O(l) \qquad (2.23)$$

式（2.22）和式（2.23）中"g"和"l"分别表示生成物水的气态和液态形式。

根据式（2.18）和式（2.20）可知，生成气态水时（式（2.22）所述化学反应）

$$\Delta H = H_P - H_R = (-241.8 - 0 - 0) = -214.8(kJ/mol)$$

$$\Delta S = S_P - S_R = (188.7 - 130.6 - 0.5 \times 205) = -44.4(J/mol/K)$$

因此，根据式（2.17）计算吉布斯自由能变化为

$$\Delta G = \Delta H - T\Delta S = -241.8 - 298 \times (-44.4 \times 10^{-3}) = -228.57(kJ/mol)$$

对于式（2.23）所述化学反应，则有

表 2.1　标准热力学参数（摩尔焓和摩尔熵）

	摩尔焓 $H_f/(kJ/mol)$	摩尔熵 $S/(J/mol/K)$
$H_2O(g)$	-241.8	188.7
$H_2O(l)$	-285.8	69.9
H_2	0	130.6
O_2	0	205

$$\Delta H = H_P - H_R = (-285.8 - 0 - 0) = -285.8\,(kJ/mol)$$

$$\Delta S = S_P - S_R = (69.9 - 130.6 - 0.5 \times 205) = -163.2\,(J/mol/K)$$

因此，根据式（2.17）可知生成气态形式水的化学反应过程吉布斯自由能变化为

$$\Delta G = \Delta H - T\Delta S = -285.8 - 298 \times (-163.2 \times 10^{-3}) = -237.16\,(kJ/mol)$$

根据上述示例可知，若生成物水为液态形式，则需要导致更多的吉布斯自由能变化。

2.6　能斯特方程

对于恒温恒压的电化学反应，反应物为 X 和 Y，生成物为 M 和 N，则有

$$aX + bY \Leftrightarrow cM + dN \tag{2.24}$$

式中，a、b、c 和 d 是化学计量系数。

根据式（2.21），上述电化学反应的吉布斯自由能变化为

$$\Delta G = G_P - G_R = cG_M + dG_N - aG_X - bG_Y \tag{2.25}$$

任意温度和压力下的吉布斯自由能变化为

$$\Delta G = \Delta G^\circ + RT\ln\left(\frac{P_M^c P_N^d}{P_X^a P_Y^b}\right) \tag{2.26}$$

式中，$\Delta G^\circ = cG_M^\circ + dG_N^\circ - aG_X^\circ - bG_Y^\circ$。

在电化学反应中，电化学反应所传递的电能可以看作系统对外做的功。电功定义为

$$W_e = n_e FE \tag{2.27}$$

式中，n_e 为参与电化学反应中的电子数，F 为法拉第常数（96487C/mol），E 为电极间的电势差。

根据式（2.17），化学反应过程中，系统对外所做的功与吉布斯自由能变化两者值相等，符号相反，即

$$\Delta G = -W_e = -n_e FE \tag{2.28}$$

在标准状况下，式（2.28）可写作

$$\Delta G^\circ = -W_e^\circ = -n_e FE^\circ \tag{2.29}$$

式中，$E°$ 为标准参考电势。

根据式（2.28），可推得电极电势为

$$E = -\frac{\Delta G}{n_e F} = -\frac{\Delta G°}{n_e F} - \frac{RT}{n_e F}\ln\left(\frac{P_M^c P_N^d}{P_X^a P_Y^b}\right) \qquad (2.30)$$

将式（2.30）改写成标准参考电势 $E°$ 的形式，即可得到用于计算两个电极之间电势差的能斯特方程

$$E = E° - \frac{RT}{n_e F}\ln\left(\frac{P_M^c P_N^d}{P_X^a P_Y^b}\right) = E° + \frac{RT}{n_e F}\ln\left(\frac{P_X^a P_Y^b}{P_M^c P_N^d}\right) \qquad (2.31)$$

对于化学反应方程式（2.22）所述燃料电池整个电化学反应，燃料电池两个电极之间电压（或燃料电池内部电势）的计算公式为

$$E = E° + \frac{RT}{2F}\ln\left(\frac{P_{H_2} P_{O_2}^{0.5}}{P_{H_2O}}\right) \qquad (2.32)$$

对于化学反应方程式（2.23）所述生成物为液态水的电化学反应，燃料电池内部电势的计算公式为

$$E = E° + \frac{RT}{2F}\ln\left(P_{H_2} P_{O_2}^{0.5}\right) \qquad (2.33)$$

2.7　燃料电池的基础

燃料电池是一种将燃料的化学能直接转化为直流电的静态能量转换装置。燃料电池的物理结构由两个多孔电极（阳极和阴极）和中间的电解质层组成。图 2.3 演示了燃料电池中正离子通过电解质的工作过程，其原理即 2.4 ~ 2.6 节所介绍的电化学原理。根据化学反应方程式（2.22），氢和氧分子反应生成水，这一过程是由带电粒子向较低电化学能量的区域迁移实现的。由于这个反应的最终产物具有较低的总电化学能，带电的氢和氧分子相向移动（本质上是电子的可控转移）并相互结合，进而产生电能。氢分子分解为电子和正离子（质子），在催化剂的帮助下加速反应，质子可以从阴极通过膜（电解质）移动到阳极，电子通过外部电路（电气负载）到达阴极，再次在催化剂的促进下与氢质子和氧分子重组以产生水。氢燃料电池内部的化学反应可以分解为两个半反应：氧化半反应和还原半反应。氧化半反应如反应式（2.34）表示，氢分子在阳极解离成带正电的氢离子（质子）和电子，其中氢离子自由通过电解质到达阴极，并与通过外部电路移动到阴极的电子重新组合。电子、氢离子与周围空气中的氧分子按照还原半反应式（2.35）结合生成水。燃料电池所用电解质的类型和化学性质决定了自身的工作特性和工作温度。

$$2H_2 \Rightarrow 4H^+ + 4e^- \qquad (2.34)$$

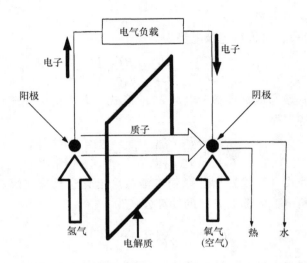

图 2.3　质子通过燃料电池电解质的工作过程

$$O_2 + 4H^+ + 4e^- \Rightarrow 2H_2O \qquad\qquad (2.35)$$

对于不同的燃料电池，离子的极性及其传输方向可能不同，因而水产生的位置也有所不同。如图 2.3 所示，如果工作离子为正离子，则在阴极产生水。反之，像固体氧化物燃料电池和熔融碳酸盐燃料电池（本章稍后讨论）工作离子是负离子，则在阳极处形成水。在这两种情况下，电子都是在外部电路中移动并产生电流。2.8 节将依次介绍不同类型的燃料电池。

2.8　燃料电池的类型

燃料电池的类型一般是以其电解质类型进行分类的，并决定了工作温度范围和所用燃料的种类。由于高温蒸汽会导致电解质材料的快速降解，低温燃料电池一般限于低于或接近 200℃。最常见的低温燃料电池类型有碱性燃料电池（AFC）、磷酸燃料电池（PAFC）和质子交换膜燃料电池（PEMFC），其燃料均为氢气。由于催化剂通常为铂，燃料微量一氧化碳会导致催化剂中毒。因此，上述燃料电池所用的氢燃料必须是纯的。这是低温燃料电池的缺点。

在高温燃料电池中，一氧化碳或甲烷等碳氢化合物可以在内部直接氧化或转化为氢气。常见的高温燃料电池包括工作温度为 600 ~ 700℃ 的熔融碳酸盐燃料电池（MCFC）和工作温度为 600 ~ 1000℃ 的固体氧化物燃料电池（SOFC）。不同类型的燃料电池的化学反应略有不同，但是其电化学机理是相似的。燃料电池工作特性和所用燃料决定了其应用场合。表 2.2 给出了主要燃料电池的阳极反应式、阴极反应式和总反应式。

表 2.2　主要燃料电池化学反应比较[9]

类型	阴极反应	阳极反应	总反应
AFC	$1/2O_2 + H_2O + 2e^- \Rightarrow 2(OH)^-$	$H_2 + 2(OH)^- \Rightarrow 2H_2O + 2e^-$	$H_2 + 1/2O_2 \Rightarrow H_2O$
PEMFC	$1/2O_2 + 2H^+ + 2e^- \Rightarrow H_2O$	$H_2 \Rightarrow 2H^+ + 2e^-$	$H_2 + 1/2O_2 \Rightarrow H_2O$
PAFC	$1/2O_2 + 2H^+ + 2e^- \Rightarrow H_2O$	$H_2 \Rightarrow 2H^+ + 2e^-$	$H_2 + 1/2O_2 \Rightarrow H_2O$
MCFC	$1/2O_2 + CO_2 + 2e^- \Rightarrow CO_3^{2-}$	$H_2 + CO_3^{2-} \Rightarrow H_2O + CO_2 + 2e^-$	$H_2 + 1/2O_2 + CO_2 \Rightarrow H_2O + CO_2$
SOFC	$1/2O_2 + 2e^- \Rightarrow O_2^-$	$H_2 + 1/2O_2^- \Rightarrow H_2O + 2e^-$	$H_2 + 1/2O_2 \Rightarrow H_2O$

　　除了上述类型的燃料电池外，还有另一种类型的燃料电池，其可以直接利用非氢燃料，而不需要内部或外部重整过程。两种常见类型是直接甲醇燃料电池（DMFC）和直接碳燃料电池（DCFC）。直接甲醇燃料电池（DMFC）又称直接乙醇燃料电池（DAFC），是一种低温聚合物电解质燃料电池，它以乙醇为燃料，无需重整，通常应用于小功率便携式电子设备。直接碳燃料电池（DCFC）直接在阳极中使用碳作为燃料，而没有中间气化步骤。而碳可以来源于煤、生物质或石油焦。直接碳燃料电池（DCFC）机理与磷酸燃料电池、熔融碳酸盐燃料电池和固体氧化物燃料电池机理类似，尚处于研发阶段。这种燃料电池从热力学分析具有天然的高效率优势，若投入实际应用，将对煤基发电产生重大影响。

　　在各种类型的燃料电池中，质子交换膜燃料电池、熔融碳酸盐燃料电池和固体氧化物燃料电池在分布式发电领域具有广阔的发展前景。下面将更详细地介绍这些燃料电池的结构和应用，其中，质子交换膜燃料电池和固体氧化物燃料电池的动态建模将分别在第 3 章和第 4 章中进行阐述。

　　质子交换膜燃料电池，采用固体聚合物（氟化磺酸聚合物或其他类似的聚合物）作为电解质。这种电解质是一种类似于聚四氟乙烯的材料，是质子的优良导体，同时也是电子的绝缘体。在铂催化剂的帮助下，氢分子在阳极上被分解成电子和氢质子。氢质子穿过质子交换膜（电解质）到达阴极表面，与通过外部负载从阳极到阴极的电子结合，进而生成水。化学反应式（2.36）～（2.38）代表质子交换膜燃料电池的阳极反应、阴极反应和总反应。质子交换膜燃料电池结构示意图和化学反应如图 2.4 所示。

$$H_2 \Rightarrow 2H^+ + 2e^- \quad （阳极反应） \tag{2.36}$$

$$\frac{1}{2}O_2 + 2H^+ + 2e^- \Rightarrow H_2O \quad （阴极反应） \tag{2.37}$$

$$H_2 + \frac{1}{2}O_2 \Rightarrow H_2O \quad （总反应） \tag{2.38}$$

　　水的管理对质子交换膜燃料电池性能的好坏至关重要。由于聚合物电解质工作温度的限制，质子交换膜燃料电池的工作温度一般在 60～80℃之间。反应副产品为具有一定温度的热水，可以用于质子交换膜的加湿，但是同时必须防止质子

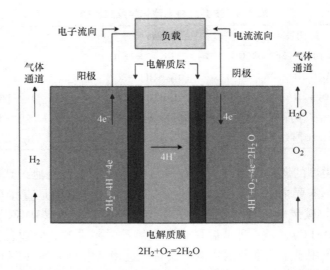

图 2.4 质子交换膜燃料电池结构示意图与电化学反应过程

交换膜出现水淹现象。热水还可以用来满足住宅热水等其他需要，日本正在推广这一应用[11]。

由于具有高功率密度、快速启动、40%~50%的高转换效率等优点，质子交换膜燃料电池在运输、固定电源和备用发电等应用场合中具有较大应用前景。其快速启动特性在汽车应用中具有较大优势，但是，其工作温度较低、工作温度范围较窄，导致其废热难以有效利用，影响效率进一步提升。质子交换膜燃料电池对一氧化碳、硫化物、氨等微量气体比较敏感，容易导致催化剂中毒，因此，需配备用于净化氢气的配套设施以保证质子交换膜燃料电池的可靠运行。如果使用烃类燃料，则需要较复杂的燃料处理装置，这势必增加系统体积、复杂性和运行成本，并将效率降低到35%左右。尽管存在上述障碍，质子交换膜燃料电池依然是技术最成熟的燃料电池类型，在备用发电领域和交通运输领域已经实现商业化和半商业化运营。ReliOn公司1200W质子交换膜燃料电池如图2.5所示，采用6个模块化机箱构成，可应用于电信、公用事业和政府部门的备用电源。由于采用模块化热插拔结构，通过多模块并联适应600~1200W功率需求。图2.6展示了巴拉德公司1kW 1030型质子交换膜燃料电池，有望在日本住宅热电联产领域获得应用。

图 2.5　ReliOn T – 1000 型 1200W 质子交
膜燃料电池（输出功率：0 ~ 1200W，输出
直流电压：24/48V，燃料：工业级氢气）
（图片来源：ReliOn 股份有限公司）

图 2.6　巴拉德 1kW 1030 型燃料电池
（图片来源：巴拉德电源系统股份有限公司）

　　固体氧化物燃料电池是工作于 600 ~ 1000℃的高温燃料电池，采用陶瓷型金属氧化物固体电解质，该电解质通常为致密的钇稳定氧化锆材质，在高温下是负离子（对于固体氧化物燃料电池，负离子为氧离子）的优良导体。阳极（燃料所在电极）通常由钴或镍与氧化锆（CO – ZrO$_2$ 或 Ni – ZrO$_2$）组成的金属陶瓷复合材料制成，金属元素钴或镍保证了良好的导电性，使得整个复合材料具有负离子导电性。阴极（空气所在电极）由离子和电子导电陶瓷复合材料组成，通常为掺锶锰酸镧[7,12]。阳极和阴极表面都是多孔的，为电荷存储提供较大表面积，同时两者之间形成等效电容较大的双电层电容，这部分内容将在 2.10 节介绍。该电容会影响燃料电池短时间（毫秒级）的动态稳定性。

　　固体氧化物燃料电池燃料来源广泛，可以使用氢气以及天然气或甲烷等碳氢化合物作为燃料，其结构示意图如图 2.7 所示。当使用氢气作为燃料时，电化学反应式为

$$H_2 + O^{2-} \Rightarrow H_2O + 2e^-　　（阳极反应）　　　　（2.39）$$

33

$$\frac{1}{2}O_2 + 2e^- \Rightarrow O^{2-} \qquad （阴极反应） \tag{2.40}$$

$$H_2 + \frac{1}{2}O_2 \Rightarrow H_2O \qquad （总反应） \tag{2.41}$$

可以看出，水产生的位置与质子交换膜燃料电池恰好相反：在质子交换膜燃料电池中，水在阴极产生，而在固体氧化物燃料电池中，水则是在阳极产生的。

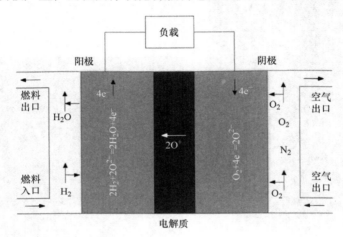

图 2.7　固体氧化物燃料电池结构示意图

　　固体氧化物燃料电池工作温度较高，具有燃料来源广泛、转换效率较高（可达 60%）、可采用多种低成本催化剂等优点。随着温度的升高，材料的化学键断裂速度加快，因而可采用多种燃料。高温运行还使得固体氧化物燃料电池在热电联产（CHP）应用上具有较大优势，可以同时产生电力和热量，总体效率高达 75% ~ 80%。在热电联产运行模式中，固体氧化物燃料电池产生的余热可以用于居民供暖或运行热电联产系统以产生更多的电能。图 2.8a 所示为固体氧化物燃料电池 – 热电联产系统的构成，包括燃料单元、固体氧化物燃料电池模块、电力管理单元、排气单元、热管理单元和回热器等。图 2.8b 所示为位于加拿大多伦多 Kinectrics 公司测试厂房中的 250kW 固体氧化物燃料电池热电联产系统，这也是目前全球同类最大的装置。图 2.8c 所示为运行于加利福尼亚大学欧文分校国家燃料电池研究中心的世界上第一个 220kW 固体氧化物燃料电池 – 燃气轮机混合发电系统。该混合发电系统由 200kW 固体氧化物燃料电池模组和 20kW 燃气轮机发电机组组成。

　　由于工作温度高，固体氧化物燃料电池启动时间长，具有较高的热应力。但是，高温运行也使其内部可以实现燃料内重整，进而使其可以采用多种燃料进行发电。此外，由于采用固体电解质，消除了与液体电解质有关的腐蚀和管理问题，

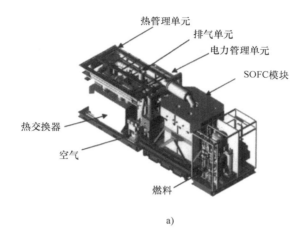

a)

b)

c)

图2.8 西门子固体氧化物燃料电池－热电联产系统（图片来源：西门子公司）

a）西门子100kW固体氧化物燃料电池－热电联产系统主要部件

b）加拿大多伦多250kW固体氧化物燃料电池－热电联产系统　c）加利福尼亚大学欧文分校

国家燃料电池研究中心的220kW西门子固体氧化物燃料电池－燃气轮机混合发电系统

简化了系统设计。上述优点使得固体氧化物燃料电池在固定式应用领域具有较大潜力。

固体氧化物燃料电池通常采用管式和平板式两种结构，其中，管式固体氧化物燃料电池最初是由美国西屋公司（后来的西门子－西屋公司，现在为西门子公司）开创的，其直径为1.27cm，长度由30cm逐渐增加至150cm。在最近的产品设计中，供气管位于中间，阴极电极沉积在其上。电解质层沉积在阴极上，电解质层的上层为阳极，燃料管在外面。图2.9所示为管式固体氧化物燃料电池堆的结构，其采用3串8并共计24个单体电池构成。在该电池中，电流流向与电极方向相切，因而沿管壁方向存在较长的电流路径，导致电堆欧姆损耗相对较大，其中，阴极欧姆损耗最大。为减少电堆欧姆损耗，需对管壁直径进行限制[7,8]。该设计的另一个缺点在于其体积功率密度较低。但是，该设计密封装置简单的优点更为显著，因而，包括Acumentrics（美国）、三菱（日本）和劳斯莱斯（英国）在内的几家公司目前正在制造管式固体氧化物燃料电池堆，现已取得重大进展。固体氧化物燃料电池的建模将在第4章进行介绍。

平板式固体氧化物燃料电池采用平板式设计，电池之间互连结构简单，消除了管式固体氧化物燃料电池的长电流路径，从而有效降低了欧姆损耗，提高了功率密度和电池堆性能。目前，平板式固体氧化物燃料电池正在研发，其采用金属互连或陶瓷互连的设计方案，篇幅所限，本书不做深入探讨。图2.10所示为基于金属互连结构的阳极支撑平板式固体氧化物燃料电池，目前正依托美国能源部固态能源转换联盟项目进行技术研发[7]。

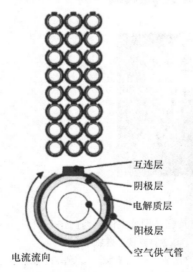

图2.9　西门子管式固体氧化物燃料　　　　图2.10　Delphi公司基于金属互连结构的
电池底视图及电池堆串并联结构[7]　　　　　　阳极支撑平板式固体氧化物燃料电池[7]

综上所述，固体氧化物燃料电池的优点在于燃料来源广泛、催化剂成本低廉、电解质采用固体材质以及余热可用于热电联产。其缺点是由于运行温度较高，使得电池堆密封比较困难。针对这一问题，美国正开展多个项目用于支持相关技术解决方案的研发。第 10 章将对固体氧化物燃料电池的现状和未来做进一步探讨。

熔融碳酸盐燃料电池采用熔融的碱金属碳酸盐混合物作为电解质，其催化剂（镍）成本较低。高温（600 ~ 700℃）时，碱金属碳酸盐混合物处于液体状态，并成为碳酸根离子的优良导体。在阴极，氧气和二氧化碳与电子结合产生碳酸根离子。在阳极，氢气和碳酸根离子反应生成二氧化碳和水，同时对外电路释放出电子。电子通过外部电路迁移并到达阴极表面（产生电流）。在熔融碳酸盐燃料电池中，阳极和阴极通常由镍合金或氧化物制成。在两个电极上，镍具有良好的催化活性和导电性。熔融碳酸盐燃料电池的高温运行范围（600 ~ 700℃），使其燃料来源较为广泛，不仅可以使用氢气作为燃料，还可以采用天然气、甲烷或乙醇等碳氢化合物作为燃料。与质子交换膜燃料电池不同的是，一氧化碳不会引起催化剂中毒，反而是熔融碳酸盐燃料电池的燃料。熔融碳酸盐燃料电池的典型电效率为 50% ~ 55%，在热电联产运行模式下总体效率可高达 90%[12]。由于运行温度高、启动缓慢，熔融碳酸盐燃料电池适用于大规模固定式发电领域，目前已建成 250kW ~ 2MW 的示范性电站。燃料电池能源股份有限公司 250kW 熔融碳酸盐燃料电池发电系统如图 2.11 所示。

图 2.11　燃料电池能源股份有限公司 250kW 熔融碳酸盐燃料电池发电系统
（图片来源：燃料电池能源股份有限公司）

熔融碳酸盐燃料电池结构示意图如图 2.12 所示，其阳极反应、阴极反应以及总反应为

$$H_2 + CO_3{}^{2-} \Rightarrow H_2O + CO_2 + 2e^- \qquad （阳极反应） \qquad (2.42)$$

$$\frac{1}{2}O_2 + CO_2 + 2e^- \Rightarrow CO_3{}^{2-} \qquad （阴极反应） \qquad (2.43)$$

$$H_2 + \frac{1}{2}O_2 + CO_2 \Rightarrow H_2O + CO_2 \qquad （总反应） \qquad (2.44)$$

综上所述，熔融碳酸盐燃料电池具有和固体氧化物燃料电池相同的优点，即燃料来源广泛、催化剂成本低廉以及余热可用于热电联产以提高转化效率。它的缺点是熔融电解质具有较强的腐蚀性，电池其他材料由于需采用耐腐蚀材料进而

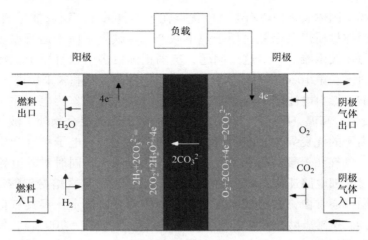

图 2.12　熔融碳酸盐燃料电池结构示意图

提高了成本，电池的寿命也受到一定限制。

表 2.3 给出了前文所述五种主要的燃料电池类型所用部件和关键特性的对比，表 2.4 给出了各燃料电池的优缺点、工作特性以及应用场合的对比。

表 2.3　不同类型燃料电池重要部件及特性对比[7]

	AFC	PAFC	PEMFC	MCFC	SOFC
电极材料	过渡金属	石墨	石墨	镍与氧化镍	金属陶瓷
催化剂	铂基材料	铂基材料	铂基材料	非贵重金属	非贵重金属
电解质	氢氧化钾	液态磷酸	固体膜（质子交换膜）	液态熔融碳酸盐	致密氧化钇稳定氧化锆（陶瓷）
工作温度范围/℃	80～260	约200	50～80	600～700	600～1000
电荷/离子载流子类型	OH^-	H^+	H^+	CO_3^{2-}	O^{2-}
产物水的管理	蒸发排出	蒸发排出	蒸发排出	气态排出	气态排出
产物热的管理	气体预热	气体预热与液体冷却或蒸汽制造	气体预热与液体冷却	内重整与气体预热	内重整与气体预热

表 2.4　主要燃料电池类型对比[12]

燃料电池类型	AFC	PAFC	PEMFC	MCFC	SOFC
是否需要内重整	否	否	否	是	是
抗一氧化碳能力	否，引起催化剂中毒，需不超过50ppm	否，引起催化剂中毒，需不超过1%	否，引起催化剂中毒，需不超过50ppm	是，作为燃料	是，作为燃料

（续）

燃料电池类型	AFC	PAFC	PEMFC	MCFC	SOFC
电效率（%）	约50	约40	40~50	45~55	50~60
功率密度范围 /（mW/cm²）	150~400	150~300	300~1000	100~300	250~350
功率范围/kW	1~100	500~1000	10^{-3}~1000	100~10^5	5~10^5
应用场合	航天电源、固定式电站	固定式电站、分布式电站、固定式热电联产电站	便携式电源、车载电源、固定式电站	固定式电站、热电联产电站	便携式电源、车载电源、固定式电站、热电联产电站

2.9 燃料电池等效电路

由于燃料电池内部存在如图2.13所示活化损失、欧姆损失和浓差极化损失等电压降，燃料电池实际输出端电压一般低于能斯特方程式（2.32）和式（2.33）推导出的理论电压。这些电压降是燃料电池负载电流、温度和压力的函数。其中，欧姆损失与燃料电池负载电流成正比，而欧姆电阻（$R_{ohm,cell}$）为燃料电池工作温度的函数。活化损失和浓差极化损失为负载电流、内部压力和内部运行温度的非

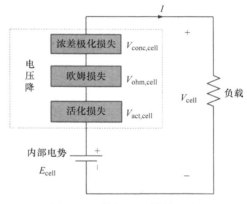

图2.13 燃料电池等效电路

线性函数。本节将对在分布式发电领域具有较大前景的质子交换膜燃料电池和固体氧化物燃料电池内部电压降进行分析。

如图2.13所示，燃料电池输出电压为

$$V_{cell} = E_{cell} - V_{act,cell} - V_{ohm,cell} - V_{conc,cell} \quad (2.45)$$

式中，V_{cell} 和 E_{cell} 分别为燃料电池输出电压和内部电势，$V_{act,cell}$、$V_{ohm,cell}$ 和 $V_{conc,cell}$ 分别为前文所述的活化损失、欧姆损失和浓差极化损失。

除燃料电池负载电流、内部压力和运行温度外，燃料电池的电荷存储能力同样会影响其动态特性。这种现象在大多数燃料电池都存在，其特性类似于大容值的电容器（几法拉），称之为"双电层电容"。2.10节将对双电层电容机理及其在燃料电池动态电性能中的作用进行分析。

2.10 双电层电容效应

在燃料电池中，两个电极被电解质分成两个边界（见图2.4），即阳极 – 电解质和电解质 – 阴极。在电极和电解质之间的边界上存在两个相反极性的带电层，通常称之为电化学双层，可以像电容器那样存储电能。图 2.14a 展示了正离子和负离子在多孔电极界面集聚进而产生电容效应的过程。

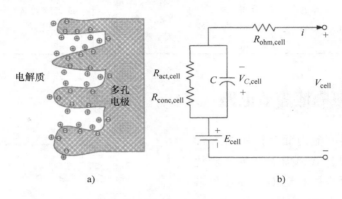

图 2.14

a）燃料电池电极界面双电层电容效应　b）燃料电池等效电路

$$C = \varepsilon \frac{A}{l} \tag{2.46}$$

式中，ε 为电解质的介电常数，A 为电解质与电极之间的有效面积，l 为电解质层与电极层的间距。在实际的燃料电池中，由于多孔电极结构，A 非常大，而 l 非常小（纳米级），因而其电容值非常大，数值从几百毫法到几法拉不等。

考虑双电层电容效应，图 2.13 所示燃料电池等效电路可改写成图 2.14b 所示等效电路[10]。图中，$R_{ohm,cell}$、$R_{act,cell}$ 和 $R_{conc,cell}$ 分别为燃料电池的欧姆极化电阻、活化极化电阻和浓差极化电阻。质子交换膜燃料电池和固体氧化物燃料电池上述参数的表达式将依次在接下来的两章中一一进行推导。根据图 2.14b 所示，双电层电容电压为

$$V_{C,cell} = \left(i - C \frac{dV_{C,cell}}{dt} \right) \left(R_{act,cell} + R_{conc,cell} \right) \tag{2.47}$$

根据图 2.14b 和式（2.47），双电层电容效应等效电路时间常数 $\tau = (R_{act,cell} + R_{conc,cell}) \cdot C$ 仅与燃料电池活化极化电阻和浓差极化电阻有关。这是因为只有这两个电阻的变化是由燃料电池内部的电化学反应导致的，而欧姆极化电阻仅仅是欧姆电压下降引起的电阻。

燃料电池电压因而可写作

$$V_{\text{cell}} = E_{\text{cell}} - V_{C,\text{cell}} - V_{\text{ohm,cell}} \tag{2.48}$$

由于双电层电容电压 $V_{C,\text{cell}}$ 为时间常数 $\tau = (R_{\text{act,cell}} + R_{\text{conc,cell}}) \cdot C$ 的函数，燃料电池输出电压为瞬态量。

图 2.15 所示为燃料电池在不同容值 C 时的输出电压动态特性，对于典型的燃料电池参数，上述时间常数可达毫秒量级。由于燃料电池内部的气体动力学和热动力学，这个时间常数比时间常数要短得多，相关理论将在第 3 章和第 4 章进行讨论。

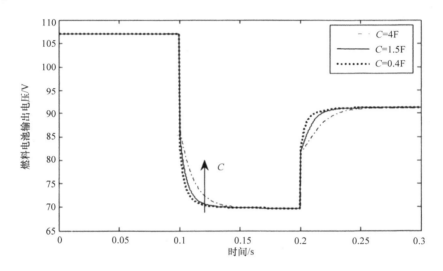

图 2.15　双电层电容效应导致的燃料电池输出电压动态变化

2.11　总结

本章主要介绍了燃料电池的工作原理，内容涵盖热力学第一定律和第二定律、电化学原理、吉布斯自由能、能斯特方程以及化学反应中的能量平衡。对五种主要燃料电池类型的化学反应过程、结构及应用进行了简要介绍，并对其中在分布式发电领域具有较大应用前景的质子交换膜燃料电池、固体氧化物燃料电池和熔融碳酸盐燃料电池进行了详细介绍。最后，对燃料电池等效电路及双电层电容效应进行了分析。

参 考 文 献

[1] A.W. Culp Jr., *Principles of Energy Conversion*, McGraw-Hill, New York, 1979.

[2] S.S. Zumdahl, *Chemical Principles*, 2nd edn, DC Heath and Company, Toronto, 1995.

[3] E.R.G. Eckert and R.M. Drake, Jr., *Analysis of Heat and Mass Transfer*, McGraw-Hill Book Company, New York, 1972.

[4] G.N. Hatsopoulos and J.H. Keenan, *Principles of General Thermodynamics*, John Wiley & Sons, Inc. , New York, 1965.

[5] G. Hoogers, *Fuel Cell Technology Handbook*, CRC Press, Boca Raton, FL, 2003.

[6] G. Kortum, *Treatise on Electrochemistry*, 2nd edn, Elsevier, Amsterdam, 1965.

[7] *Fuel Cell Handbook*, 7th edn, EG&G Services, Inc., Science Applications International Corporation, DOE, Office of Fossil Energy, National Energy Technology Laboratory, 2004.

[8] J. Larminie and A. Dicks *Fuel Cell Systems Explained*, 2nd edn, Wiley, New York, 2003.

[9] J.A. Smith, M.H. Nehrir, V. Gerez, and S.R. Shaw, A Broad Look at the Workings, Types, and Applications of Fuel Cells, Proceedings, 2002 IEEE Power Engineering Society Summer Meeting, Chicago, IL, 2002.

[10] C. Wang, M.H. Nehrir, and S.R. Shaw, Dynamic models and model validation for PEM fuel cells using electrical circuits, *IEEE Transactions on Energy Conversion*, 20 (2), 442--451, 2005.

[11] H. Aki, S. Yamamoto, Y. Ishikawa, J. Kondoh, T. Maeda, H. Yamaguchi, A. Murata, and I. Ishii, Operational strategies of networked fuel cells in residential homes, *IEEE Transactions on Power Systems*, 21 (3), 1405–1414, 2006.

[12] R. O'Hayre, S. Cha, W. Colella, and F. Prinz, *Fuel Cell Fundamentals*, Wiley, Hoboken, NJ, 2006.

第 3 章 质子交换膜燃料电池的动态建模与仿真

3.1 引言：燃料电池动态模型的需求

燃料电池（FC）是在稳态提供可靠功率的良好能源，但它们无法快速响应电负载的瞬态变化。这主要是因为其缓慢的内部电化学和热力学响应以及较慢的机械辅助系统的响应。为了有效预测和评估燃料电池在燃料电池汽车、独立运行和并网燃料电池发电系统等不同应用中的稳态和动态响应，需要精确的燃料电池的物理模型。另外，为了预测和评估燃料电池在输出端电气故障和汽车起动、加速、制动等不同瞬态情况下的性能，还需要其动态模型。在上述情况下，燃料电池的输出电压和输出功率受到燃料电池电化学和物理特性的影响，如双层电荷效应电容、质量扩散、物质守恒、热力学特性和燃料电池内的电压降等。本章将先讨论这些特性，然后介绍两种具有分布式发电应用潜力的燃料电池，即质子交换膜燃料电池（PEMFC）和固体氧化物燃料电池（SOFC）。

还需要动态燃料电池模型来设计控制器以控制燃料电池输出端的电气量。另外，在独立运行或并网发电的交流发电系统中，燃料电池产生的直流电压要通过电力电子接口装置（直流/直流变换器和逆变器）变换成交流。在这些应用中，可以通过控制电力电子接口装置控制燃料电池的性能。质子交换膜燃料电池和固体氧化物燃料电池发电系统控制器设计方面的内容将分别在本书的第 8 章和第 9 章介绍。

PEMFC 在各种发电应用中大有前途，例如分布式发电、备用发电和汽车应用等。对发电设备和车辆低排放指标越来越高的要求使得 PEMFC 在这些应用中有广阔前景，因为它们基本上不排放污染物，而且具有高能量密度和快速起动的特点。

本章基于物理原理建立了 PEMFC 的动态模型。首先，导出了 PEMFC 的等效内部电压源与活化、欧姆和浓度电压降，以及它们等效电阻的解析表达式。然后，利用第 2 章讨论的双层电荷效应电容模型对 PEMFC 的电荷存储能力进行建模。PEMFC 中的化学反应产生的热量和它的电极与膜之间的热量传递也影响燃料电池的响应。在动态模型中，用能量平衡方法来考虑这些影响。所建立的 PEMFC 的动态模型可以适用于从电气工程角度进行系统分析和控制器的设计，还适用于多源替代能源发电系统的设计。这些内容将在第 7、8、9 章中介绍。

3.2 专门术语（PEMFC）

在 PEMFC 模型中用到的绝大多数符号在它们首次出现时给出定义。本节列出了所有符号的定义（包括下标和上标），并按字母顺序编排，以便于读者参考。

a，b	塔菲尔方程中的常数项（V/K）
A_{cell}	每个电池的面积（m^2）
C_i	物质 i 的比热容（J/（mol K））
$D_{i,j}$	物质 $i-j$ 的有效二元扩散系数（m^2/s）
E	每个电池的可逆电势（V）
E_0	参考电位（V）
$E_0{}^{\circ}$	标准参考电位（V）
F	法拉第常数（96487C/mol）
h_{cell}	对流传热系数（W/（m^2 K））
H_V	水汽化热（J/mol）
I，i	电流（A）
I_{den}	电流密度（A/m^2）
I_{limit}	上限电流（A）
I_0	交换电流（A）
k_E	计算 E_0 的经验常数（V/K）
k_{RI}	计算 R_{ohmic} 的经验常数（Ω/A）
k_{RT}	计算 R_{ohmic} 的经验常数（Ω/K）
l_a	阳极通道与催化剂之间的宽度（m）
l_c	阴极通道与催化剂之间的宽度（m）
M_i	物质 i 的摩尔流量（mol/s）
n_i	物质 i 的摩尔量（mol）
N_i	物质 i 的表面气体流量（mol/（m^2 s））
N_{cell}	电池堆中的电池数
p_i	物质 i 的分压（Pa）
P	压强（Pa）
P_i	分隔层 i 的压强（Pa）
$\bar{q}_{\text{chem}}$	化学能或热能（J）
$\bar{q}_{\text{elec}}$	电能（J）
$\bar{q}_{\text{loss}}$	热损失（J）
$\bar{q}_{\text{net}}$	净热能（J）
$\bar{q}_{\text{sens + latent}}$	显热和潜热（J）
R	气体常数，8.3143（J/（mol K））
R_i	i 支路电阻（Ω）
T	温度（K）

（续）

$T_{initial}$	燃料电池的初始温度（K）	
T_{room}	室温（K）	
V	体积（m^3）	
V	端电压（V）	
V_i	i 支路电阻电压降（V）	
x_i	物质 i 的摩尔分数	
x	x 轴	
z	参与电子数	
α	电子转移系数	
ΔG_0	标准条件下的吉布斯自由能（J/mol）	
η_0	V_{act} 中不随温度变化的部分（V）	
λ_e	计算 E_d 中的常数因子（Ω）	
τ_a	燃料流动延迟（s）	
τ_c	氧化剂流动延迟（s）	
τ_e	总流动延迟（s）	
上标和下标		
a	阳极	
act	活化	
c	阴极	
cell	单一电池条件下	
channel	阳极或阴极通道条件下	
CO_2	二氧化碳	
conc	浓度	
consumed	化学反应中消耗的材料	
generated	化学反应中生成的材料	
H_2	氢气	
H_2O	水	
in	输入	
l（g）	液体（气体）	
membrane	膜条件下	
N_2	氮气	
O_2	氧气	
ohm	欧姆	
out	输出	
sat	饱和条件下	
*	有效值	

3.3 PEMFC 的动态模型建立

前面已经讨论过，由于几部分电压降导致燃料电池的输出电压比其内部产生的电压低。图 3.1 给出了 PEMFC 的一个横断面和从阳极侧到阴极侧的气体流动通道及电压降的示意图。从图 3.1 还可以看出，阳极、阴极和膜在一定工作点处的欧姆电压降可以看作是这些部分厚度的线性函数。活化电压降是由于反应物质在燃料电池的化学反应中必须克服能量势垒。它可以看作是使化学反应以期望的速率进行时所需的额外电压。浓度电压降是由在多孔电极中从主通道到反应位置的传质过程产生的。在高电流密度下，由于反应物浓度可以远小于主气流，所以浓度电压降将是非常显著的。在低电流密度下，可以忽略浓度电压降。

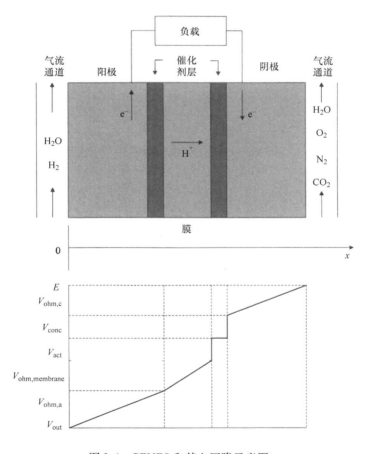

图 3.1 PEMFC 和其电压降示意图

在下面的内容中，将导出气体扩散与 PEMFC 内位置（x）、氢气和氧气在电极通道中动态流动的关系。这些量产生 PEMFC 的内部电压和电压降。文献中通常采用一系列假设来简化分析，本书也采用这些假设：

1）在 PEMFC 内部，气体的流动与分布是一维的。

2）气体是理想、均匀分布的。

3）燃料电池中气体流动通道的压力是恒定的。

4）燃料是加湿氢气，氧化剂是加湿空气。

5）在阳极侧，有效的蒸汽压为 50 % 的饱和蒸汽压，在阴极侧，则为 100% 的饱和蒸汽压。

6）PEMFC 在 100℃ 以下工作，反应产物呈液相。

7）假定电池堆的总比热容是恒定的，热力学性质的评价采用平均电池堆温度，忽略电池堆内温度差异。

8）燃料电池堆的参数由各电池的参数集合在一起来表示。

3.3.1 电极上的气体扩散

在 N 种气体混合物中，成分 i 通过多孔电极的扩散可以由下面的斯蒂芬 – 麦克斯韦公式来描述：

$$\nabla x_i = \frac{RT}{P}\sum_{j=1}^{N}\frac{x_i N_j - x_j N_i}{D_{i,j}} \tag{3.1}$$

式中，∇ 是梯度的运算符，$x_i(x_j)$ 是物质 $i(j)$ 的摩尔分数；$D_{i,j}$ 是物质 $i-j$ 的有效二元扩散率（m^2/s），$N_i(N_j)$ 是物质 $i(j)$ 的表面气体通量（$mol/(m^2 s)$）；R 是气体常数，8.3143 $J/(mol\ K)$；T 为气体的温度（K）；P 是气体混合物的总压强（Pa）。

为了计算 PEMFC 的输出电压，需要氢气和氧气的有效分压。在阳极通道，气流是氢气和气态水（$H_2O_{(g)}$）的混合。根据本节前面的假设 1 ~ 3，垂直于阳极表面的水（气相）摩尔通量可以设定为零。根据式（3.1），假定传输过程是一维的，则气态水沿 x 轴（见图 3.1）的扩散可以简化为[4]

$$\frac{dx_{H_2O}}{dx} = \frac{RT}{P_a}\left(\frac{x_{H_2O}N_{H_2} - x_{H_2}N_{H_2O}}{D_{H_2O,H_2}}\right) = \frac{RT}{P_a}\left(\frac{x_{H_2O}N_{H_2}}{D_{H_2O,H_2}}\right) \tag{3.2}$$

式中，P_a 是阳极的总气压（Pa）。

氢气的摩尔通量可由法拉第定律确定[4,8]

$$N_{H_2} = \frac{I_{den}}{2F} \tag{3.3}$$

式中，I_{den} 是电流密度（A/m^2），F 是法拉第常数（96487C/mol）。

通过将式（3.2）和式（3.3）组合，并对表达式进行关于 x 的积分，积分的区间是从阳极通道到催化剂表面，可以得到

$$x_{H_2O}^* = x_{H_2O}^{ch} \exp\left(\frac{RTI_{den}l_a}{2FP_aD_{H_2O,H_2}}\right) \tag{3.4}$$

式中，l_a 是从阳极表面到反应位置的距离（m）；上标 $*$ 表示有效值；上标"ch"表示阳极或阴极通道的条件。

根据前面给出的假设 4，燃料中仅含有氢气和水蒸气，也就是说，在阳极，$x_{H_2O}^* + x_{H_2}^* = 1$。因此，根据气体沿 x 轴是均匀分布的（假设 2），可以写出氢气的有效分压：

$$p_{H_2}^* = \frac{p_{H_2O}^*}{x_{H_2O}^*}(1 - x_{H_2O}^*) \tag{3.5}$$

根据假设 5，阳极的有效蒸汽压（$p_{H_2O}^*$）为 $0.5p_{H_2O}^{sat}$。因此，利用式（3.4），氢气的有效气压 $p_{H_2}^*$ 可以写成[4,5]

$$p_{H_2}^* = 0.5p_{H_2O}^{sat}\left[\frac{1}{x_{H_2O}^{ch}\exp(RTI_{den}l_a/2FP_aD_{H_2O,H_2})} - 1\right] \tag{3.6}$$

在阴极通道流动的气体是 O_2、N_2、$H_2O_{(g)}$ 和 CO_2。利用式（3.1），可以得到阴极侧 $H_2O_{(g)}$ 的扩散表达式：

$$\frac{dx_{H_2O}}{dx} = \frac{RT}{P_c}\left(\frac{x_{O_2}N_{H_2O} - x_{H_2O}N_{O_2}}{D_{H_2O,O_2}}\right) = \frac{RT}{P_c}\left(\frac{-x_{H_2O}N_{O_2}}{D_{H_2O,O_2}}\right) \tag{3.7}$$

式中，P_c 是阴极的总气压（Pa）。

类似于阳极的分析，阴极催化剂界面的 H_2O、N_2 和 CO_2 的有效摩尔分数可以表示为

$$x_{H_2O}^* = x_{H_2O}^{ch}\exp\left(\frac{RTI_{den}l_c}{4FP_cD_{H_2O,O_2}}\right) \tag{3.8}$$

$$x_{N_2}^* = x_{N_2}^{ch}\exp\left(\frac{RTI_{den}l_c}{4FP_cD_{N_2,O_2}}\right) \tag{3.9}$$

$$\Delta G = \Delta H - T\Delta S = \Delta G_0 - RT\ln\left[p_{H_2}^* \cdot (p_{O_2}^*)^{0.5}\right] \tag{3.10}$$

式中，l_c 是从阴极表面到反应位置之间的距离（m）。在阴极，O_2 的有效摩尔分数为

$$x_{O_2}^* = 1 - x_{H_2O}^* - x_{N_2}^* - x_{CO_2}^* \tag{3.11}$$

因此，O_2 的相应有效分压可以写成

$$p_{O_2}^* = \frac{p_{H_2O}^*}{x_{H_2O}^*}x_{O_2}^* = \frac{p_{H_2O}^*}{x_{H_2O}^*}(1 - x_{H_2O}^* - x_{N_2}^* - x_{CO_2}^*) \tag{3.12}$$

根据假设 5，在阴极 $p_{H_2O}^* = p_{H_2O}^{sat}$，因此，类似于式（3.6），式（3.12）可以写成

$$p_{O_2}^* = p_{H_2O}^{sat}\left[\frac{1 - x_{N_2}^* - x_{CO_2}^*}{x_{H_2O}^*} - 1\right] \tag{3.13}$$

由式（3.6）和式（3.13）计算得到的 $p_{H_2}^*$ 和 $p_{O_2}^*$，将被用于能斯特方程来得到 PEMFC 的输出电压。为了计算 PEMFC 的输出电压，还需要用到物质平衡方程（也称守恒方程），将在 3.3.2 节中导出。

3.3.2 物质守恒

阳极和阴极通道中氢气和氧气的有效分压的动力学方程可以通过如下的理想气体方程确定[9]：

$$\frac{V_a}{RT}\frac{dp_{H_2}^*}{dt} = M_{H_2,in} - M_{H_2,out} - \frac{i}{2F} = M_{H_2,net} - \frac{i}{2F} \tag{3.14}$$

$$\frac{V_c}{RT}\frac{dp_{O_2}^*}{dt} = M_{O_2,in} - M_{O_2,out} - \frac{i}{4F} = M_{O_2,net} - \frac{i}{4F} \tag{3.15}$$

式中，$V_a(V_c)$ 是阳极（阴极）通道的体积（m^3）；$M_{H_2} = H_2$ 是氢气的摩尔流速（mol/s）；i 是单个燃料电池电流（A）；$M_{O_2} = O_2$ 是氧气的摩尔流速（mol/s）；下标 "in" "out" 和 "net" 分别代表输入量、输出量和净得量。

在稳态下，所有分压都被认为是恒定的，因此可得

$$\frac{dp_{H_2}^*}{dt} = \frac{dp_{O_2}^*}{dt} = 0 \tag{3.16}$$

由式（3.14）和式（3.15）可以得到稳态时氢气和氧气的净摩尔流速为

$$M_{H_2,net} = 2M_{O_2,net} = \frac{I}{2F} \tag{3.17}$$

在动态过程中，负载电流变化与燃料（H_2）及氧化剂（O_2）的摩尔流量之间存在着延迟。由式（3.14）和式（3.15），这些延迟可以由如下的一阶微分方程构建的模型来表示：

$$\tau_a \frac{dM_{H_2,net}}{dt} = \frac{i}{2F} - M_{H_2,net}$$

$$\tau_c \frac{dM_{O_2,net}}{dt} = \frac{i}{4F} - M_{O_2,net} \tag{3.18}$$

时间常数 τ_a 和 τ_c 分别表示阳极和阴极上的燃料和氧化剂的流动延迟，动态方程（3.18）也将被用来确定 PEMFC 的输出电压。

3.3.3 PEMFC 的输出电压

如第 2 章所讨论的，PEMFC 中总反应是

$$H_2 + \frac{1}{2}O_2 = H_2O_{(1)} \tag{3.19}$$

式中，下标（1）表示产生的水是液体（假设6）。

用来计算可逆电势的相应的能斯特方程是[8]

$$E_{cell} = E_{0,cell} + \frac{RT}{2F}\ln\left[p_{H_2}^* \cdot \left(p_{O_2}^*\right)^{0.5}\right] \tag{3.20}$$

式中，E_{cell} 是每个电池的可逆电势（V）；$E_{0,cell}$ 是参考电位，它是温度的函数，可

由下式表示[1]

$$E_{0,\text{cell}} = E_{0,\text{cell}}^{\circ} - k_{\text{E}}(T - 298) \tag{3.21}$$

式中，$E_{0,\text{cell}}^{\circ}$ 是标准状态下的标准参考电位（298K 和 1atm）。

燃料和氧化剂延迟的总效应可以用电压 $E_{\text{d,cell}}$ 表示，可以将它从式（3.20）的右边减去。这个电压是时间的函数，表示在负载瞬态变化过程中燃料和氧化剂的延迟对燃料电池输出电压的影响。在 s 域，$E_{\text{d,cell}}$ 可以写成

$$E_{\text{d,cell}}(s) = \lambda_{\text{e}} I(s)\left(1 - \frac{1}{\tau_{\text{e}} s + 1}\right) = \lambda_{\text{e}} I(s)\left(\frac{\tau_{\text{e}} s}{\tau_{\text{e}} s + 1}\right) \tag{3.22}$$

式中，λ_{e} 是一个常数（Ω），τ_{e} 是总的流量延迟（s）。

由式（3.22），令 s 趋近于零，可得 $E_{\text{d,cell}}$ 的稳态值为 0。根据拉普拉斯变换理论，在 s 域 $s \to 0$ 对应于时域 $t \to \infty$，s 域上的乘积对应于时域的卷积。因此，将式（3.22）从 s 域转换为时域，可得

$$E_{\text{d,cell}} = \lambda_{\text{e}}\left[i(t) - i(t) \otimes \exp(-t/\tau_{\text{e}})\right] \tag{3.23}$$

式中，"$\otimes$" 为卷积运算符号，时滞函数 $\exp(t/\tau_{\text{e}})$ 对应于 s 域中的 $1/(\tau_{\text{e}} s + 1)$。

现在从式（3.20）的右侧减去 $E_{\text{d,cell}}$，以考虑氧化剂延迟的影响。式（3.20）的 PEMFC 的内部电势（即开路电压）E_{cell} 现在可以修正为

$$E_{\text{cell}} = E_{0,\text{cell}} + \frac{RT}{2F}\ln\left[p_{\text{H}_2}^* \cdot (p_{\text{O}_2}^*)^{0.5}\right] - E_{\text{d,cell}} \tag{3.24}$$

如图 3.1 所示，在正常工作状态下，由于燃料电池活化损失、欧姆电压降、燃料电池的浓度过电位（电压降）等因素的影响，燃料电池的输出电压小于 E_{cell}。因此

$$V_{\text{cell}} = E_{\text{cell}} - V_{\text{act,cell}} - V_{\text{ohm,cell}} - V_{\text{conc,cell}} \tag{3.25}$$

式中，V_{cell}、$V_{\text{act,cell}}$、$V_{\text{ohm,cell}}$ 和 $V_{\text{conc,cell}}$ 分别为电池输出电压、活化电压降、欧姆电压降和浓度压降。

运用假设 8，可以得到燃料电池堆的输出电压：

$$V_{\text{out}} = N_{\text{cell}} V_{\text{cell}} = E - V_{\text{act}} - V_{\text{ohm}} - V_{\text{conc}} \tag{3.26}$$

式中，V_{out} 是一个燃料电池堆的输出电压（V），N_{cell} 是电池堆中电池的个数，E 是燃料电池堆的内部电势（V），V_{act} 是总活化电压降（V），V_{ohm} 是总欧姆电压降（V），V_{conc} 是总浓度电压降（V）。

式（3.25）和式（3.26）给出了动态形式的单个电池和电池堆的输出电压，它们将被用于 PEMFC 计算机模型的开发。

3.3.4　PEMFC 的电压降

式（3.26）所示的燃料电池电压降计算如下：

活化电压降：活化电压降是 PEMFC 电流和温度的函数，用下面给出的经验表达式——塔菲尔方程来描述[1]：

$$V_{\text{act}} = \frac{RT}{\alpha z F}\ln\left(\frac{I}{I_0}\right) = T \cdot \left[a + b\ln(I)\right] \tag{3.27}$$

V_{act} 可以看作是 V_{act1}、V_{act2} 的和，如下式所示：

$$V_{act} = \eta_0 + (T - 298) \cdot a + T \cdot b\ln(I) = V_{act1} + V_{act2} \qquad (3.28)$$

式中，η_0、a、b 均为经验常数；$V_{act1} = (\eta_0 + (T - 298)a)$ 是仅受燃料电池内部温度影响的电压降（与电流不相关的），$V_{act2} = (T \cdot b \cdot \ln(I))$ 则是与电流和温度都相关的电压降。

活化等效电阻由 V_{act2} 和燃料电池电流的比值决定。从下面给出的方程中可以看出这个电阻的阻值是与温度和电流相关的。

$$R_{act} = \frac{V_{act2}}{I} = \frac{T \cdot b\ln(I)}{I} \qquad (3.29)$$

欧姆电压降：PEMFC 的欧姆电阻包括聚合物膜的电阻、膜和电极之间的导电电阻以及电极的电阻。总欧姆电压降可以表示为

$$V_{ohm} = V_{ohm,a} + V_{ohm,membrane} + V_{ohm,c} = IR_{ohm} \qquad (3.30)$$

R_{ohm} 是电流和温度的函数，可以表示为

$$R_{ohm} = R_{ohm0} + k_{RI}I - k_{RI}T \qquad (3.31)$$

式中，R_{ohm0} 是 R_{ohm} 的常数部分，k_{RI} 是计算 R_{ohm} 的经验常数（Ω/A），k_{RT} 也是计算 R_{ohm} 的经验常数（Ω/K）。

浓度电压降：在反应过程中，从气流通道到反应位置（在催化剂表面）的质量扩散导致了浓度梯度的形成。在高电流密度下，反应物（产物）向（从）反应位点的缓慢输送是浓度电压降的主要原因[1]。覆盖在阳极和阴极上的催化剂表面的水膜是产生该电压降的另一个原因[4]。燃料电池中的浓度过电位定义如下[1]：

$$V_{conc} = -\frac{RT}{zF}\ln\left(\frac{C_S}{C_B}\right) \qquad (3.32)$$

式中，C_S 是反应点的表面浓度，C_B 是气体通道的主体浓度，z 是参与的电子数。

由菲克第一定律与法拉第定律[8]，式（3.32）可以写成如下的电流函数：

$$V_{conc} = -\frac{RT}{zF}\ln\left(1 - \frac{I}{I_{limit}}\right) \qquad (3.33)$$

式中，I_{limit} 是燃料电池的电流上限（A）。

因此，浓度损失的等效电阻可以定义为

$$R_{conc} = \frac{V_{conc}}{I} = -\frac{RT}{zFI}\ln\left(1 - \frac{I}{I_{limit}}\right) \qquad (3.34)$$

双层电荷效应：在 PEMFC 中，电极被固体膜（见图 3.1）隔开，固体膜阻断了电子流，只允许氢质子通过。电子从阳极流过外部负载，聚集在阴极表面，而氢质子则被吸引到阴极表面。因此，在多孔阴极和膜之间的边界上形成两个相反极性的带电层[2]。这些层被称为电化学双层，可以像超级电容器一样存储电能。考虑这种效应的燃料电池的等效电路在图 3.2 中给出。该图与第 2 章中的图 2.14b 相似，但 R_{act}（见式（3.29））的值和电压源与图 2.14b 及参考文献［2］给出的有所不同。在图 3.2 中，根据式（3.29），R_{act} 定义为 V_{act2}/I，内部电压则定义为 E

$-V_{act1}$。V_{act1} 是 V_{act} 的与温度相关的部分；R_{conc} 是浓度电压降的等效电阻，可以由式（3.34）得到。图 3.2 中，电容 C 两端的电压可以写成

$$V_C = \left(I - C \frac{\mathrm{d}V_C}{\mathrm{d}t} \right)(R_{act} + R_{conc})$$

$$(3.35)$$

利用 V_C 计算 V_{out}，可将双层电荷效应集成到模型中，由图 3.2，燃料电池的输出电压可以写成

$$V_{out} = E - V_{act1} - V_C - V_{ohm}$$

$$(3.36)$$

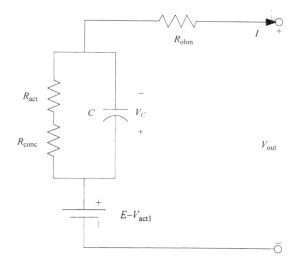

图 3.2　PEMFC 中的双层电荷效应等效电路

3.3.5　PEMFC 热力学平衡

燃料电池内部的化学反应导致其温度上升或下降。由燃料电池内部的化学反应产生的净发热速率可以写成[6]

$$\overline{q}_{net} = \overline{q}_{chem} - \overline{q}_{elec} - \overline{q}_{sens+latent} - \overline{q}_{lose}$$

$$(3.37)$$

式中，$\overline{q}_{net}$ 为净热能（J），$\overline{q}_{chem}$ 为化学（或热）能（J），$\overline{q}_{elec}$ 为电能（J），$\overline{q}_{sens+latent}$ 为显热和潜热（J），$\overline{q}_{loss}$ 为热损耗。

由于燃料电池内部的化学反应焓的改变（ΔH）而导致的化学反应所释放的功率可以写成

$$\overline{q}_{chem} = \overline{n}_{H_2,consumed} \cdot \Delta H$$

$$(3.38)$$

式中，$\overline{n}_{H_2,comsumed}$ 是氢气的消耗率（mol/s）

可以用吉布斯自由能来计算最大可用电能，计算公式如下：

$$\Delta G = \Delta H - T\Delta S = \Delta G_0 - RT\ln\left[p_{H_2}^* \cdot (p_{O_2}^*)^{0.5} \right]$$

$$(3.39)$$

式中，ΔG 是吉布斯自由能（J/mol）；ΔG_0 是标准条件下的吉布斯自由能（J/mol）；ΔS 是熵变（J/(mol·K)）。

输出电功率可以写为

$$\dot{q}_{elec} = V_{out} \cdot I$$

$$(3.40)$$

显热是由温度高于周围环境的物体向外传递的热能。显热传输速率是物质的摩尔流速、比热容和温升的乘积。潜热是物质在状态或相变化期间，释放或吸收的热量形式的能量。汽化热是指物质在其状态转变成气体时所需的能量。假设入口温度与室温相同，在运行过程中吸收的潜热和潜热可以由下式估算[6,9]：

$$\dot{q}_{\text{sens}+\text{latent}} = \dot{n}_{\text{H}_2,\text{out}}(T - T_{\text{room}}) \cdot C_{\text{H}_2} + \dot{n}_{\text{O}_2,\text{out}}(T - T_{\text{room}}) \cdot C_{\text{O}_2} \tag{3.41}$$
$$+ \dot{n}_{\text{H}_2\text{O},\text{generated}} \cdot (T - T_{\text{room}}) \cdot C_{\text{H}_2\text{O},1} + \dot{n}_{\text{H}_2\text{O},\text{generated}} \cdot H_{\text{V}}$$

式中，$\overline{\dot{q}}_{\text{sens}+\text{latent}}$ 为显热和潜热（J），$\overline{n}_i$ 为物质 i 的流速（mol/s），C_i 是物质 i 的比热容（J/(mol K)），H_{V} 是水的汽化热（J/mol），T_{room} 是室温（K）。

主要由空气对流输送的热损耗，可以由下式来估算：

$$\dot{q}_{\text{loss}} = h_{\text{cell}}(T - T_{\text{room}})N_{\text{cell}}A_{\text{cell}} \tag{3.42}$$

式中，h_{cell} 是对流换热系数（W/(m²K)），可以通过实验来得到[6]。

稳态时，燃料电池工作于恒定温度下，$\overline{\dot{q}}_{\text{net}} = 0$。在过渡期间，燃料电池温度是升高还是降低将由燃料电池的比热容和它的净热率决定，如下式所示：

$$M_{\text{FC}}C_{\text{FC}}\frac{\text{d}T}{\text{d}t} = \dot{q}_{\text{net}} \tag{3.43}$$

式中，M_{FC} 是燃料电池堆的总质量，C_{FC} 是电池堆的总比热容。

3.4 PEMFC 的模型结构

基于 3.3 节讨论的 PEMFC 的电化学和热力学特性，可以建立它的计算机模型，用来预测燃料电池动态响应。燃料电池的输出电压是温度和负载电流的函数。在过渡过程中，由于燃料电池温度和双层电荷效应的等效电容两端的电压都是时间的函数，因此得到的燃料电池输出电压是一个动态量。

图 3.3 给出了一个框图，在此基础上可以构建一个 PEMFC 的计算机模型。图中，输入是阳极和阴极的压力、初始燃料电池温度和室温。对于给定的负载电流和时间，内部温度 T 就确定了，再将负载电流和温度都反馈到参与计算燃料电池输出电压的不同模块，就可以得到燃料电池的输出电压。

在图 3.3 的框图中，利用质量扩散方程（3.1）~（3.13）来计算氢气和氧的有效分压，然后利用能斯特方程（3.20）、（3.24）与燃料和氧化剂的延迟效应（3.22）、（3.23）来计算燃料电池的内部电势（E）。活化电压降方程（3.27）和（3.29）、欧姆电压降方程（3.30）和（3.31）、浓度电压降方程（3.33）和（3.34）以及双层电荷效应等效电容的电压方程（3.35）等都被用来确定 PEMFC 堆的端（输出）电压。通过使用能量平衡方程（3.37）~（3.43）也将热力学效应因素考虑在内。根据图 3.3 的框图，可以得到如图 3.4 所示的一个 500W PEMFC 堆稳态特性（电压 - 电流和功率 - 电流）的基于 MATLAB/SIMULINK 的仿真。活化电压降、欧姆电压降和浓度电压降区域如图 3.4 所示。3.6 节给出了仿真模型的动态响应。

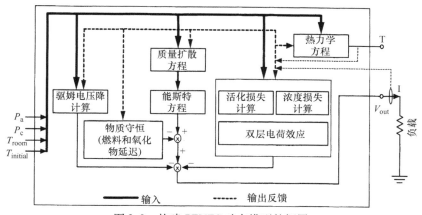

图 3.3　构建 PEMFC 动态模型的框图

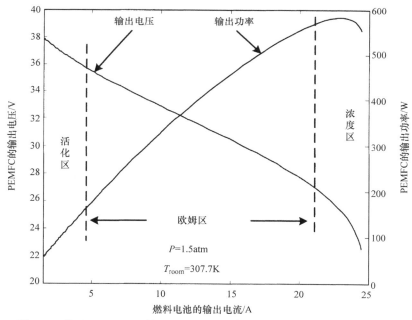

图 3.4　基于 SIMULINK 的 500W PEMFC 堆的 $V-I$ 和 $P-I$ 仿真特性曲线

3.5　PEMFC 的等效电路模型

实际中，燃料电池通常与诸如电力电子接口电路（变换器）之类的其他电气设备一起工作，这些电气设备将燃料电池的变化的直流输出电压转换为可控的交流电压。因此，燃料电池的等效电路模型是一个有价值的工具，与接口组件的电路模型一起用于研究燃料电池发电单元的性能。在图 3.5 中给出了用于建立这种

PEMFC 模型的框图（基于 3.3 节中讨论的 PEMFC 的物理特性）。框图由以下模块组成：内部电势、活化电压降、浓度电压降、欧姆电压降和热力学模块，下面将详细对每个模块进行讨论。C 是之前讨论的双层电荷效应的等效电容。

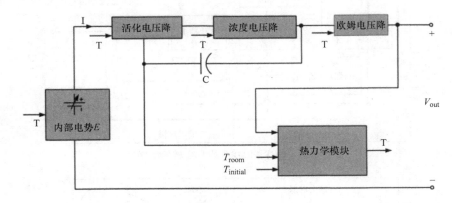

图 3.5　PEMFC 的电路模型框图

内部电势模块等效电路：根据式（3.20）~式（3.26），燃料电池内部电势 E 是负载电流和温度的函数。图 3.6 中给出了内部电势模块的等效电路，其中，它的输入 E_0° 是在 1atm、温度 298K 的标准状态下的标准参考电势，其输出是 PEMFC 的内部电势 E。电流和温度控制的电压源 $f_1(I, T)$ 表示式（3.20）的电流和温度相关部分。需要注意的是，式

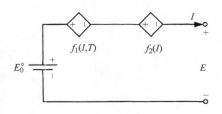

图 3.6　内部电势 E 的电路

（3.20）给出的有效分压（$p_{H_2}^*$ 和 $p_{O_2}^*$）是 PEMFC 电流和温度的函数，参见式（3.14）和式（3.15）。电流和温度控制电压源 $f_1(I, T)$ 的表达式可以通过在式（3.24）中代入式（3.21）得到。电流控制电压源 $f_2(I)$ 表示所有电池（电池数为 N_{cell}）串联时的式（3.22）中的 $E_{d, cell}$。这些表达式如下式所示：

$$f_1(I, T) = -\frac{N_{cell}RT}{2F}\ln\left[p_{H_2}^* \cdot (p_{O_2}^*)^{0.5}\right] + N_{cell}k_E(T - 298) \tag{3.44}$$

$$f_2(I) = N_{cell}E_{d, cell} \tag{3.45}$$

由图 3.6 可得，燃料电池内部电势可以写成

$$E = E_0^\circ - f_1(I, T) - f_2(I) \tag{3.46}$$

活化损失等效电路：由式（3.28）可知，活化电压降可以分为两部分 V_{act1} 和 V_{act2}。V_{act1} 可以看作是一个恒压源与温度控制电压源串联。V_{act2} 可以由一个与温度和电流相关的电阻 R_{act} 上的电压降来表示。这个电阻可以分解为三部分：一个固定的电阻（R_{act0}）、一个与电流相关的电阻（$R_{act1}(I)$）和一个与电流、温度都相关

的电阻（R_{act1} (I, T)）。使用多项式电流控制的电压源模型，可以建立与电流相关的电阻的模型。例如，在 PSpice 中，可以通过使用多项式电流控制电压源"HPOLY"来建立与电流相关的电阻的模型。在 PSpice 中，可以通过模拟行为模型（ABM）建立与温度相关的电阻的模型。ABM 使用由电路电压、电流、时间、温度和其他模拟参数组成的数学和逻辑表达式来设置它们的输出。

活化电压降的等效电路如图 3.7 所示，其中，参考式（3.28），V_{act1} 和 V_{act2} 分别为

$$V_{act1} = \eta_0 + f_3(T) = \eta_0 + (T - 298)a \tag{3.47a}$$

$$V_{act2} = (R_{act})(I) = (R_{act0} + R_{act1} + R_{act2})(I) \tag{3.47b}$$

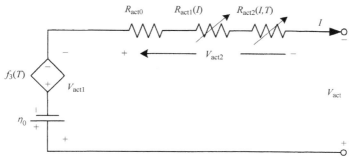

图 3.7 PEMFC 活化损失的等效电路模型

欧姆电压降等效电路：图 3.8 给出了燃料电池欧姆电压降的等效电路。由式（3.31）可得，R_{ohm} 是一个与电流和温度有关的电阻，可以用与 R_{act} 相同的方式来建模。从图 3.8 可得

$$R_{ohm} = R_{ohm0} + R_{ohm1} + R_{ohm2} \tag{3.48}$$

式中，R_{ohm0} 是 R_{ohm} 中的不变部分，参照式（3.31）；$R_{ohm1} = k_{RI}I$ 是 R_{ohm} 中与电流有关的部分；$R_{ohm2} = k_{RT}T$ 是 R_{ohm} 中与温度有关的部分。

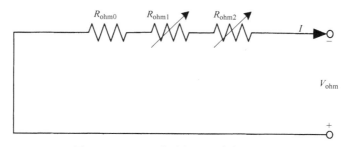

图 3.8 PEMFC 的欧姆电压降等效电路

浓度电压降的等效电路：图 3.9 给出了浓度电压降的电路模型，参照式（3.34），类似于式（3.48），浓度等效电阻可以写成

$$R_{conc} = \frac{V_{conc}}{I} = R_{conc0} + R_{conc1} + R_{conc2} \tag{3.49}$$

式中，R_{conc0}是R_{conc}中的不变部分；R_{conc1}和R_{conc2}分别是R_{conc}中与电流和温度有关的部分。欧姆电压降和浓度电压降的等效电路中没有电压源，因为这些电路与发电没有关联，它们只表示电压降。

双层电荷效应电容的等效电路模型：在图 3.5 中，C 是双层电荷效应的等效电容。该电容可以通过测量真实燃料电池堆在非常短的时间范围（ms）内的动态响应来估计[2]。图 3.2 显示了这种等效电容效应如何与活化、浓度和欧姆电阻相结合，使得燃料电池以一定的电路时间常数动态响应负载变化。

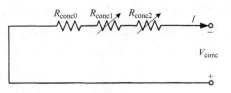

图 3.9　PEMFC 中浓度电压降的等效电路

热力学模块的电路模型：热力学量与电量之间的类比见表 3.1。这些类比可用于构建图 3.5 所示的热力学模块的电路模型。燃料电池内部的热力学性质是由式（3.37）~ 式（3.43）描述的。这些方程可以通过图 3.10 所示的 $R-C$ 电路进行仿真。由活化、欧姆和浓度损耗所消耗的功率，即 $(E-V_{out})*I$，被认为是导致燃料电池温度升高的热源。因此，热源的变化率（$\overline{q}_{in}$）为：

$$\overline{q}_{in} = (E - V_{out})I \tag{3.50}$$

表 3.1　热力学量与电量之间的类比

电势：$U(V)$	温度：$T(K)$
电流：$I(A)$	热流率：$P_h(W)$
电阻：$R(\Omega)$	热阻：$\theta(K/W)$
电容：$C(F)$	热容：$C_h(J/K)$
$RI = U$	$\theta P_h = T$
$I = C\dfrac{dU}{dt}$	$P_h = C_h\dfrac{dT}{dt}$

由于燃料电池内的空气对流而产生的热阻可以被写成

$$R_T = \frac{1}{h_{cell} \cdot N_{cell} \cdot A_{cell}} \tag{3.51}$$

式中，h_{cell} 为对流换热系数（W/(m^2K)）。

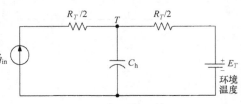

图 3.10　PEMFC 的热力学特性等效电路

在图 3.10 中，恒定电压源 E_T 表示环境温度，R_T 是由式（3.51）定义的燃料电池的等效热阻，C_h 对应的是燃料电池的热容量。C_h 上的电压对应于燃料电池堆的整体温度 T。

图 3.2、图 3.6 ~ 图 3.10 给出的等效电路可用在基于电路的计算机仿真环境（例如，PSpice）中以模拟 PEMFC 的性能特点。图 3.11 和图 3.12 给出了在 PSpice 和 SIMULINK 两种仿真环境下得到的 500W PEMFC 堆的稳态 $V-I$ 和 $P-I$ 特性曲线。

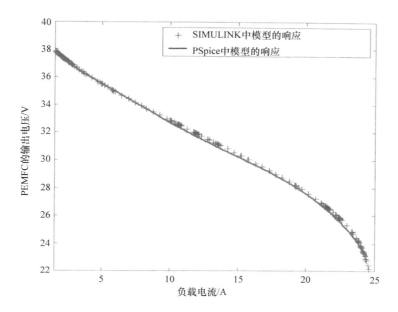

图 3.11　SIMULINK 和 PSpice 中 PEMFC 堆模型的 $V-I$ 特性比较

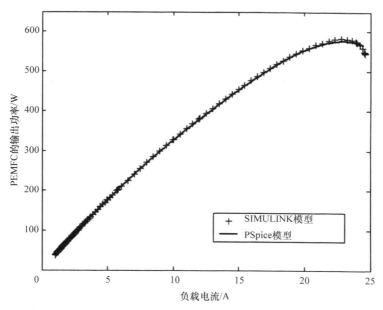

图 3.12　SIMULINK 和 PSpice 中 PEMFC 堆模型的 $P-I$ 特性比较

3.6　PEMFC 模型的验证

本节中报告的数据是从 Avista 实验室（目前为 ReliOn 公司）制造的 500W

SR – 12 PEMFC 堆中获得的。图 3. 13 显示了该电池堆的照片，实验工作是在它上面进行的。该燃料电池堆的尺寸和其他规格见表 3. 2[11]。外部空气由 SR – 12 的内部风扇驱动，通过阴极提供氧气，纯氢（99.9% 的纯度）以大约 7lb/in² 的进气歧管压力通过阳极。

图 3. 13　Avista 实验室（现为 ReliOn 公司）的 SR – 12 500W PEMFC 堆
来源：ReliOn 公司，斯波坎，华盛顿。

表 3. 2　SR – 12 500W PEMFC 堆的规格[11]

参数	值
容量	500W
电池数	48
运行环境温度	5 ~ 35℃
运行压强	$P_{H_2} \approx 1.5 \text{atm}$
	$P_{cathode} \approx 1.0 \text{atm}$
尺寸	56. 5cm × 61. 5cm × 34. 5cm
重量	44kg

图 3. 14 和图 3. 15 给出了对 SR – 12 PEMFC 堆进行实验获得的平均 $V – I$ 和 $P – I$ 特性曲线，并给出了基于所构建的模型在 SIMULINK 和 PSpice 仿真环境下仿真得到的特性曲线。图中所示的上、下曲线是波动的实验数据的上、下限。为便于比较，有波动的原始数据被滤掉，显示的是平均特性曲线。在图 3. 14 中，曲线

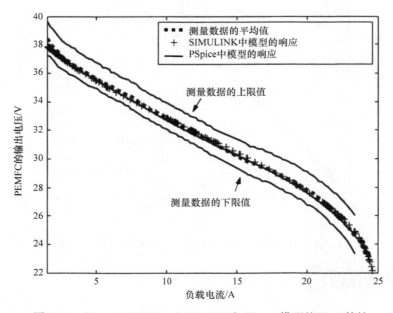

图 3. 14　SR – 12 PEMFC、SIMULINK 和 PSpice 模型的 $V – I$ 特性

的左端和右端的电压降分别是由于活化和浓度损失引起的；曲线中间的电压降
（近似线性）是由于燃料电池堆中的欧姆损失引起的[1-3]。在图 3.15 中，需要注
意的是，500W 燃料电池堆模型在输出大约 25V 的电压时，可以带稍微超过 20A 额
定电流的负载。超过峰值输出功率后，燃料电池进入浓度区，其输出电压随负载
电流增加而急剧下降。结果，随着负载电流的增加，燃料电池的输出功率将降低。
燃料电池带载不应超出其峰值功率点。

　　在本节的仿真研究中使用的电气模型参数值在表 3.3 中给出。

　　通过实验以及从 SIMULINK 和 PSpice 模型得到的 PEMFC 堆的温度响应如
图 3.16所示。在燃料电池电流以 0.2A/40s 的步长从 1.1A 增加到 20.5A 的过程中，
进行温度测量。该模型可以预测燃料电池堆的温度，预测的结果与实际温度相差
在 3~4K 以内，误差约为 1%。在测量的数据中，温度突然下降是由燃料电池组件
内部的风扇工作引起的。通过增加负载电流可以获得 SR-12 的稳态特性。测量了
电池堆电流和输出端电流，由于电池堆电流直接来自燃料电池堆，所以仅使用电
池堆电流来验证模型[10]。

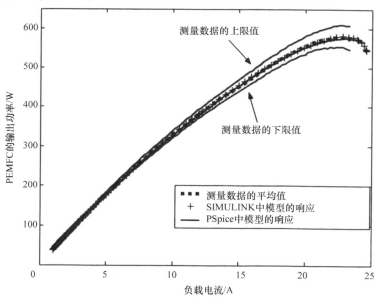

图 3.15　SR-12 PEMFC、SIMULINK 和 PSpice 模型的 $P-I$ 特性

表 3.3　SR-12 PEMFC 堆的电气模型参数

$E_0°/V$	58.9
$k_E/(V/K)$	0.00085
τ_e/s	80.0
λ_e/Ω	0.00333
η_0/V	20.145
$a/(V/K)$	-0.1373
R_{act0}/Ω	1.2581

（续）

R_{act2}/Ω	$0.00112 \times (T - 298)$
R_{act1}/Ω	$-1.6777 \times 10^{-6}I^5 + 1.2232 \times 10^{-4}I^4 - 3.4 \times 10^{-3}I^3 + 0.04545I^2 - 0.3116I$
R_{conc1}/Ω	$5.2211 \times 10^{-8}I^6 - 3.4578 \times 10^{-6}I^5 + 8.6437 \times 10^{-5}I^4 - 0.010089I^3 + 0.005554I^2 - 0.010542I$
C_h/F	22000
R_T/Ω	0.0347
C/F	0.1F（4.8F for each cell）
R_{ohm0}/Ω	0.2793
R_{ohm1}/Ω	$0.001872 \times I$
R_{ohm2}/Ω	$-0.0023712 \times (T - 298)$
R_{conc0}/Ω	0.080312
R_{conc2}/Ω	$0.0002747 \times (T - 298)$

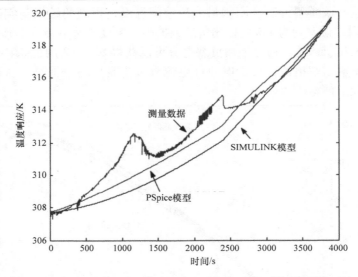

图 3.16　SR - 12 PEMFC 堆、SIMULINK 和 PSpice 模型的温度响应

SR - 12 PEMFC 堆、SIMULINK 和 PSpice 仿真模型对于快速阶跃负载变化（4s 范围）和慢速阶跃负载变化（1500s 范围）两种情况下的动态响应分别由图 3.17 和图 3.18 给出。PEMFC 的动态特性主要取决于以下三个方面：双层电荷效应电容、燃料和氧化剂的流动延迟以及 PEMFC 内部的热力学特性。尽管由双层电荷效应引起的电容（C）比较大（每个电池大约几法拉），但时间常数 $\tau = (R_{act} + R_{conc})C$ 通常比较小，因为当燃料电池工作于线性区时，（$R_{act} + R_{conc}$）比较小（见表 3.3）。因此，电容器 C 会影响 PEMFC 在短时间范围内的瞬态响应。需要注意的是，当燃料电池突然阶跃加载或卸载（负载电流阶跃向上或向下）时，燃料电池输出电压同时下降或增加。瞬时电压降落或升高主要是由燃料电池欧姆电阻的电压降引起的，该电压降随燃料电池的加载而增加，随其负载减少而降低。当燃料电池被加载，燃料电池输出电压在瞬时降低之后，再按指数增加到其稳态值；当燃料电池被卸载，输出电压在瞬时升高后，再按指数减少到稳态值。在短时间（ms）范围内，这些量的指数变化主要由与双层电荷效应电容相关的时间常数引起。在

长时间范围内，PEMFC 的瞬态过程主要受燃料和氧化剂流动延迟的影响，这些延迟可以是几十秒到几分钟，还受到燃料电池热力学时间常数的影响，这些时间常数为几分钟左右。

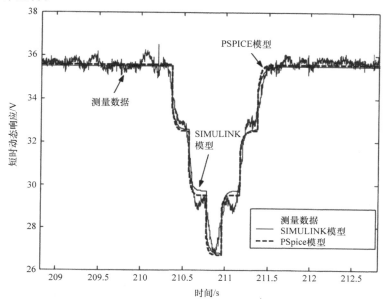

图 3.17　SR－12 PEMFC 堆、SIMULINK 和 PSpice 模型的短时动态响应

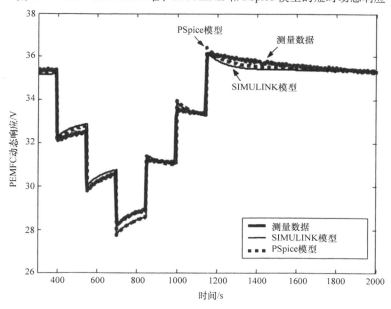

图 3.18　SR－12PEMFC 堆、SIMULINK 和 PSpice 模型的长时动态响应

参 考 文 献

[1] *Fuel Cell Handbook,* 7th edn, EG&G Services, Inc., Science Applications International Corporation, DOE, Office of Fossil Energy, National Energy Technology Laboratory, 2004.

[2] J. Larminie and A. *Dicks Fuel Cell Systems Explained*, 2nd edn, Wiley, Chichester, UK, 2003.

[3] R. O'Hayare, S. Cha, W. Colella, and B. Fritz, *Fuel Cell Fundamentals*, Wiley, Hoboken, NJ, 2006.

[4] J.C. Amphlett, R.M. Baumert, R.F. Mann, B.A. Peppley, and P.R. Roberge, Performance modeling of the Ballard Mark IV solid polymer electrolyte fuel cell I. Mechanistic model development, *Journal of the Electrochemical Society*, 142 (1), 1–8, 1995.

[5] J.C. Amphlett, R.M. Baumert, R.F. Mann, B.A. Peppley, and P.R. Roberge, Performance modeling of the Ballard Mark IV solid polymer electrolyte fuel cell. II. Empirical model development, *Journal of the Electrochemical Society*, 142 (1), 9–15, 1995.

[6] J.C. Amphlett, R.F. Mann, B.A. Peppley, P.R. Roberge, and A. Rodrigues, A model predicting transient responses of proton exchange membrane fuel cells, *Journal of Power Sources*, 61 (1–2), 183–188, 1996.

[7] A. Rowe and X. Li, Mathematical modeling of proton exchange membrane fuel cells, *Journal of Power Sources*, 102 (1–2), 82–96, 2001.

[8] G. Kortum, *Treatise on Electrochemistry*, 2nd edn, Elsevier, Amsterdam, 1965.

[9] G. N. Hatsopoulos and J.H. Keenan, *Principles of General Thermodynamics*, Wiley, New York, 1965.

[10] C. Wang, M.H. Nehrir, and S.R. Shaw, Dynamic models and model validation for PEM fuel cells using electrical circuits, *IEEE Transactions on Energy Conversion*, 20 (2), 442–451, 2005.

[11] *SR-12 Modular PEM Generator™ Operator's Manual*, Avista Labs (ReliOn), 2000.

第4章

固体氧化物燃料电池的动态建模与仿真

4.1 引言

如第 2 章所述，固体氧化物燃料电池（SOFC）可视为一种高温（600 ~ 1000℃）直接能量转换装置，它将燃料的化学能转换成电能。由于采用高温运行，SOFC 允许燃料电池内部气体燃料的重构，从而使 SOFC 具有多燃料接纳能力。同时，其能量转换效率也高于传统燃烧方法，可达 65% 以上。此外，SOFC 还可应用于热电联产（CHP）。高温废气流可用于住宅或商业供暖或进一步发电，例如集成固体氧化物燃料电池 – 燃气轮机系统，就是一个典型的应用。在这种情况下，SOFC 的整体效率可以达到 80%。它的缺点是由于工作温度较高，启动速度相对较慢，热应力较大。第 2 章介绍了两种 SOFC 设计，即管状设计和平板设计，管状设计在技术上比较先进，而平板设计还处于研究和开发阶段。本章将介绍基于物理模型的管状 SOFC 的开发方法。这种方法经修改后可适用于平板 SOFC 的设计，当然后者需要提供更多的信息和数据。

SOFC 建模在其性能预测和控制器设计方面具有重要意义。业界对于 SOFC 电站和控制器设计兴趣的增加，进一步推动了面向应用的 SOFC 理想模型的研究热潮[6-10]。本章根据 SOFC 的电化学和热力学性质以及质量和能量守恒定律，建立了管状 SOFC 堆的动力学模型，并重点研究了燃料电池的末端电学特性。该模型由电化学子模型和热力学子模型组成。同时，该模型还考虑了第 2 章讨论的双层电荷效应。

第 2 章讨论的燃料电池基本电化学原理和前一章中讨论的 PEMFC 的一些内容也适用于这里的 SOFC。为了连续性和便于理解，下面将会重复一些方程和图。第一次使用方程时，会定义方程中使用的重要参数。建模过程中使用的符号，包括下标和上标及其定义，也将在下一节中列出。

4.2 术语（SOFC）

为便于参考，下面给出了 SOFC 建模过程中使用的符号的含义。

a	计算材料电阻时的常数（Ωm）
A	面积（m^2）
b	计算材料电阻时的常数（K）
C_i	物质 i 的比热容（J/(mol K)）
$D_{i,j}$	$i-j$ 对的有效二元扩散系数（m^2/s）
E	每个电池的可逆电位（V）
E_0	参考电位（V）

（续）

$E_0{}^\circ$	标准参考电位（V）
F	法拉第常数（96487C/mol）
h	传热系数（W/(m^{2}K)）
i_0	交换电流（A）
i_{den}	电流密度（A/m^2）
i，I	电流（A）
$k_{a_1}\ k_{a2}$	计算 i_0 的经验常数
k_E	计算 E_0 的经验常数（V/K）
l_a	从阳极表面到反应堆的距离（m）
l_c	从阴极表面到反应堆的距离（m）
m	质量（kg）
M_i	物质 i 的摩尔流速（mol/s）
N_i	物质 i 的表面气体通量（mol/(m^2 s)）
N_{cell}	电池堆中的电池数目
p，P	压力（Pa）
q_{chem}	能量/热量（J）
R	气体常数，8.3143J/(mol K)，或电阻（Ω）
T	温度（K）
V	容量（m^3），或电压（V）
x	摩尔分数或轴 x
z	参与电子数
β	电子传递系数
δ	长度/厚度（m）
ΔH	焓变（J/mol）
ε	发射率（无量纲）
η_0	V_{act} 温度不变部分（V）
σ	Stefan – Boltzmann 常数，5.6696×10^{-8} W/(m^{2}K^4)
τ	时间常数（s）
ξ_0	活化电压降常数项（V）
ξ_1	活化电压降第二项的温度系数（V/K）

上标和下标含义

a	阳极
act	活化
air	空气条件
ann	电池环
AST	送风管
c	阴极
cell	单电池条件

（续）

ch	阳极或阴极通道的条件
chem	化学的
CO_2	二氧化碳
conc	集中
consumed	化学反应中消耗的物质
conv	对流的
elec	电力
elecyt	电解液，电解质
gas（g）	气，或气相
gen	化学反应中产生的物质（能量）
flow	流动换热
fuel	燃料条件
H_2	氢气
H_2O	水
in	输入/入口条件
inner/outer	内部/外部条件
interc	电池间互连
mw	分子量（kg/mol）
N_2	氮气
net	净值
O_2	氧气
ohm	欧姆
out	输出
rad	辐射
*	有效值

4.3　SOFC 动态建模

本节提出了一种基于物理的方法来建立管状燃料电池堆（组）的动态模型。为简化分析，根据参考文献［6-9，14，15］中的常见假设，这里做如下假设：

1）气体产物流做一维处理。

2）氧离子（0^{2-}）导电电解质。

3）理想气体。

4）氢气作为燃料。

5）阴极可供氧气（空气）的化学计量比大。

6）在正常运行条件下，沿阳极通道氢氧分压均匀降低，水蒸气分压均匀增加。

7）在热力学分析中假定集总热容。

8）气体在阳极和阴极通道中流动的有效温度由它们的算术平均值表示，即 $T_{gas}^{ch} = (T_{gas}^{in} + T_{gas}^{out})/2$。

9）在热力学模型中没有对燃烧进行建模，假定燃料和空气是预热的。

10）可将单个电池参数叠加来表示燃料电池堆。

图 4.1 给出了类似于第 2 章给出的 SOFC 的原理图，图中标出了从阳极到阴极的水平轴（ x 轴）。在此基础上，推导并分析了部分气体压力沿 x 轴的变化规律，可简述为：多孔电极（阳极和阴极）被固体陶瓷电解质隔开；电解质材料（通常是致密的钇稳定氧化锆（YSZ））是高温下负电荷离子（ O^{2-} ）的优良导体[1]；在阴极，氧分子接受来自外部电路的电子（电流通过负载）并转变为氧（ O^{2-} ）离子；这些负离子穿过电解液，在阳极上与氢气结合，产生水。关于 SOFC 运行原理的更多细节可见参考文献［1，2］和其他文献，例如参考文献［11－13］。

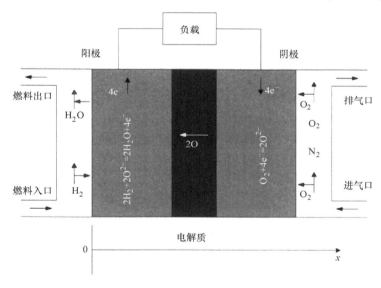

图 4.1　固体氧化物燃料电池示意图

4.3.1　有效分压

本节根据燃料和氧化剂流量、阳极和阴极入口压力、SOFC 温度、SOFC 物理和电化学参数等 SOFC 运行参数，导出了 SOFC 阳极和阴极通道上 H_2、O_2 和 H_2O 分压的表达式及其在实际反应位置的有效值。分压表达式将用于计算燃料电池的输出电压。

如图 4.1 所示，当负载电流从燃料电池流出时，H_2 和 O_2 将分别通过多孔阳极和阴极扩散到反应中心。作为化学反应的产物，H_2O 将从反应中心扩散到阳极通道。结果，在负载情况下，氢气、水和氧气的分压沿阳极和阴极通道形成梯度。在气体分压均匀变化的情况下，这里用气体（电极）通道的算术平均值给出了总

有效分压，即

$$p_{H_2}^{ch} = \frac{p_{H_2}^{in} + p_{H_2}^{out}}{2} \tag{4.1a}$$

$$p_{H_2O}^{ch} = \frac{p_{H_2O}^{in} + p_{H_2O}^{out}}{2} \tag{4.1b}$$

$$p_{O_2}^{ch} = \frac{p_{O_2}^{in} + p_{O_2}^{out}}{2} \tag{4.1c}$$

在实际反应位置，由于物质扩散，氢气和氧气的有效分压将小于气体流动通道中的有效分压。相反，反应位置处蒸汽的分压高于阳极流道中的分压。为了计算燃料电池的输出电压，需要确定氢气、水和氧气在反应场中的有效分压。与 PEM 燃料电池一样，在由 N 种物质组成的气体混合物中，气体 i 通过多孔电极的扩散梯度可用 Stefan – Maxwell 公式描述如下[3]：

$$\nabla x_i = \frac{RT}{P} \sum_{j=1}^{N} \frac{x_i N_j - x_j N_i}{D_{i,j}} \tag{4.2}$$

式中，∇ 是梯度算子；$x_i(x_j)$ 是物质 $i(j)$ 的摩尔分数；$D_{i,j}$ 是气体的有效二元扩散系数（m^2/s）；$N_i(N_j)$ 是物质 $i(j)$ 的表面气体通量（$mol/(m^2 \, s)$）；R 代表气体常数，为 $8.3143J/(mol \, K)$；T 代表气体温度（K）；P 代表气体混合物的总气压（Pa）。

在阳极通道中，气流是氢气和水的混合物。如图 4.1 所示，在沿 x 轴的一维传输过程中，根据式（4.2），氢气的扩散可以表示为

$$\frac{dx_{H_2}}{dx} = \frac{RT}{P_a^{ch}} \left(\frac{x_{H_2} N_{H_2O} - x_{H_2O} N_{H_2}}{D_{H_2,H_2O}} \right) \tag{4.3}$$

根据法拉第定律，氢气和水蒸气在阳极通道中的摩尔通量可以确定如下[4]：

$$N_{H_2} = -N_{H_2O} = \frac{i_{den}}{2F} \tag{4.4}$$

式中，i_{den} 表示电流密度（A/m^2），F 是法拉第常数（96487C/mol）。

阳极通道处的气体可以看作是 H_2 和 H_2O 的混合物，即有 $x_{H_2} + x_{H_2O} = 1$。需注意的是，$dp_{H_2} = dx_{H_2} \times P_a^{ch}$，$dp_{H_2O} = dx_{H_2O} \times P_a^{ch}$。于是，联立式（4.3）和式（4.4）可以得到 H_2 和 H_2O 关于 x 的分压表达式：

$$\frac{dp_{H_2}}{dx} = -\frac{RT}{D_{H_2,H_2O}} \frac{i_{den}}{2F} \tag{4.5}$$

$$\frac{dp_{H_2O}}{dx} = \frac{RT}{D_{H_2,H_2O}} \frac{i_{den}}{2F} \tag{4.6}$$

从阳极通道表面到实际反应位置对式（4.5）和式（4.6）进行关于 x 的积分运算，可以得到

$$p_{H_2}^* = \int_0^{l_a} \frac{dp_{H_2}}{dx} + p_{H_2}^{ch} = p_{H_2}^{ch} - \frac{RTl_a}{2FD_{H_2,H_2O}} i_{den} \tag{4.7}$$

$$p_{H_2O}^* = \int_0^{l_a} \frac{dp_{H_2O}}{dx} + p_{H_2O}^{ch} = p_{H_2O}^{ch} + \frac{RTl_a}{2FD_{H_2,H_2O}} i_{den} \tag{4.8}$$

式中，$p_{H_2}^{ch}$、$p_{H_2O}^{ch}$ 分别为 H_2 和 H_2O 在阳极通道的分压。

在阴极通道中，氧化剂是主要由 O_2 和 N_2 组成的空气，即 $x_{O_2} + x_{N_2} \approx 1$。对阴极采用类似的处理，氧气的一维 Stefan-Maxwell 扩散方程可以表示如下：

$$\frac{dx_{O_2}}{dx} = \frac{RT}{P_c^{ch}} \left(\frac{x_{O_2} N_{N_2} - x_{N_2} N_{O_2}}{D_{O_2,N_2}} \right) \tag{4.9}$$

由于氮气不参与化学反应，假定正极表面的净氮气摩尔流量为零（$N_{N_2} = 0$）。于是，O_2 的摩尔通量可用法拉第定律确定为

$$N_{O_2} = \frac{i_{den}}{4F} \tag{4.10}$$

如图4.1所示，阴极反应的参与电子数为4。也就是说，1mol 的氧气需要4mol 的电子来完成这个反应。

式（4.9）可以重写为

$$\frac{dx_{O_2}}{dx} = \frac{RTi_{den}}{4FP_c^{ch}D_{O_2,N_2}}(x_{O_2} - 1) \tag{4.11}$$

反应位置的有效氧分压与阳极的分析结果相似，有

$$p_{O_2}^* = P_c^{ch} - (P_c^{ch} - p_{O_2}^{ch}) \exp\left(\frac{RTi_{den}l_c}{4FP_c^{ch}D_{O_2,N_2}} \right) \tag{4.12}$$

通过式（4.7）、式（4.8）和式（4.12）计算得到的有效分压 $p_{H_2}^*$、$p_{H_2O}^*$ 和 $p_{O_2}^*$，将用以代入能斯特方程来计算 SOFC 的输出电压。

4.3.2 物质守恒

与质子交换膜燃料电池类似，氢气和水蒸气在阳极气体流道中的有效分压和阴极中氧气的有效分压的瞬时变化均可通过如下理想气体方程确定[5]：

$$\frac{V_a}{RT} \frac{dp_{H_2}^{ch}}{dt} = M_{H_2}^{in} - M_{H_2}^{out} - \frac{i}{2F} \tag{4.13}$$

$$\frac{V_a}{RT} \frac{dp_{H_2O}^{ch}}{dt} = M_{H_2O}^{in} - M_{H_2O}^{out} + \frac{i}{2F} \tag{4.14}$$

$$\frac{V_c}{RT} \frac{dp_{O_2}^{ch}}{dt} = M_{O_2}^{in} - M_{O_2}^{out} - \frac{i}{4F} \tag{4.15}$$

假定氢气燃料充分且阴极水蒸气和氧气供应充足（假设5），则阳极和阴极通道入口和出口处 H_2、H_2O 和 O_2 的质量流可表示如下：

71

$$
\left\{
\begin{aligned}
M_{\mathrm{H_2}}^{\mathrm{in}} &= M_{\mathrm{a}} \cdot x_{\mathrm{H_2}}^{\mathrm{in}} = M_{\mathrm{a}} \cdot \frac{p_{\mathrm{H_2}}^{\mathrm{in}}}{P_{\mathrm{a}}^{\mathrm{ch}}} \\
M_{\mathrm{H_2}}^{\mathrm{out}} &= M_{\mathrm{a}} \cdot x_{\mathrm{H_2}}^{\mathrm{out}} = M_{\mathrm{a}} \cdot \frac{p_{\mathrm{H_2}}^{\mathrm{out}}}{P^{\mathrm{ch}}}
\end{aligned}
\right.
\tag{4.16}
$$

$$
\left\{
\begin{aligned}
M_{\mathrm{H_2O}}^{\mathrm{in}} &= M_{\mathrm{a}} \cdot x_{\mathrm{H_2O}}^{\mathrm{in}} = M_{\mathrm{a}} \cdot \frac{p_{\mathrm{H_2O}}^{\mathrm{in}}}{P^{\mathrm{ch}}} \\
M_{\mathrm{H_2O}}^{\mathrm{out}} &= M_{\mathrm{a}} \cdot x_{\mathrm{H_2O}}^{\mathrm{out}} = M_{\mathrm{a}} \cdot \frac{p_{\mathrm{H_2O}}^{\mathrm{out}}}{P^{\mathrm{ch}}}
\end{aligned}
\right.
\tag{4.17}
$$

$$
\left\{
\begin{aligned}
M_{\mathrm{O_2}}^{\mathrm{in}} &= M_{\mathrm{a}} \cdot x_{\mathrm{O_2}}^{\mathrm{in}} = M_{\mathrm{a}} \cdot \frac{p_{\mathrm{O_2}}^{\mathrm{in}}}{P^{\mathrm{ch}}} \\
M_{\mathrm{O_2}}^{\mathrm{out}} &= M_{\mathrm{a}} \cdot x_{\mathrm{O_2}}^{\mathrm{out}} = M_{\mathrm{a}} \cdot \frac{p_{\mathrm{O_2}}^{\mathrm{out}}}{P^{\mathrm{ch}}}
\end{aligned}
\right.
\tag{4.18}
$$

用式（4.16）~式（4.18）代入摩尔流速项，式（4.13）~式（4.15）可以表示为

$$
\frac{\mathrm{d}p_{\mathrm{H_2}}^{\mathrm{ch}}}{\mathrm{d}t} = \frac{2M_{\mathrm{a}}RT}{V_{\mathrm{a}}P_{\mathrm{a}}^{\mathrm{ch}}} p_{\mathrm{H_2}}^{\mathrm{in}} - \frac{2M_{\mathrm{a}}RT}{V_{\mathrm{a}}P_{\mathrm{a}}^{\mathrm{ch}}} p_{\mathrm{H_2}}^{\mathrm{ch}} - \frac{RT}{2FV_{\mathrm{a}}}i
\tag{4.19}
$$

$$
\frac{\mathrm{d}p_{\mathrm{H_2O}}^{\mathrm{ch}}}{\mathrm{d}t} = \frac{2M_{\mathrm{a}}RT}{V_{\mathrm{a}}P_{\mathrm{a}}^{\mathrm{ch}}} p_{\mathrm{H_2O}}^{\mathrm{in}} - \frac{2M_{\mathrm{a}}RT}{V_{\mathrm{a}}P_{\mathrm{a}}^{\mathrm{ch}}} p_{\mathrm{H_2O}}^{\mathrm{ch}} + \frac{RT}{2FV_{\mathrm{a}}}i
\tag{4.20}
$$

$$
\frac{\mathrm{d}p_{\mathrm{O_2}}^{\mathrm{ch}}}{\mathrm{d}t} = \frac{2M_{\mathrm{c}}RT}{V_{\mathrm{c}}P^{\mathrm{ch}}} p_{\mathrm{O_2}}^{\mathrm{in}} - \frac{2M_{\mathrm{c}}RT}{V_{\mathrm{c}}P^{\mathrm{ch}}} p_{\mathrm{O_2}}^{\mathrm{ch}} - \frac{RT}{4FV_{\mathrm{c}}}i
\tag{4.21}
$$

上述微分方程式（4.19）~式（4.21）可在拉普拉斯变换域中写成如下形式：

$$
P_{\mathrm{H_2}}^{\mathrm{ch}}(s) = \frac{1}{(1 + \tau_{\mathrm{a}} s)} \left[P_{\mathrm{H_2}}^{\mathrm{in}}(s) + \tau_{\mathrm{a}} P_{\mathrm{H_2}}^{\mathrm{ch}}(0) - \frac{P_{\mathrm{a}}^{\mathrm{ch}}}{4FM_{\mathrm{a}}} I(s) \right]
\tag{4.22}
$$

$$
P_{\mathrm{H_2O}}^{\mathrm{ch}}(s) = \frac{1}{(1 + \tau_{\mathrm{a}} s)} \left[P_{\mathrm{H_2O}}^{\mathrm{in}}(s) + \tau_{\mathrm{a}} P_{\mathrm{H_2O}}^{\mathrm{ch}}(0) + \frac{P_{\mathrm{a}}^{\mathrm{ch}}}{4FM_{\mathrm{a}}} I(s) \right]
\tag{4.23}
$$

$$
P_{\mathrm{O_2}}^{\mathrm{ch}}(s) = \frac{1}{(1 + \tau_{\mathrm{c}} s)} \left[P_{\mathrm{O_2}}^{\mathrm{in}}(s) + \tau_{\mathrm{c}} P_{\mathrm{O_2}}^{\mathrm{ch}}(0) - \frac{P_{\mathrm{c}}^{\mathrm{ch}}}{8FM} I(s) \right]
\tag{4.24}
$$

与阳极和阴极压力相关的时间常数 $\tau_{\mathrm{a}} = V_{\mathrm{a}}P_{\mathrm{a}}^{\mathrm{ch}}/2M_{\mathrm{a}}RT$、$\tau_{\mathrm{c}} = V_{\mathrm{c}}P_{\mathrm{c}}^{\mathrm{ch}}/2M_{\mathrm{c}}RT$（以 s 为单位），表征了氢气、水蒸气（阳极通道）和氧气（阴极通道）压力随负荷变化而变化的速率。时间常数 τ_{a} 的物理意义是，当质量流为 M_{a} 时，在压力 $P_{\mathrm{a}}^{\mathrm{ch}}$ 下填充体积 $V_{\mathrm{a}}/2$ 的容器需要 $\tau_{\mathrm{a}}(\mathrm{s})$。$\tau_{\mathrm{c}}$ 的相似物理意义亦然。

4.3.3 SOFC 输出电压

正如第 2 章所述，固体氧化物燃料电池的整体反应可表示为

$$2H_2 + O_2 = 2H_2O_{(g)} \tag{4.25}$$

式中，下标"g"表示产物 H_2O 为气体形式。第 2 章导出的用于计算 SOFC 可逆电势的能斯特方程为

$$E_{cell} = E_{0,cell} + \frac{RT}{4F}\ln\left[\frac{(p_{H_2}^{ch})^2 \cdot p_{O_2}^{ch}}{(p_{H_2O}^{ch})^2}\right] \tag{4.26}$$

$E_{0,cell}$ 由一个常数项和一个温度相关项组成，如下[1]：

$$E_{0,cell} = E_{0,cell}° - k_E(T - 298) \tag{4.27}$$

式中，$E_{0,cell}°$ 是标准状态下（298K 和 1atm）的标准参考电位。

由式（4.26）计算得到的 E_{cell} 是 SOFC 开路电压，它与温度和压力有关。当燃料电池处于负载状态时，由于活化损失、欧姆电压降和浓度过电位等原因，其输出电压小于 E_{cell}。因此，与 PEMFC 一样，SOFC 输出电压可以表示为

$$V_{cell} = E_{cell} - V_{act,cell} - V_{ohm,cell} - V_{conc,cell} \tag{4.28}$$

串联在一起的电池的输出电压可以叠加（假设 10），以获得固体氧化物电池堆的输出电压，即

$$V_{out} = N_{cell}V_{cell} = E - V_{act} - V_{ohm} - V_{conc} \tag{4.29}$$

综上，一旦计算出电压降，就可以计算固体氧化物电池堆的输出电压。然后导出这些电压降的表达式。

4.3.3.1 活化电压降

在低电流下，当 SOFC 内部发生化学反应时，由于必须克服活化能垒而导致电压损失（降落）。这种电压损失称为活化压降，可使用 Butler - Volmer 方程计算得到[6]：

$$i = i_0\left\{\exp\left(\beta\frac{zFV_{act}}{RT}\right) - \exp\left(-(1-\beta)\frac{zFV_{act}}{RT}\right)\right\} \tag{4.30}$$

式中，i_0 为表观交换电流（A）；β 为电子转移系数（对于 SOFC，$\beta \approx 0.5$）；z 为参与电子数。

表观交换电流是温度的函数，可用指数函数表示如下[14, 15]：

$$i_0 = k_{a1}T\exp\left(-\frac{k_{a2}}{T}\right) \tag{4.31}$$

式中，k_{a1}、k_{a2} 是经验常数。

在高活化条件下，式（4.30）中的第一项比第二项大得多，于是通过忽略式（4.30）中的第二项可以得到每个电池的活化电压降为[1]

$$V_{act,cell} = \frac{RT}{z\beta F}\ln\left(\frac{i}{i_0}\right) \tag{4.32}$$

式（4.32）与式（3.27）相同，是著名的 Tafel 方程，只适用于高活化条件。否则，根据式（4.32），当 $i = 0$ 时，V_{act} 的值趋近无穷大，这显然是不合理的。

对于燃料电池应用场合，β 值约为 $0.5^{[14]}$。简化式（4.30），电池活化电压降可以写成如下形式：

$$V_{\text{act,cell}} = \frac{2RT}{zF} \sinh^{-1}\left(\frac{i}{2i_0}\right) \tag{4.33}$$

这里，等效激活电阻可以被定义为

$$R_{\text{act,cell}} = \frac{V_{\text{act,cell}}}{i} = \frac{2RT}{zFi} \sinh^{-1}\left(\frac{i}{2i_0}\right) \tag{4.34}$$

根据式（4.33），当负载电流为零时，活化电压降为零。然而，即使在开路时，SOFC 输出电压也低于式（4.26）的理论值[2]。因此，借鉴 PEMFC 中活化电压降的计算[3]，可以在式（4.34）中添加一个常数和温度相关项来重新计算 SOFC 活化电压降，即

$$V_{\text{act,cell}} = \xi_0 + \xi_1 T + iR_{\text{act,cell}} = V_{\text{act0,cell}} + V_{\text{act1,cell}} \tag{4.35}$$

在式（4.35）中，ξ_0 是活化电压降的常数（V），ξ_1 是温度系数（V/K）；$V_{\text{act0,cell}} = \xi_0 + \xi_1 T$ 是仅受燃料电池内部温度影响的活化电压降部分，而 $V_{\text{act1,cell}} = iR_{\text{act1,cell}}$ 则同时受电流和温度的影响。

4.3.3.2　欧姆电压降

SOFC 的欧姆电阻主要包括电极电阻、电解质电阻和电池间的互连电阻。SOFC 内部的总欧姆电压降可以表示为

$$V_{\text{ohm,cell}} = V_{\text{electrodes}} + V_{\text{ohm,elecyt}} + V_{\text{ohm,interc}} = iR_{\text{ohm,cell}} \tag{4.36}$$

与电解液和电池互连线电阻相比，电极的电阻一般可以忽略不计，因此在计算欧姆电压降时可以只包括电解质和互连线的欧姆损失。电解质和互连线的电阻随温度呈指数下降，$R_{\text{ohm,cell}}$ 可表示为

$$R_{\text{ohm,cell}} = \frac{a_{\text{elecyt}} \exp(b_{\text{elecyt}}/T)}{A_{\text{cell}}} \delta_{\text{elecyt}} + \frac{a_{\text{interc}} \exp(b_{\text{interc}}/T)}{A_{\text{interc}}} \delta_{\text{interc}} \tag{4.37}$$

式中，$a(\Omega\text{m})$ 和 $b(\text{K})$ 为常数；δ 为厚度（m）；a 为有效截面积（m^2）。

4.3.3.3　浓度电压降

在反应过程中，从流道向反应位置的质量扩散会形成浓度梯度。结果表明，反应位置氢气和氧气的有效分压均小于电极通道中的有效分压。相反，水蒸气在反应位置产生的有效分压高于阳极通道中的有效分压。因此，燃料电池的实际内部电压比使用通道分压方程式（4.26）得到的值要小。这种差异称为浓度电压降或浓度过电位。在高电流密度下，由于扩散过程缓慢，反应物不能以所需的速度输送到反应位置（不能从反应位置输送产物）。因此，浓度电压降变得更加显著[1, 2]。燃料电池的浓度电压降可表示为

$$V_{\text{conc,cell}} = \frac{RT}{4F}\left\{\ln\left[\frac{(p_{H_2}^{\text{ch}})^2 \cdot p_{O_2}^{\text{ch}}}{(p_{H_2O}^{\text{ch}})^2}\right] - \ln\left[\frac{(p_{H_2}^*)^2 \cdot p_{O_2}^*}{(p_{H_2O}^*)^2}\right]\right\} = V_{\text{conc,a}} + V_{\text{conc,c}} \tag{4.38}$$

式中，

$$V_{\text{conc,a}} = \frac{RT}{2F}\ln\left[\frac{1 + (RTl_a i_{\text{den}})/(2FD_{H_2O,H_2}p_{H_2O}^{\text{ch}})}{1 - (RTl_a i_{\text{den}})/(2FD_{H_2O,H_2}p_{H_2}^{\text{ch}})}\right] \tag{4.39}$$

$$V_{\text{conc,c}} = -\frac{RT}{4F}\ln\left\{\frac{1}{p_{O_2}^{\text{ch}}}\left[p_c^{\text{ch}} - (p_c^{\text{ch}} - p_{O_2}^{\text{ch}})\exp\left(\frac{RTi_{\text{den}}l_c}{4Fp_c^{\text{ch}}D_{O_2,N_2}}\right)\right]\right\} \tag{4.40}$$

值得注意的是，从式（4.38）中得到的浓度电压降是用能斯特方程式（4.26）计算的两个可逆电位与两组参数之间的差。一组使用通道分压，另一组使用通过质量扩散方程式（4.7）、式（4.8）和式（4.12）获得的实际有效分压。$V_{\text{conc,a}}$ 是由于 H_2 和 H_2O 分压的差异而产生的浓度电压降的一部分，而 $V_{\text{conc,c}}$ 是氧气分压部分产生的。

浓度电压降的等效电阻可以通过将浓度电压降式（4.38）除以 SOFC 电流来确定，即

$$R_{\text{conc,cell}} = \frac{V_{\text{conc,cell}}}{i} \tag{4.41}$$

4.3.3.4 双电层电荷效应

如对质子交换膜燃料电池（PEMFC）解释的那样，在 SOFC 中，两个电极被电解质隔开，形成两个边界层，即阳极‑电解质层和电解质‑阴极层（见图 4.1）。由于极化效应，也被称为电化学双层电荷效应，这些层可以表现得像超级电容器那样存储电能。考虑这一效应的 SOFC 模型与 PEMFC 相似，见图 4.2 的等效电路[2]。

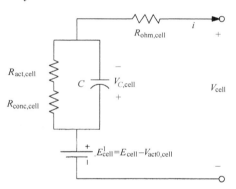

图 4.2 SOFC 内部的双层电荷效应的等效电路

在上述电路中，C 是双层电荷效应的等效电容，$R_{\text{act,cell}}$、$R_{\text{ohm,cell}}$ 和 $R_{\text{conc,cell}}$ 分别是活化电阻、欧姆电阻和浓度电压降的等效电阻，分别按式（4.34）、式（4.37）和式（4.41）计算得到。由于 SOFC 电极是多孔的，所以 C 值很大，可以达到数法拉[2]。在图 4.2 中，等效电容 C 的电压可以写成

$$V_{C,\text{cell}} = (i - i_C)(R_{\text{act,cell}} + R_{\text{conc,cell}}) = \left(i - C\frac{\mathrm{d}V_{C,\text{cell}}}{\mathrm{d}t}\right)(R_{\text{act,cell}} + R_{\text{conc,cell}})$$

$$\tag{4.42}$$

因此，SOFC 的输出电压（V_{cell}）最终可表示为

$$V_{\text{cell}} = E_{\text{cell}} - V_{C,\text{cell}} - V_{\text{act0,cell}} - V_{\text{ohm,cell}} \tag{4.43}$$

综上，根据式（4.29）可获得 SOFC 堆的输出电压（V_{out}）。

4.3.4　管状 SOFC 的热力学能量平衡

第 2 章介绍了管状 SOFC 的结构。管状 SOFC 的横截面和热量传递（流动）情况如图 4.3 所示。这种管状结构的一个优点是它消除了电池间的密封问题，因为每个电池的支撑管在一端关闭[1]。空气通过送风管（AST）提供，并被迫返回电池内部（阴极表面）再到达开口端。燃料（氢气和水蒸气混合物）流经电池外部（阳极表面），并与空气平行[1, 10]。

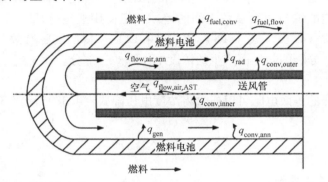

图 4.3　管状固体氧化物燃料电池内部的热量流动与传递

相邻燃料电池之间的温差可以忽略，同时每个燃料电池内部的热量传输主要通过辐射、对流和质量流进行。下面的热分析只适用于燃料电池。其他部件，如燃料重整器、燃烧室和电池之间的热交换，不包括在模型中。

SOFC 内部化学反应产生的热量可以写成

$$\dot{q}_{gen} = \overline{\dot{q}}_{chem} - \dot{q}_{elec} \tag{4.44}$$

化学反应释放的可用功率可计算为

$$\dot{q}_{chem} = \dot{n}_{H_2, consumed} \cdot \Delta H \tag{4.45}$$

式中，ΔH 指的是 SOFC 内化学反应焓的变化。燃料电池的电输出功率被定义为

$$\dot{q}_{elec} = V_{out} \cdot i \tag{4.46}$$

如图 4.3 所示，下面将分析讨论管状 SOFC 不同部件的热力和能量平衡。

4.3.4.1　燃料电池管

$$\dot{q}_{in, cell} = \dot{q}_{gen} = \dot{q}_{chem} - \dot{q}_{elec} \tag{4.47a}$$

$$\dot{q}_{out, cell} = \dot{q}_{rad} + \dot{q}_{conv, ann} + \dot{q}_{flow, air, ann} + \dot{q}_{conv, fuel} + \dot{q}_{flow, fuel} \tag{4.47b}$$

$$\dot{q}_{net, cell} = \dot{q}_{in, cell} - \dot{q}_{out, cell} = m_{cell} C_{cell} \frac{dT_{cell}}{dt} \tag{4.47c}$$

$$\dot{q}_{rad} = \varepsilon_{AST}^{*} \sigma A_{AST, outer} (T_{cell}^4 - T_{AST}^4) \tag{4.47d}$$

$$\dot{q}_{conv, ann} = h_{cell} A_{cell, inner} (T_{cell} - T_{air, ann}) \tag{4.47e}$$

$$\dot{q}_{flow,air,ann} = M_{air} M_{mw,air} C_{air} (T_{in,air,ann} - T_{out,air,ann}) \qquad (4.47f)$$

$$\dot{q}_{conv,fuel} = h_{cell} A_{cell,outer} (T_{cell} - T_{fuel}) \qquad (4.47g)$$

$$\dot{q}_{flow,fuel} = \dot{q}_{flow,H_2} + \dot{q}_{flow,H_2O} \qquad (4.47h)$$

$$\dot{q}_{flow,H_2} = (M_{H_2}^{in} + M_{H_2}^{out})(T_{fuel}^{out} - T_{fuel}^{in}) C_{H_2} M_{mw,H_2} \qquad (4.47i)$$

$$\dot{q}_{flow,H_2O} = (M_{H_2O}^{in} + M_{H_2O}^{out})(T_{fuel}^{out} - T_{fuel}^{in}) C_{H_2O} M_{mw,H_2O} \qquad (4.47j)$$

4.3.4.2　燃料

$$\dot{q}_{in,fuel} = \dot{q}_{conv,fuel} + \dot{q}_{flow,fuel} \qquad (4.48a)$$

$$\dot{q}_{out,fuel} = \dot{q}_{flow,fuel} \qquad (4.48b)$$

$$\dot{q}_{net,fuel} = \dot{q}_{in,fuel} - \dot{q}_{out,fuel} = m_{fuel} C_{fuel} \frac{dT_{fuel}}{dt} \qquad (4.48c)$$

4.3.4.3　电池与送风管之间的空气

$$\dot{q}_{in,air,ann} = \dot{q}_{conv,cell,ann} + \dot{q}_{flow,air,ann} \qquad (4.49a)$$

$$\dot{q}_{out,air,ann} = \dot{q}_{flow,air,ann} \qquad (4.49b)$$

$$\dot{q}_{net,air,ann} = \dot{q}_{in,air,ann} - \dot{q}_{out,air,ann} = m_{air,ann} C_{air} \frac{dT_{air,ann}}{dt} \qquad (4.49c)$$

4.3.4.4　送风管

$$\dot{q}_{in,AST} = \dot{q}_{rad} + \dot{q}_{conv,AST,outer} \qquad (4.50a)$$

$$\dot{q}_{out,AST} = \dot{q}_{conv,AST,inner} + \dot{q}_{flow,air,AST} \qquad (4.50b)$$

$$\dot{q}_{net,AST} = \dot{q}_{in,AST} - \dot{q}_{out,AST} = C_{AST} m_{AST} \frac{dT_{AST}}{dt} \qquad (4.50c)$$

$$\dot{q}_{conv,AST,outer} = h_{AST,outer} A_{AST,outer} (T_{air,cell} - T_{AST}) \qquad (4.50d)$$

$$\dot{q}_{conv,AST,inner} = h_{AST,inner} A_{AST,inner} (T_{AST} - T_{air,AST}) \qquad (4.50e)$$

$$\dot{q}_{air,flow,AST} = M_{air} C_{air} (T_{in,air,AST} - T_{out,air,AST}) \qquad (4.50f)$$

4.3.4.5　送风管中的空气

$$\dot{q}_{in,air,AST} = \dot{q}_{out,AST} = \dot{q}_{conv,AST,inner} + \dot{q}_{flow,air,AST} \qquad (4.51a)$$

$$\dot{q}_{out,air,AST} = \dot{q}_{flow,air,AST} \qquad (4.51b)$$

$$\dot{q}_{net,air,AST} = \dot{q}_{in,air,AST} - \dot{q}_{out,air,AST} = C_{air} m_{air,AST} \frac{dT_{air,AST}}{dt} \qquad (4.51c)$$

上述式 (4.47) ~ 式 (4.51) 中的符号定义如下：m 是质量 (kg)；C_i 是物质 i 的比热容 (J/(mol K) 或 J/(kg K))；h 是传热系数 (W/(m² K))；A 是面积 (m²)；M_i 是物质 i 的摩尔流量 (mol/s)；$M_{mw,i}$ 是物质 i 的分子量 (kg/mol)；ε 表示发射率；σ 为 Stefan – Boltzmann 常数，$5.6696 \times 10^{-8} W/(m^2 K^4)$。上述方程中的上标和下标定义为

air	空气条件
ann	电池环
AST	送风管
cell	单电池条件
ch	阳极或阴极通道的条件
chem	化学的
conv	传送性的，对流的
conc	集中
consumed	化学反应中消耗的物质
gen	化学反应中产生的物质（能量）
flow	质量流热交换
fuel	燃料条件
H_2	氢气
H_2O	水
in	输入/入口条件
inner/outer	内部/外部条件
mw	分子量（kg/mol）
net	净值
O_2	氧气
out	输出
rad	辐射
*	有效值

式（4.44）~式（4.51）共同构成了管状 SOFC 的热力模型。

4.4 SOFC 动态模型结构

根据上一节所讨论的 SOFC 的电化学和热力学特性，可以建立管状 SOFC 的动态模型。电池（或电池堆）输出电压取决于燃料组成、燃料和氧化剂流动、阳极和阴极压力、电池材料的电学和热性能、电池温度和负载电流等。

图 4.4 给出了一个类似于 PEMFC 的结构框图，可以在此基础上建立 SOFC 的数学模型。模型有 7 个输入量，分别为阳极和阴极压力（P_a 和 P_c）、燃料（氢气）流速（M_{H_2}）、水蒸气流速（M_{H_2O}）、空气流速（M_{air}），以及初始燃料电池和空气的温度（$T_{fuelinlet}$ 和 $T_{airinlet}$）。这些输入量被输入到图 4.4 所示的不同模块，即材料守恒模块、电压降模块和热力学模块。电池温度（T_{cell}）由任意给定的负载电流和时间确定，负载电流和温度均反馈给不同的模块，并参与燃料电池输出电压的计算。

综上所述，材料守恒模块建立在式（4.13）~式（4.24）之上，用以计算气体流道中氢气、水蒸气和氧气的分压。之后，用能斯特方程式（4.26）计算得到 SOFC 的内电势（E）。材料守恒方程和扩散方程式（4.2）~式（4.12）给出了 SOFC 的浓度损失。用式（4.35）、式（4.36）和式（4.38）可计算活化电压降、欧姆电压降和浓度电压降。SOFC 端电压是根据式（4.29）和式（4.43）确定的，同时由双层电荷效应电容引起的电压可参考式（4.42）。最后，利用能量平衡方程式（4.44）~式（4.51）建立了热模型。

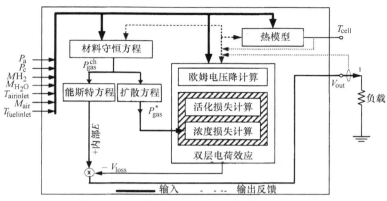

图 4.4　用于构建 SOFC 动态模型的原理框图

下一节给出了 MATLAB/SIMULINK 环境下 5kW SOFC 模型的稳态响应和动态响应结果。

4.5　恒定燃料流量操作下 SOFC 模型的响应特性

本节给出了由 SOFC 模型得到的一个 5kW 电池堆（组）模型的稳态和动态响应（前一节介绍了该模型的建模过程）。这些响应是在恒定燃料流量（恒定氢气流量）下进行的，也就是说，不管 SOFC 的负荷大小如何，都是恒定的氢气流量。这里研究并给出了 SOFC 操作压力和温度对其响应的影响。

4.5.1　稳态特性

图 4.5 给出了不同温度下 SOFC 堆模型的稳态端电压与电流（$V-I$）的特性曲

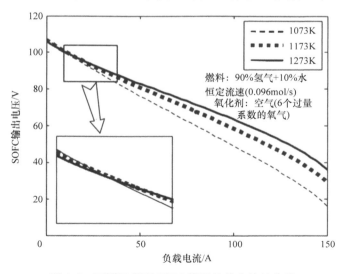

图 4.5　不同温度下 SOFC 模型的伏安特性曲线

线[16]。正如在4.3.3节中所讨论的，在低电流区，由于在SOFC产生化学反应前须克服活化能障碍，必然会导致产生一个电压降。这种电压降称为活化电压降，且低电流下在总电压降占主导地位。随着负载电流的增加，欧姆电压降（IR_{ohm}）与电流成正比，并在总电压降中占主导地位，如图4.6所示。当负载电流超过一定值（理论最大值）时，由于欧姆电压降和浓度电压降的幅值较大，SOFC输出电压和功率传递能力会急剧下降。

图4.5显示了温度对SOFC $V-I$特性的影响。在低电流区，SOFC输出电压在较低温度下略高，而在大电流区，较高温度下输出电压更高。其主要原因是开路内电势$E_{0,cell}$方程，即式（4.27）中的负项，以及与温度依赖性较强的活化电压降和欧姆电压降所致。如图4.6所示，随着负载电流的增加，活化电压降和欧姆电压降均会下降，而随着SOFC温度的升高，活化电压降和欧姆电压降也会下降。

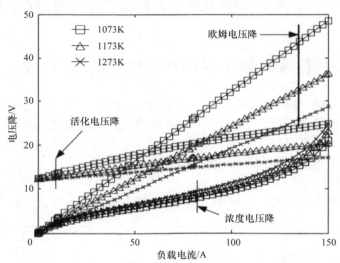

图4.6　SOFC活化电压降、欧姆电压降、浓度电压降与负载电流的关系

　　SOFC模型在不同温度下的输出功率随电流的变化曲线如图4.7所示。可见，在较高的负载电流下，工作温度较高时可以获得更高的输出功率。且在每个工作温度下，都有一个与之对应的临界电流，此时模型输出功率达到最大值。例如，此临界电流在温度为1073K时为95A，在1173K时对应为110A，在1273K时则为120A。离开这些点后，由于欧姆电压降和浓度电压降较大，负载电流的增加将导致输出功率下降。

　　将本书的5kW（96电池）SOFC堆模型得到的稳态$V-I$和$P-I$特性与通用电气公司（GE）在2006年固体能量转换联盟（SECA）年度审查会议报告的40电池SOFC稳态性能数据[18]进行比较。实际的GE SOFC堆数据无法获取，但至少可以看出，从仿真模型得到的稳态电池电压与电流密度的关系曲线，以及功率密度与

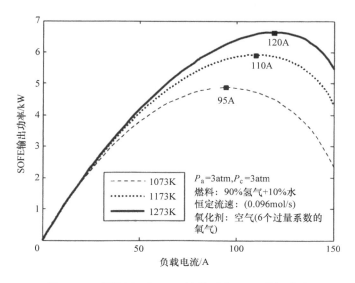

图 4.7　不同温度下 SOFC 堆模型的 $P - I$ 特性曲线

电流密度的关系曲线，与 GE 报告的 SOFC 稳态特性基本一致，如图 4.8 和图 4.9 所示。

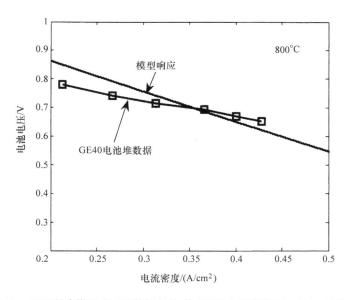

图 4.8　基于所建模型和 GE 数据的稳态 SOFC 电流密度对电池电压的影响

4.5.2　动态响应

SOFC 的动态响应主要受以下因素的影响：

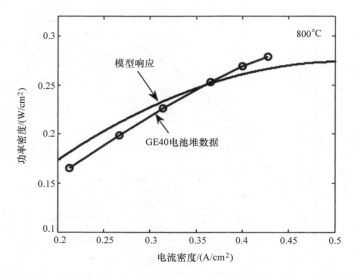

图 4.9　基于所建模型和 GE 数据的稳态 SOFC 电流密度对功率密度的影响

1）双层电荷效应引起的时间常数（毫秒级）。

2）与压力相关的时间常数 τ_a 和 τ_c（见式（4.22）和式（4.24））（秒级）。

3）与温度相关的时间常数（热力学特性）（分钟级）。

4.5.2.1　双层电荷效应引起的动态特性

实际上，当 SOFC 工作在线性区域时（见图 4.5），双层电荷效应的电容 C 很大（可达数法拉），而活化电阻和欧姆电阻之和（$R_{act,cell} + R_{conc,cell}$）很小（单个电池只有几毫欧）。双层电荷效应的时间常数 $\tau_{dlc} = (R_{act,cell} + R_{conc,cell})\,C$，通常为（$10^{-2} - 10^{-3}$）s。因此，这个时间常数只会在几毫秒到几十毫秒的范围内影响 SOFC 的动态响应。图 4.10 显示了模型在小时间尺度（ms）中的动态响应。其中，负载电流在 0.1s 时从 0 上升到 80A，在 0.2s 时下降到 30A。图的下半部分显示了不同双层电荷效应电容值对应的输出电压响应。由于欧姆电压降的作用，当负载电流阶跃上升（或下降），燃料电池输出电压立即下降（或上升）。之后，电压"平滑"过渡到其最终值。需要指出的是，电容 C 越大，输出电压达到最终值的速度越慢，这是由于有效时间常数（τ_{dlc}）变大所致。

4.5.2.2　压力影响引起的动态特性

时间常数 $\tau_a = V_a P_a^{ch}/2M_a RT$ 和 $\tau_c = V_c P_c^{ch}/2M_c RT$ 在秒级范围内，进而影响模型在秒级时间尺度上的动态响应，我们称之为"中时间"尺度。图 4.11 显示了在不同操作压力下 SOFC 在中时间尺度下的电压响应，其中假设阳极和阴极通道压力相等（$P_a = P_c = P$）。图中，负载电流在 1s 时阶跃上升到 80A，在 11s 时阶跃下降到 30A。结果表明，在较高的操作压力下，SOFC 输出电压较高，这与式（4.26）

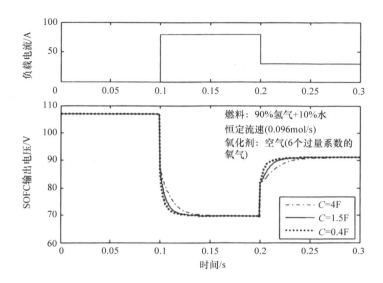

图 4.10　双层电荷效应引起的 SOFC 模型的动态电压响应

的结论吻合。同时，与输出电压响应相关的时间常数随操作压力的增加而增大，这与上面给出的时间常数 τ_a 和 τ_c 的表达式的结论是一致的。

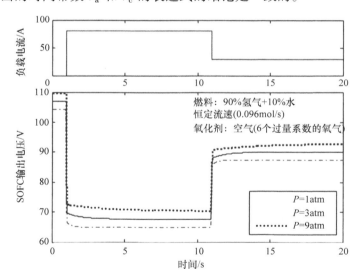

图 4.11　不同操作压力下 SOFC 模型产生的动态电压响应

时间常数 τ_a 和 τ_c 的表达式中也出现了 SOFC 的运行温度。然而，我们很快就会看到，由于气体动力学的原因，SOFC 的温度响应时间是分钟级的或更长时间的，这比它的响应时间要长得多。因此，在短时间尺度和中时间尺度下处理动态响应（即双层电荷效应和气体动力学引起的动态响应）时，可以假定工作温度是恒定的。

4.5.2.3 考虑温度影响的动态特性

SOFC 的等效热力学时间常数可以是几十分钟[17]。在大时间尺度（$10^2 \sim 10^3$s）下，双层电荷效应和操作压力的动态过程可忽略，温度效应（由于 SOFC 热力学特性）将主导 SOFC 的动态响应。图 4.12 给出了在负荷电流在 $t = 10$min 从 0 阶跃至 100A，到 $t = 120$min 再跳变回 30A 时，SOFC 模型的动态电压响应。假定燃料和空气入口温度相等，如图中 T_{inlet} 所示。当负载电流阶跃上升时，SOFC 输出电压急剧下降，然后上升并到达其最终值。电压急剧下降是由于 SOFC 内化学反应相对缓慢所致。由此导致没有足够的燃料到达 SOFC 内的反应位置。这种现象有时被称为"燃料饥饿"。由于 SOFC 操作压力的增加（在分钟范围内热力学时间常数很大），其输出电压将缓慢增加，这将导致电流的突增。当 SOFC 负载电流突然降低时，可以得到类似的结论，即燃料电池操作压力和输出电压的缓慢下降。图 4.13 给出了不同入口温度下负载电流阶跃增加/减小时的 SOFC 模型的温度响应。由此可知，等效热力学时间常数约为 15min。

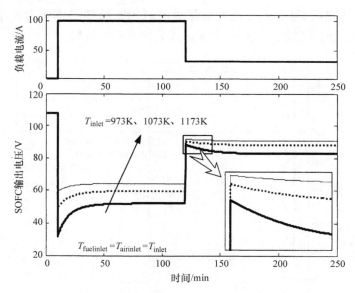

图 4.12　大时间尺度下不同入口温度时模型的动态响应

其他影响 SOFC 温度响应的参数同样重要，如 SOFC 内部的电压降，主要包括活化电压降、欧姆电压降和浓度电压降。在正常工作范围内，SOFC 的活化和欧姆电压降（式（4.33）和式（4.36））占主导地位。从活化电阻（式（4.34）和式（4.31））和欧姆电阻（式（4.37））的表达式来看，这些电阻随负载电流的增加

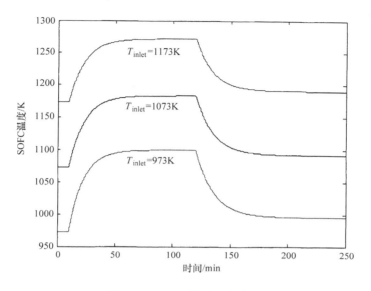

图 4.13　SOFC 模型温度响应

而增加。相反，电阻会随着 SOFC 内温度的增加而减小。总而言之，如图 4.6 所示，活化电压降和欧姆电压降都会随 SOFC 电流的增加而增加，但随其温度的升高而下降。

4.6　恒定燃料利用率模式下的 SOFC 模型响应

　　SOFC 也可以工作在恒定燃料利用率模式下，其中，定义为消耗的氢气的摩尔流量与输入的氢气燃料的摩尔流量之比的为利用率 u，且 u 保持不变[1]。用式（4.4）法拉第定律计算 SOFC 内氢气的摩尔流量，燃料利用率可记为 SOFC 电流的函数：

$$u = \frac{M_{H_2, consumed}}{M_{H_2, in}} = \frac{2F}{M_{H_2, in}} i \qquad (4.52)$$

　　基于式（4.52），欲实现恒定燃料利用率运行，可以通过反馈燃料电池电流（i）来实现，即通过比例增益 $1/(2F \times u)$ 控制阀门以调节流入燃料处理器的燃料流，如图 4.14 所示。这样，燃料处理器的燃料输入量将随着燃料电池电流的变化而成比例变化，以保持燃料利用率不变。

　　图 4.14 所示的燃料处理器可以等效为一阶延迟环节，其传递函数为 $1/(\tau_f s + 1)$，其中 τ_f 为秒级。

　　下面将给出恒定燃料利用率工况下，SOFC 模型的稳态响应和动态响应，并将其响应与恒定燃料流量工况下的响应进行比较。

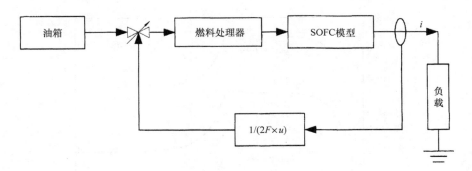

图 4.14　恒定燃料利用率控制

4.6.1　稳态特性

　　在恒定燃料利用率（85%）和恒定燃料流量的情况下，SOFC 模型的 $V-I$ 和 $P-I$ 特性曲线如图 4.15 所示。由图可知，在低电流条件下，当负载电流相同时，恒定流量工况下的输出电压高于恒定燃料利用率工况下的输出电压。这是因为在恒定燃料流量和低电流的情况下，需要向 SOFC 输送比恒定燃料利用率所需更多的氢气燃料。因此，在低电流时输出电压较高。由于电压较高，恒定燃料流量工况下的输出功率也略高于恒定燃料利用率下的输出功率。并且随着负载电流的增加，这两种电压之间的差别越来越小。这是由于恒定燃料流量运行时其利用率随负荷电流的增加而增大，且在 $P-I$ 特性曲线上的最大功率点附近，近似达到额定工况的燃料利用率的设定值。

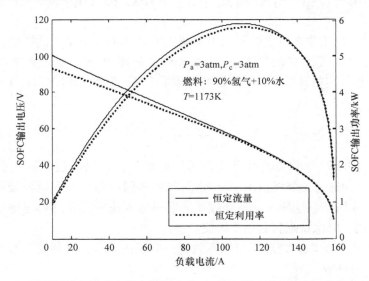

图 4.15　恒定燃料利用率和恒定燃料流量下 SOFC 模型的 $V-I$ 和 $P-I$ 特性曲线

图4.16 给出了恒定燃料流量和恒定燃料利用率工况下氢气（燃料）随负荷电流的变化曲线。可见，采用恒定燃料流量运行在轻负荷时需要输入更多的燃料。正常工作情况下，两种运行方式下所需燃料大致相同。需指出，在恒定燃料流量情况下，未使用的氢气（轻负荷）可以回收再利用。

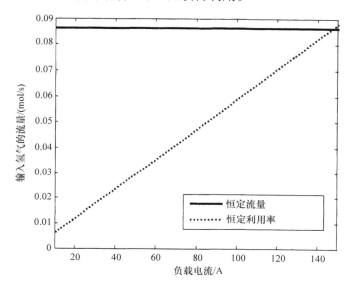

图4.16　SOFC恒定利用率和恒定流量运行时输入氢气的流量

4.6.2 动态响应

小时间尺度下，SOFC 模型的动态响应主要受双层电荷效应的控制，而在大时间尺度下则主要受其热力学性质的影响。燃料电池的物理性能和电化学性能决定了燃料电池的双层电荷效应和热特性，这些特性几乎不受恒定燃料流量或恒定燃料利用率工作模式的影响。相反，燃料电池在中时间尺度（秒级）内的动态响应受其工作模式的影响。当恒定燃料流量运行时，由于燃料流量是恒定的，与 SOFC 电流无关，时间常数 $\tau_a = V_a P_a^{ch}/2M_a RT$ 不受 SOFC 电流的影响。然而，在恒定燃料利用率的情况下，燃料流量会随着负载电流的变化而调整，以达到期望的燃料利用率，从而使 τ_a 成为与负荷有关的变量。

图4.17 给出了恒定燃料利用率工况下，SOFC 在中时间尺度的动态电压响应，其中负载电流阶跃变化情况与恒定燃料流量工况类似。该图下半部分显示了模型在不同工作压力下的输出电压响应。类似于图 4.11 所示恒定燃料流量运行的结果，较高的工作压力导致更高的输出电压和更大的时间常数 τ_a 和 τ_c。在这种情况下，动态响应不仅由 τ_a 和 τ_c 决定，而且还取决于燃料处理器的动态响应，即一阶延迟环节的影响。因此，图 4.17 的输出电压曲线反应的是二阶系统的典型特征。相反，在中时间尺度下，恒定燃料流量运行下的动态响应（见图 4.11）表现出一阶系统

的特性，因为此时燃料处理器的动态特性不包括在内。如图 4.17 所示，由于燃料处理器未能及时为燃料电池继续运行提供足够的燃料供应，SOFC 未能在 1atm 工作压力下启动。当然，SOFC 运行模式的选择取决于所需的电池性能要求。

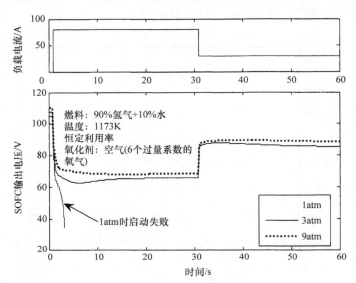

图 4.17　中时间尺度下采用不同的操作压力时恒定燃料利用率 SOFC 的动态电压响应

参 考 文 献

[1] *Fuel Cell Handbook*, 7th edn, EG&G Services, Inc., Science Applications International Corporation, DOE, Office of Fossil Energy, National Energy Technology Laboratory, 2004.

[2] J. Larminie and A. Dicks, *Fuel Cell Systems Explained*, 2nd edn, Wiley Chichester, UK, 2003.

[3] J.C. Amphlett, R.M. Baumert, R.F. Mann, B.A. Peppley, and P.R. Roberge, Performance modeling of the Ballard Mark IV solid polymer electrolyte fuel cell I. Mechanistic model development *Journal of the Electrochemical Society*, 142 (1), 1–8, 1995.

[4] G. Kortum, *Treatise on Electrochemistry*, 2nd edn, Elsevier, Amsterdam, 1965.

[5] G.N. Hatsopoulos and J.H. Keenan, *Principles of General Thermodynamics*, Wiley, New York, 1965.

[6] S.H. Chan, K.A. Khor, and Z.T. Xia, A complete polarization model of a solid oxide fuel cell and its sensitivity to the change of cell component thickness, *Journal of Power Sources*, 93 (1–2), 130–140, 2001.

[7] P. Aguiar, D. Chadwick, and L. Kershenbaum, Modeling of an indirect internal reforming solid oxide fuel cell, *Chemical Engineering Science*, 57, 1665–1677, 2002.

[8] P. Costamagna and K. Honegger, Modeling of solid oxide heat exchanger integrated stacks and simulation at high fuel utilization, *Journal of the Electrochemical Society*, 145 (11), 3995–4007, 1998.

[9] J. Padullés, G.W. Ault, and J.R. McDonald, An integrated SOFC plant dynamic model for power system simulation, *Journal of Power Sources*, 495–500, 2000.

[10] D.J. Hall and R.G. Colclaser, Transient modeling and simulation of a tubular solid oxide fuel cell, *IEEE Transactions on Energy Conversion*, 14 (3), 749–753, 1999.

[11] S.C. Singhal, Solid oxide fuel cells for stationary, mobile and military applications, *Solid State Ionics*, 152–153, 405–410, 2002.

[12] S.C. Singhal, Advances in tubular solid oxide fuel cell technology, *Solid State Ionics*, 135, 305–313, 2000.

[13] O. Yamamoto, Solid oxide fuel cells: fundamental aspects and prospects, *Electrochimica Acta*, 45 (15–16), 2423–2435, 2000.

[14] S.H. Chan, C F. Low, and O.L. Ding, Energy and exergy analysis of simple solid-oxide fuel-cell power systems, *Journal of Power Sources*, 103 (2), 188–200, 2002.

[15] S. Nagata, A. Momma, T. Kato, and Y. Kasuga, Numerical analysis of output characteristics of tubular SOFC with internal reformer, *Journal of Power Sources*, 101, 60–71, 2001.

[16] C. Wang and M.H. Nehrir, A Physically-Based Dynamic Model for Solid Oxide Fuel Cells, *IEEE Transactions on Energy Conversion*, 22 (4), 2007.

[17] E. Achenbach, Response of a solid oxide fuel cell to load change, *Journal of Power Sources*, 57 (1–2), 105–109, 1995.

[18] *Proceedings of the 7th Annual SECA Workshop and Peer Review Meeting*, Philadelphia, PA, September 12–14, 2006.

第5章

电解槽的运行原理和
建模

5.1 电解槽的运行原理

电解槽是从水中产生氢气和氧气的装置。水的电解可以看作是以氢为燃料的燃料电池的逆过程。因此，与燃料电池中发生的电化学反应相反，电解槽将直流电能转换为存储在氢中的化学能。电解水工艺历史悠久，它开始于 19 世纪初叶。从技术上讲，电解槽的基本理论和反应与燃料电池的相似，但反应是朝向相反的方向。像燃料电池一样，不同的电解质可以用于不同的电解过程。高温电解槽更有挑战性且仍在研发中，因为这种类型的电解槽用的是水蒸气而不是低温电解槽中使用的液体水。高分子电解质膜（PEM）和碱性电解槽（都是低温的）技术已比较成熟，而且在市场中能买得到[1]。因为碱性介质受到欢迎，碱性电解水是今天的主导技术。碱性电解槽比 PEM 电解槽更受欢迎，主要是因为它们不需要昂贵的在 PEM 电解槽中使用的铂基催化剂。此外，碱性电解槽是一种成熟的技术，其规模化生产使单位成本比类似的 PEM 电解槽更低。图 5.1 给出了一个加压碱性电解槽单元模块，它使用 Hydrogenics（原名 Stuart Energy）公司的无机膜电解技术（IMET®）。该技术能够提供 $1 \sim 60 Nm^3/h$、纯度高于 99.9987% 的 H_2 的可扩展性生产。多个模块可以串联成一个电解槽堆，如图 5.1b 所示。图 5.1c 给出了一个组装好的电解槽单元。

在本节中，对碱性电解水的原理进行了总结。

碱性电解槽使用氢氧化钾作为转移氢氧根离子（OH^-）电解质溶液。图 5.2 给出了碱性电解槽的示意图。在阴极，两个水分子被电化学还原成一个 H_2 分子和两个 OH^- 离子，如下式所示：

$$2H_2O + 2e^- \rightarrow H_2 \uparrow + 2OH^- \tag{5.1}$$

在外部电场的作用下，OH^- 离子通过多孔隔膜向阳极移动。在阳极，两个 OH^- 离子丢失两个电子，释放出 1/2 个 O_2 分子和一个水分子，那两个电子通过直流电源移动到阴极。上述过程可以用以下化学反应表示：

$$2OH^- \rightarrow \frac{1}{2}O_2 \uparrow + H_2O + 2e^- \tag{5.2}$$

将式（5.1）和式（5.2）结合，可以得到电解槽内的整体化学反应：

$$H_2O \rightarrow H_2 \uparrow + \frac{1}{2}O_2 \uparrow \tag{5.3}$$

碱性电解槽的电流密度通常低于 $0.4A/cm^2$，它的能量转换效率在 $60\% \sim 90\%$ 之间。在无辅助净化设备的情况下，H_2 的纯度可以达到 99.8%。只要有足够的直流电源，碱性电解技术可以实现各种容量的电解池，其容量从不到 1kW 到超过 100MW 的大型工业电解站。

5.2 电解槽的动态建模

如前所述，电解槽利用电能将水变为氢气和氧气。从电路的角度看，电解槽可以被认为是一个电压敏感的非线性直流负载。在电解槽的额定值以内，施加的直流电压越高，电流就越大，它的内部（可逆）电压也越高，因此，产生的氢气（和氧气）就越多。

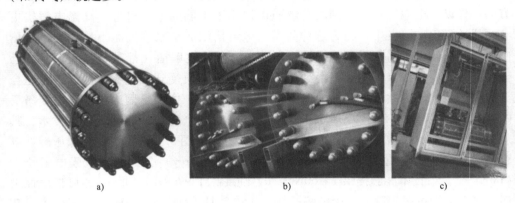

图 5.1　Hydrogenics 公司采用 IMET 技术的 HySTAT™–A 型氢气发生器中的碱性电解装置

（a：模块，b：电解槽堆，c：组装单元）

资料来源：Hydrogenics 公司。

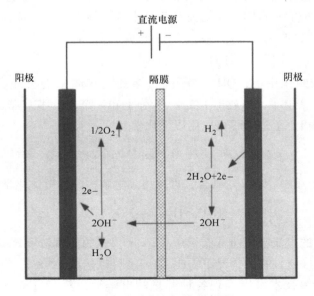

图 5.2　碱性电解槽示意图

5.2.1　电解槽的静态（$V-I$）特性

图 5.3 给出了一个电解槽单元的等效电路，这类似于在充电模式下运行的电池。$V_{\text{rev,cell}}$是电解槽单元的内部电压，V_{cell}和I是输入电解槽的直流电压和电流，非线性电阻代表电解槽的内部损耗（电压降），它与电流和温度都有关。

每个单元的内部电压可以表示为

$$V_{\text{cell}} = V_{\text{rev,cell}} + V_{\text{drop,cell}} \tag{5.4}$$

式中，$V_{\text{drop,cell}}$是图 5.3 所示的与电流、温度有关的非线性电阻上的电压降。它可以由以下经验式表示[3,4]：

$$V_{\text{drop,cell}} = \frac{r_1 + r_2 T}{A} I + k_{\text{elec}} \ln\left(\frac{k_{\text{T1}} + k_{\text{T2}}/T + k_{\text{T3}}/T^2}{A} I + 1 \right) \tag{5.5}$$

式中，r_1（Ωm^2）和 r_2（$\Omega \text{m}^2/℃$）是每个单元的欧姆电阻的参数；k_{elec}（V）、k_{T1}（$\text{m}^2/$A）、k_{T2}（$\text{m}^2℃/\text{A}$）和 k_{T3}（$\text{m}^2℃/\text{A}$）是每个单元的过电压参数；A 是单元的面积（m^2）；T 是单元的温度（℃）。

单元的可逆电压取决于电解槽电化学过程改变产生的吉布斯自由能，它可以由下面给出的经验公式来表示[3,4]：

$$V_{\text{rev,cell}} = -\frac{\Delta G}{2F} = V_{\text{rev}}^{\text{o}} - k_{\text{rev}}(T - 25) \tag{5.6}$$

式中，$V_{\text{rev}}^{\text{o}}$（V）是在标准条件下可逆单元的电压，$k_{\text{rev}}$（V/℃）是可逆电压的经验温度系数。

对于由 n 个单元串联形成的电解槽堆，其端电压可以表示为

$$V_{\text{elec}} = n V_{\text{cell}} \tag{5.7}$$

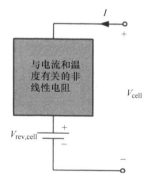

图 5.3　电解槽等效电路

电解槽的 $V-I$ 特性曲线可以由式（5.4）~ 式（5.7）得到。

5.2.2　制氢速率的建模

根据法拉第定律，电解槽堆理想的制氢速率可以写成[2]

$$\dot{n}_{\text{H}_2} = n \frac{I}{2F} \tag{5.8}$$

式中，$\dot{n}_{\text{H}_2}$是制氢速率（mol/s），n 是电解槽堆中串联的单元数。由于寄生电流损耗（如通过单元绝缘材料的漏电流），实际的制氢效率总是低于式（5.8）给出的理论最大值。图 5.4 给出了考虑寄生损耗的修正后的电解槽的等效电路。总电流包括 I' 和 I_{para} 两部分。

$$I = I' + I_{\text{para}} \tag{5.9}$$

式中，I'是用于制氢的实际电流，I_{para}是寄生损耗电流。电流效率或法拉第效率可以定义为

$$\eta_F = \frac{I'}{I} = 1 - \frac{I_{para}}{I} \qquad (5.10)$$

实际制氢速率则可以按由下式得到

$$\dot{n}_{H_2} = \eta_F \frac{nI}{2F} \qquad (5.11)$$

电解槽的寄生电流主要取决于单元电压。由式（5.10）可知，当电解槽电流增加时 η_F 会提高。因此，通常在较大电流区电流效率较高。

与质子交换膜燃料电池和固体氧化物燃料电池类似，当电解槽的内部

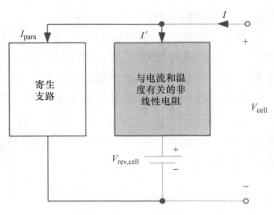

图 5.4　包括寄生损耗的电解槽等效电路

温度升高时，电解槽的内阻将下降。内阻下降会导致寄生电流增加、电流效率下降。但是，在大电流区温度对电流效率的影响较小，可以忽略[3]。因此，η_F 可以看作是电流密度的函数，其经验公式如下[4]：

$$\eta_F = \frac{(I/A)^2}{k_{f1} + (I/A)^2} k_{f2} \qquad (5.12)$$

式中，k_{f1} 和 k_{f2} 是经验常数。

5.2.3　电解槽的热模型

像质子交换膜燃料电池和固体氧化物燃料电池一样，电解槽堆的工作温度会影响其性能。因此，为预测电解槽的工作温度，需要建立其热模型。通过下面的集总热平衡表达式[4]，电解槽的工作温度可以被估计为时间的函数。

$$C_{elec} \frac{dT}{dt} = \dot{Q}_{gen} - \dot{Q}_{loss} - \dot{Q}_{cool} \qquad (5.13)$$

式中，T 是电解槽的工作温度（℃），C_{elec} 是电解槽堆的总热容量（J/℃），$\dot{Q}_{gen}$ 是电解槽堆内产生的热功率，$\dot{Q}_{loss}$ 是热功率损失，$\dot{Q}_{cool}$ 是散热引起的热功率损失。

以上的热功率可以写成如下表达式：

$$\dot{Q}_{gen} = n(V_{cell} - V_{th})I \qquad (5.14)$$

式中，V_{th} 是热电压，可以表示为[4]

$$V_{th} = -\frac{\Delta H}{2F} = -\left(\frac{\Delta G + T\Delta S}{2F}\right) = V_{rev} - \frac{T\Delta S}{2F} \qquad (5.15)$$

$\dot{Q}_{loss}$ 是热功率损失，可以表示为

$$\dot{Q}_{loss} = \frac{T - T_a}{R_{T,elec}} \qquad (5.16)$$

式中，T_a 为环境温度（℃），$R_{T,elec}$ 为等效热阻（℃/W）。$\dot{Q}_{cool}$ 是散热引起的热功率损

失，可以表示为

$$\dot{Q}_{\text{cool}} = C_{\text{cm}}(T_{\text{cm,o}} - T_{\text{cm,i}}) \qquad (5.17)$$

式中，C_{cm} 是每秒流动冷却介质（水）的总热容量（W/℃），$T_{\text{cm,o}}$ 和 $T_{\text{cm,i}}$ 分别是冷却介质的出口和入口的温度（℃）。通常采用水作为电解槽的冷却介质。

如果知道电解槽内部的工作温度，$T_{\text{cm,o}}$ 可以由下式估计[3]：

$$T_{\text{cm,o}} = T_{\text{cm,i}} + (T - T_{\text{cm,i}})\left[1 - \exp\left(\frac{-k_{\text{HX}}}{C_{\text{cm}}}\right)\right] \qquad (5.18)$$

式中，k_{HX} 是冷却过程中的有效的热交换系数，可以由如下经验公式表示[4]：

$$k_{\text{HX}} = h_{\text{cond}} + h_{\text{conv}} \cdot I \qquad (5.19)$$

式中，h_{cond} 为传导热交换系数（W/℃），h_{conv} 为对流热交换系数（W/(℃A)）。

5.3 电解槽模型的实现

基于 5.2.2 节和 5.2.3 节的数学表达式，可以得到电解槽堆的动态模型。在 MATLAB/SIMULINK 中构建由 40 个单元串联构成的 50kW 电解槽堆模型，本节中给出的仿真结果是基于此模型得到的。图 5.5 给出了模型的框图。输入量是所施加的直流电压 V_{elec}、环境温度 T_{a}、冷却水的入口温度 $T_{\text{cm,i}}$ 和冷却水的流速 n_{cm}。两个输出量是制氢的速率 $\bar{n}_{\text{H}_2}$ 和电解槽堆的温度 T。$V\text{–}I$ 特性模块式（5.4）～式（5.7）计算电解槽的电流。电解槽的温度由热模型模块式（5.13）～式（5.19）来估计，制氢速率可以通过计算电解槽电流 I 和电流效率模块式（5.12）来得到。所用的模型参数由表 5.1[4] 给出。

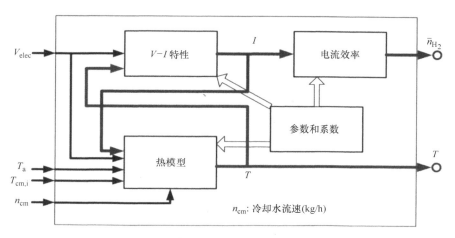

图 5.5 电解槽模型框图

表 5.1　仿真研究中的电解槽模型参数

r_1	$8.05 \times 10^{-5} \Omega m^2$
r_2	$-2.5 \times 10^{-7} \Omega m^2/℃$
k_{elec}	$0.185V$
k_{T1}	$1.599 m^2/A$
k_{T2}	$-1.302 m^2℃/A$
k_{T3}	$421.3 m^2℃^2/A$
n	40
k_{rev}	$1.93 \times 10^{-3} V/℃$
$R_{T,elec}$	$0.167℃/W$
A	$0.25 m^2$
k_{f1}	$2.5 \times 10^4 A/m^2$
k_{f2}	0.96
h_{cond}	$7.0 W/℃$
h_{conv}	$0.02 W/(℃ A)$
C_{elec}	$6.252 \times 10^5 J/℃$
n_{cm}（见图 5.5）	$600 kg/h$
C_{cm}（基于 n_{cm} 的值）	$697.67 W/℃$

图 5.6 给出了不同单元工作温度下电解槽模型的 $V-I$ 特性。在相同电流的情况下，工作温度越高，所需的端电压越低，因此所需的电功率越少。

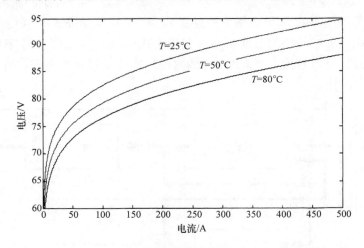

图 5.6　不同温度下电解槽模型的 $V-I$ 特性

图 5.7 给出了电解槽模型在输入电压阶跃变化时的温度响应。假定环境温度和冷却水的入口温度为 25℃。当施加的直流电压从 70V 跳变为 80V，电解槽堆的温度从 25.5℃ 慢慢升到 30.2℃。

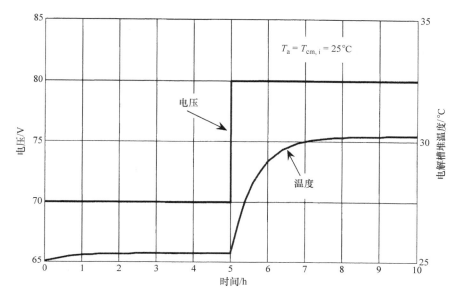

图 5.7　模型的温度响应

参 考 文 献

[1] M. Newborough, A report on electrolysers, future markets and the prospects for ITM Power Ltd's Electrolyser Technology, Online, http://www. h2fc.com/Newsletter/.

[2] J. Larminie and A. Dicks *Fuel Cell Systems Explained*, 2nd edn, Wiley, Chichester, UK, 2003.

[3] Ø. Ulleberg and S.O. Mørner TRNSYS simulation models for solar hydrogen systems, *Solar Energy*, 59 (4–6), 271–279, 1997.

[4] Ø. Ulleberg, Modeling of advanced alkaline electrolyzers: a system simulation approach, *International Journal of Hydrogen Energy*, 28, 21 33, 2003.

第6章

应用于燃料电池的功率变换器

6.1 引言

电力电子接口电路，也称为功率调节电路，在燃料电池系统中是非常必要的，调节其输出的直流电压并把直流转换为交流，如图1.4所示。如今，电力电子电路的应用几乎无处不在，将电能从一种类型（直流或交流）变换为另一种。电力电子接口电路通过功率半导体器件的高速开关进行电能变换。它们有多种拓扑和功能并用于一系列应用中，如电机驱动，用于计算机和其他电子设备的电源适配器，不间断电源（UPS），柔性交流输电系统（FACTS），以及可再生能源发电系统[1,3]。在本章中，重点介绍电力电子电路在燃料电池系统中的建模。根据实际燃料电池系统的应用，与小功率电子电路处理微瓦级或瓦级不同，其电力电子器件的功率等级可以从瓦级到千瓦级甚至兆瓦级变化。

燃料电池系统中的电力电子接口电路实现的主要功能如下：

● DC/DC 变换：将某一直流电压（通常是燃料电池的输出电压）变换为另一期望的直流电压。

● DC/AC 变换：将直流电变换为特定幅值和频率的交流电。

在混合式燃料电池系统中还可能用到 AC/DC 整流器；这种情况的例子会在第9章中讨论。本章中也会介绍 AC/DC 变换器。

高性能固态半导体开关器件，变换器拓扑，以及如何控制这些高速开关器件是电力电子技术的三大任务。在本章中，先概述各种电力电子开关器件，然后关注针对不同变换功能的变换器拓扑。最后我们推导 DC/DC 变换器和 DC/AC 逆变器的小信号及空间矢量模型，这对开关器件的仿真研究及其控制器的设计很重要。DC/DC 变换器和 DC/AC 逆变器的详细控制器设计将安排在第7章和第8章。

功率变换器的仿真研究的一项重要内容是仿真步长的设置，在精确建模中往往需要很小的步长值。根据实际开关频率，仿真步长需要达到微秒或者更短才能获得准确的仿真。所以，一个详细的电力电子开关器件和对应控制信号的仿真模型会显著地减慢仿真速度。这将带来一些问题，特别是当我们需要进行长时间仿真的时候（比如24h）。因此，除功率变换器的空间矢量模型外，本章也会推导这些电路的平均有效模型。使用平均有效模型可以在一定精度要求下显著提高仿真速度。

本章中，需要读者具有电子电路、电力电子及其控制技术的知识背景。重点是电力电子开关器件和其构成的功率变换器的计算机仿真模型建立以及控制器设计，而不是功率变换器的拓扑结构和设计的详细研究。

6.2 功率半导体开关器件的概述

功率半导体器件生产工艺的提高及其广泛应用显著地降低了其成本。尽管电力电子开关器件出于简化目的在某些时候可以看作是理想开关,但是在针对特定应用来正确选择开关器件和设计有效控制器前很有必要了解这些可用开关器件的特征。由于功率半导体器件发展迅速,这里只对常用器件做简短归纳。

根据其可控性,目前可用功率半导体器件可以分为以下三类:

- 不可控二极管:二极管的导通/关断状态由流过该二极管的电流决定。
- 半控型晶闸管:晶闸管在正向偏置条件下可以通过控制信号使其导通,但是只能由流过它的电流使其关断。
- 全控型开关器件:全控型器件的导通/关断状态由其控制信号控制,而不是流过它的电流。

在众多全控型器件中,应用较多的是下面几种:

- 双极结型晶体管(BJT)
- 金属–氧化物半导体场效应晶体管(MOSFET)
- 门极可关断晶闸管(GTO)
- 绝缘栅双极型晶体管(IGBT)
- MOS 控制晶闸管(MCT)

上述半导体器件的电气特性和开关能力将在本节余下部分进行概括。

6.2.1 二极管

基本上,半导体二极管是建立在半导体材料中的 PN 结上或半导体和金属之间的势垒,如肖特基二极管[1],图 6.1 示出了二极管的电气图形符号和伏安特性曲线。理想情况下,二极管只允许电流沿一个方向流动,从它的阳极(A)流向阴极(K),如图 6.1a 所示。当二极管正向偏置时,二极管两端会产生一个正向导通电压降(通常小于 1V)。这个电压在一些高压应用场合中可以忽略不计。当二极管反向偏置时,流过它的电流几乎为零。如图 6.1b 所示,只有很微小的漏电流流过二极管。当反向电压超过二极管的额定击穿电压时,电流开始反向流动并且急剧增大。正常工作下,二极管两端的反向电压不可以超过其击穿电压。

二极管最重要的静态参数分别是额定电流、导通电压降、反向击穿电压。实际应用中,根据二极管的额定电流和反向击穿电压(从数十伏到数千伏不等)不同,其选择范围很广,二极管的导通电压降一般在 0.3 ~ 1V 之间。

6.2.2 晶闸管

晶闸管的电气图形符号如图 6.2a 所示,和二极管的符号很像,只是多了一个门极(G)。晶闸管,又称为可控硅整流器(SCR),可以双向关断其电流。通常晶

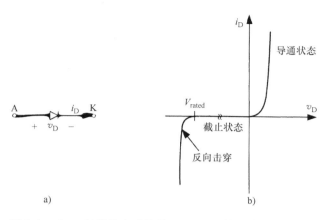

图 6.1　a）二极管的电路符号；b）二极管的伏安特性曲线

闸管的反向击穿电压和正向击穿电压相同。典型晶闸管的伏安特性曲线如图 6.2b 所示。当晶闸管正向偏置并且在门极施加正压时可以触发其导通。导通后，门极的正压就可以去掉了。然而，当晶闸管导通时并不可以通过在其门极施加一个负压使其关断，只能由流过它的电流来关断。

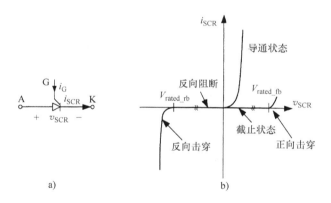

图 6.2　a）晶闸管的电路符号；b）晶闸管的伏安特性曲线

晶闸管对处理大电流和高电压有很好的能力，已经被广泛应用于大功率场合，如高压直流输电系统。这些晶闸管的额定电流和击穿电压分别可以达到数千安和数千伏。根据具体应用需要，一系列的晶闸管可供选择来实现特定功能。在设计具体电路时要考虑晶闸管的一些稳态参数，如额定电流、击穿电压、正向导通电压降。

6.2.3　双极结型晶体管

双极结型晶体管（BJT）属于电流控制型开关器件。NPN 型 BJT 的电气图形符号和伏安特性曲线如图 6.3 所示。BJT 的集电极（C）和发射极（E）可以看作是一个开关的两端，可以通过基极电流I_B来控制其导通和关断。当基极电流为零时，开关状态为关断，只有微弱的漏电流流过。如果基极电流I_B不为零并且大小足以使BJT基极和发射极间的PN结饱和，则开关状态为导通。这时BJT的C、E两端电压（v_{CE_sat}）一般为1~2V左右。

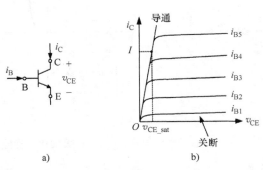

图6.3　a）BJT的电路符号；b）不同基极电流时的伏安特性曲线

为使BJT持续导通，基极电流必须持续施加。为减小保持BJT持续导通的基极电流，多个BJT可以组合起来形成达林顿或三达林顿结构，如图6.4所示。BJT是单向导电的，对于图6.3所示的NPN型BJT来说，电流只能从集电极C流向发射极E。而对于PNP型BJT，电流是从发射极E流向集电极C。

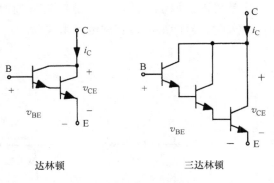

达林顿　　　　　　　三达林顿

图6.4　BJT的达林顿结构

6.2.4　金属-氧化物半导体场效应晶体管

与BJT相反，金属-氧化物半导体场效应晶体管（MOSFET）是电压控制型开关器件。增强型N沟道MOSFET的电气图形符号和不同栅源极电压v_{GS}时的伏安特性曲线如图6.5所示。

当v_{GS}低于开启电压v_0时，开关状态为关断，这时漏极（D）和源极（S）之间是不导通的。理想情况下，这时电流i_D是零，而实际上是有一个

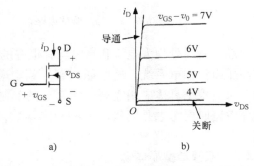

图6.5　a）增强型N沟道MOSFET的电路符号；
b）典型伏安特性曲线

很微小的弱反转电流，称为亚阈值漏电流。当 v_{GS} 大于开启电压 v_0 并且 v_{DS} 小于 v_{GS} 和 v_0（$v_{GS} > v_0$）之间的差值，漏极（D）和源极（S）之间就会建立导电沟道，开关状态为导通。与 BJT 类似，为保持持续导通，MOSFET 的门极驱动信号也需要以合适的幅值持续施加。

因为在开关导通期间没有电流流过门极并且开关时间非常短，所以 MOSFET 特别适合需要高速进行开关的应用中。但是，在大功率等级中 MOSFET 并不适用，因为没有高电压、大电流的 MOSFET。不过可以将多个同型号的 MOSFET 并联使用来满足大功率需要。

6.2.5　门极可关断晶闸管

门极可关断晶闸管（GTO）基本上是全控型晶闸管。与晶闸管相同，GTO 可以通过在其门极加正向触发电流来开通，并且门极电流不需要持续给定。与晶闸管不同的是，可以在 GTO 的门极加反向触发电流使之关断。虽然门极触发电流不需要持续给定，但是电流的变化率（di_G/dt）需要非常高（100A/μs 左右），这在一定程度上限制了 GTO 的应用。

GTO 的电气图形符号和伏安特性曲线如图 6.6 所示。GTO 在高压（千伏等级）、大电流（千安等级）应用中具有很好的性能。但是 GTO 的开关频率比 MOSFET 低，这限制了 GTO 只能应用于低开关频率（几千赫或者更低）应用中。

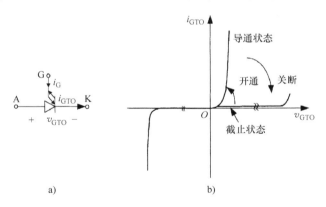

图 6.6　a）GTO 的电路符号；b）伏安特性曲线

6.2.6　绝缘栅双极型晶体管

绝缘栅双极型晶体管（IGBT）属于电压控制型开关器件，IGBT 的电气图形符号和伏安特性曲线如图 6.7 所示。从名字上就可以看出，IGBT 有一个绝缘的门极只需要很小的功率来驱动其开通和关断。IGBT 有一些双极型晶体管的特性，像 BJT 一样，导通电压降小。它也具有 GTO 的一些特性，电压、电流容量较大。

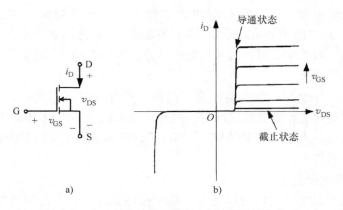

图 6.7　a）IGBT 的电路符号；b）伏安特性曲线

6.2.7　MOS 控制晶闸管

MOS 控制晶闸管（MCT）在大功率应用中是相对较新的器件。MCT 的电气图形符号和伏安特性曲线如图 6.8 所示。比较图 6.8b 和图 6.6b，可以看出 MCT 与 GTO 有着相似的伏安特性曲线。这两者最大的差别在于 MCT 是电压控制型晶闸管，而 GTO 是电流控制型器件。与 MOSFET 相似，MCT 具有由

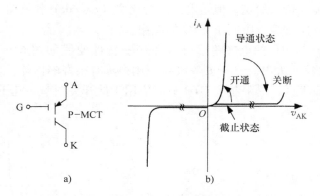

图 6.8　a）P 沟道 MCT 的电路符号；b）伏安特性曲线

一对内置的 MOSFET 组成的电压控制型绝缘门极：一个是 P 沟道 MOSFET，另一个是 N 沟道 MOSFET。根据由哪一个 MOSFET 来控制其导通（关断），可分成两种 MCT：P – MCT 和 N – MCT。

由于 MCT 采用绝缘门极，其驱动电路要比 GTO 简单得多。此外，其开关速度也比 GTO 快。尽管与 GTO 相比，MCT 具有上述优点，但是其功率等级要相对低一些。MCT 的开关速度比 MOSFET 要慢。

电力电子技术是一个动态的领域，在最近 20 年，电力电子开关器件的性能显著提高并且市场上出现了很多新的器件。除 MCT 以外，还有其他新出的开关器件，如结型场效应晶体管（JEFT）、场控晶闸管（FCT），会很快有各自的应用领域并日益流行起来。

表 6.1 对本节讨论的电力电子开关器件根据可得到的技术数据从功率等级、电

压、电流以及开关频率进行了对比总结。

表6.1　可控电力电子开关器件的特性

器件	功率等级[①]	上限电压[②] /kV	上限电流[②] /kA	开关频率[③]
SCR	高	7	4	低
BJT	中	1.4	0.4	中
MOSFET	低	1	0.1	高
GTO	高	4.5	3	低
IGBT	中	1.7	1.2	中
MCT	中	1.5	0.1	中

① 低（<10kW）；中（10~100kW）；高（>100kW）[1]。

② 电压和电流不能同时达到所列值。

③ 低（<1kHz）；中（1~100kHz）；高（>100kHz）[1]。

本章余下内容对燃料电池系统中使用的 AC/DC 整流器、DC/DC 变换器、DC/AC 逆变器进行讨论。给出这些电路拓扑的状态空间模型和简化平均模型的推导。

6.3　AC/DC 整流器

6.3.1　电路拓扑

AC/DC 整流器基本上可以分为两种：可控整流器和不可控整流器。不可控整流器一般指二极管（或二极管桥堆）整流器。典型的二极管三相全桥整流器如图 6.9所示。L_s 是交流侧的等效电感。C_{dc} 是直流侧的滤波电容。其他滤波器也可以并联在直流母线上来进一步降低纹波。

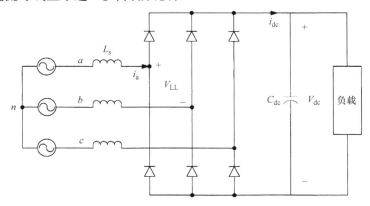

图6.9　二极管三相全桥整流器

105

假设给整流器输入三相对称交流电压，则整流器的直流输出电压 V_{dc} 为

$$V_{dc} = \frac{3}{\pi}\sqrt{2}V_{LL} \qquad (6.1)$$

式中，V_{LL} 是整流器输入的线电压有效值。

整流器输出的直流电压质量相当好。纹波在 ±5% 内，如图 6.11 所示。但是交流侧的输入电流是失真的，比如 a 相电流 i_a。可以增大交流侧电感 L_s 来降低电流失真，但是增大 L_s 会使电感两端的电压降增大。另一个降低交流侧电流失真的方法是使用 Y – Y 和 Y – △ 连接变压器组成如图 6.10 所示的 12 二极管整流器。由于这两个变压器的输出电压有 30° 的相位差，一个周期（360°）中的转换周期由原来的 60° 变为 30°，如图 6.11 所示。直流侧输出平均电压为

$$V_{dc} = \frac{6}{\pi}\sqrt{2}V'_{LL} \qquad (6.2)$$

式中，V'_{LL} 是两个变压器输出线电压的有效值。

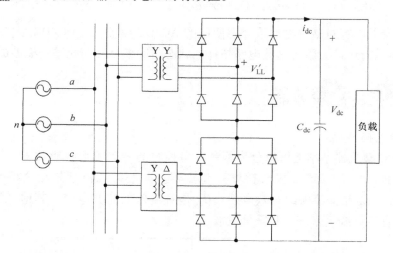

图 6.10　带有 Y – Y 和 Y – △ 变压器的 12 二极管三相整流器

这时直流侧输出电压的纹波降至 ±1.15%，并且交流侧电流的谐波含量也明显减小。12 脉波整流器的总谐波失真（THD）为 12%，主要是 11、13 次谐波，而 6 脉波整流器的总谐波失真为 30%，主要是 5、7 次谐波[1,4]。

基于相同的规则，可以用 Z 形变压器组来构成 24 二极管整流器[4]。但是在低功率等级应用并不广泛。

可控整流器一般分为晶闸管整流器和脉宽调制（PWM）整流器。晶闸管整流器通过控制晶闸管门极驱动信号的触发角来调节其输出。这是本节要讨论的整流器类型。PWM 整流器和 PWM 逆变器是相同的电路拓扑，将在本章的后面内容进行论述。其实是同一电路的不同运行模式：逆变模式和整流模式。

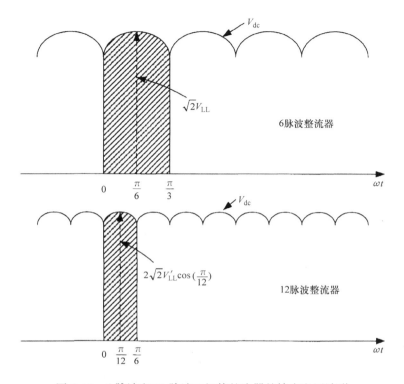

图 6.11   6 脉波和 12 脉波二极管整流器的输出电压波形

如前文所述，晶闸管可以像二极管那样工作，不同之处在于晶闸管只有在正向偏置并且门极有正向电流脉冲时才开始导通。在图 6.9 和图 6.10 中，用晶闸管替换二极管后就可以得到可控整流电路。6 脉波晶闸管整流器如图 6.12 所示，其输出直流电压可以通过控制晶闸管的触发角来调节。图 6.12 中的触发角是从晶闸管开始正向偏置开始到门极施加正向电流脉冲为止所延迟的时间代表的角度。6 脉波晶闸管整流器的输出直流电压可以表示为

$$V_{dc} = \frac{3}{\pi}\sqrt{2}V_{LL}\cos(\alpha) \tag{6.3}$$

式中，α 为触发角。

从式（6.3）可以看出，输出直流电压是触发角的非线性函数。如果用一个新的控制变量 $g = \cos(\alpha)$ 替换原公式中的 $\cos(\alpha)$，则晶闸管整流器的输出电压正比于这个新的控制变量 g。

6.3.2   三相可控整流器的简化模型

三相可控 6 脉波整流器的简化理想模型结构框图如图 6.13 所示。这个模型是为长时间运行仿真而建立的。线电压峰值模块计算交流线电压的峰值 $\sqrt{2}V_{LL}$。输入

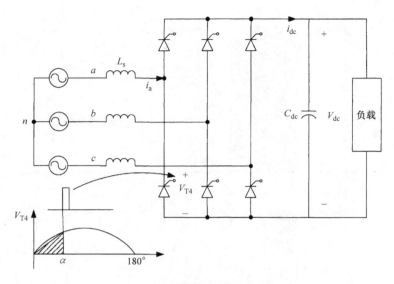

图 6.12　6 脉波晶闸管整流器

$g = \cos(\alpha)$ 是调节输出直流电压的控制变量。输出直流电压根据式（6.1）计算。对于 6 脉波整流器，增益 k_{dc} 是 $3/\pi$。信号 $E_{dc}(\sqrt{2}k_{dc}V_{LL})$ 用来控制代表模型开路输出电压的受控电压源。串联电阻 R_s 模拟实际整流器的内阻。"P、Q 计算"模块根据直流侧输出功率和功率因数角 θ 计算交流侧的有功和无功功率值，如图 6.13 所示。$\cos(\theta)$ 是整流器的功率因数。"动态负载"模块通过其 $P\&Q$ 输入消耗有功和无功功率。该模型内置的动态负载模块可以在 MATLAB/SIMULINK[9] 中找到。

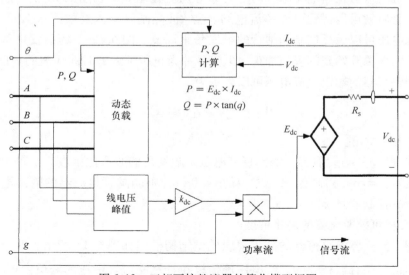

图 6.13　三相可控整流器的简化模型框图

尽管图 6.13 所示的简化模型是针对 6 脉波整流器的,但是它可以很容易经过修改来模拟其他整流器。例如,将输入变量 g 置 1 则代表二极管不可控 6 脉波整流器。

图 6.14 和图 6.15 比较了整流器理想简化模型与详细 6 脉波整流器、12 脉波整流器在相同交流电源和相同直流负载条件下的电压、电流响应波形。详细整流器模型是使用 MATLAB/SIMULINK[9] 中 SimPowerSystems 模块库内置的电力电子器件建立的。图 6.14 表明理想整流器输出的直流电压平均值略高于详细整流器模型。不同模型的交流侧相电流模型如图 6.15 所示。可以注意到 6 脉波整流器的电流波形是失真的。然而,12 脉波整流器的谐波含量明显减少,该整流器的特性与理想模型很接近。

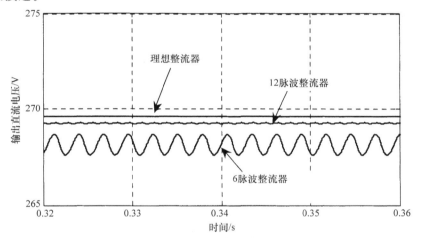

图 6.14　各整流器的直流输出电压波形

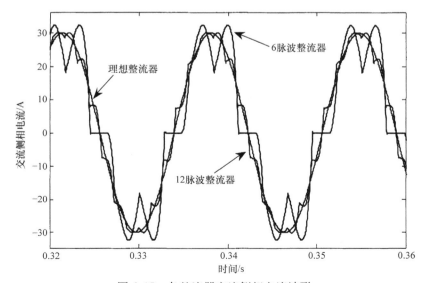

图 6.15　各整流器交流侧相电流波形

图 6.13 所示的简化可控整流器模型可以用于燃料电池混合能源系统的仿真研究。在提高仿真速度的同时保证了期望的精度。

6.4　DC/DC 变换器

DC/DC 变换器的类型有很多，大体上，DC/DC 变换器可以分为非隔离型和隔离型变换器。非隔离型 DC/DC 变换器包括降压型（Buck）、升压型（Boost）、降压 – 升压型（Buck – Boost）、库克型及全桥型变换器。隔离型 DC/DC 变换器在输入与输出之间会有一个电气隔离元件（通常是高频变压器）。典型的隔离型 DC/DC 变换器包括反激式、正激式、推挽式、隔离半桥型及全桥型变换器。

除了上述常规的 DC/DC 变换器，一些针对燃料电池系统的新电路被提出。然而在本节中，重点是介绍非隔离型 DC/DC 变换器。全桥型变换器具有电能可以双向流动的优点。但是，除了可再生燃料电池系统，燃料电池系统中电能一般是单方向的，即从燃料电池到外部电路。因此，更具体地，本节中只讨论典型的升压变换器和降压变换器。

6.4.1　升压变换器

6.4.1.1　电路拓扑

升压 DC/DC 变换器的原理图如图 6.16 所示。我们只考虑电路连续工作模式，这时电感电流是连续的，$i_{dd\_in} > 0$。

稳态时电感电压和电流的波形如图 6.17 所示。当驱动脉冲是正的，开关 S_{dd} 导通，二极管 D_{dd} 关断。此时电感两端电压为输入电压 V_{dd_in}。该时间段

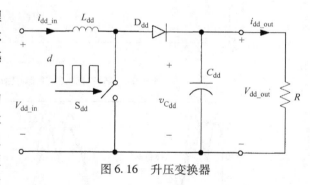

图 6.16　升压变换器

内，电感电流以斜率 V_{dd_in}/L_{dd} 上升。当开关 S_{dd} 关断时（驱动脉冲为负），二极管 D_{dd} 导通，电感两端电压变为 $V_{dd\_in} - V_{dd\_out}$。该时间段内（t_{off}），电感电流以斜率 $(V_{dd\_in} - V_{dd\_out})/L_{dd}$ 下降。稳态时，电感电流 $i_{L_{dd}}$ 在一个开关周期 T_s 内的平均值是恒量。由于 $v_{L_{dd}} = L_{dd}(d\, i_{L_{dd}}/dt)$，电路稳态时电感两端电压 $v_{L_{dd}}$ 在一个开关周期内的积分是零。因此，根据图 6.17，可以得到

$$\int_{T_s} v_{L_{dd}}(t)\, \mathrm{d}t = V_{dd\_in} \times t_{on} + (V_{dd\_in} - V_{dd\_out})t_{off} = 0 \qquad (6.4)$$

整理该公式，可以得出稳态时输出电压为

$$V_{dd\_out} = \frac{1}{1-d} V_{dd\_in} \qquad (6.5)$$

式中，$d = t_{on}/T_s$ 是开关脉冲的占空比。

对于升压 DC/DC 变换器来说占空比 d 总是小于 1 的，不能等于 1，因为如果等于 1 的话，图 6.16 中的开关 S_{dd} 会一直导通，输入就会一直处于短路状态。显然，该电路在这种情况下无法正常工作。对于 $0 \leqslant d < 1$，变换器的输出电压高于输入电压。实际的升压 DC/DC 变换器中占空比 d 一般小于 $0.85^{[4]}$。

图 6.18 所示的升压 DC/DC 变换器带有输出电压反馈调节。变换器的控制器可以在一定范围内调节直流电压。输出电压被测量并与参考值进行比较，产生的误差信号由 PWM 控制器处理，PWM 控制器可以是简单的比例积分控制器。控制器的输出用来

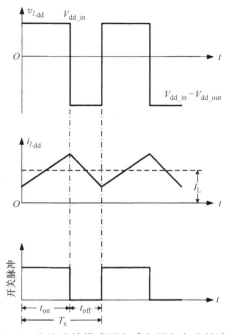

图 6.17　电流连续模式下电感电压和电流的波形

控制脉宽调制器来产生适当占空比的 PWM 脉冲使输出电压跟随给定值。

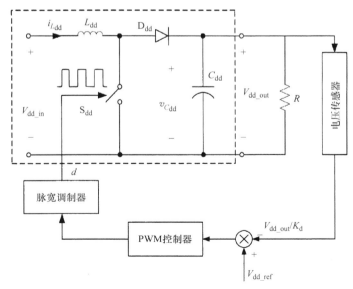

图 6.18　带有输出电压反馈控制的升压 DC/DC 变换器

6.4.1.2　小信号状态空间模型

为了在变换器的控制中应用经典控制的分析和设计方法（如奈奎斯特定理、伯德图、根轨迹分析），需要建立上述升压和降压变换器的小信号状态空间模型，本节将对此进行讨论。这些模型是以米德尔布鲁克、库克及他们的同事们提出的状态空间平均模型为基础的[5]。

在图 6.18 中，把 $x_1 = i_{L_{dd}}$ 和 $x_2 = v_{C_{dd}}$ 作为状态变量。令 $x = X + \tilde{x}$，$d = D + d$，$v_{dd\_in} = V_{dd\_in} + \tilde{v}_{dd\_in}$，$v_{dd\_out} = V_{dd\_out} + \tilde{v}_{dd\_out}$。符号"~"表示小扰动信号，状态变量 X 表示系统工作点。

当开关 S_{dd} 导通、二极管 D_{dd} 关断时，空间状态方程可以表示为

$$\dot{x} = A_1 x + B_1 v_{dd\_in}$$
$$v_E = C_1^T x \tag{6.6}$$

式中，$x = \begin{bmatrix} x_1 & x_2 \end{bmatrix}^T$，$A_1 = \begin{bmatrix} 0 & 0 \\ 0 & \dfrac{-1}{RC_{dd}} \end{bmatrix}$，$B_1 = \begin{bmatrix} 1/L_{dd} \\ 0 \end{bmatrix}$，$C_1^T = \begin{bmatrix} 0 & 1 \end{bmatrix}$。上标 T 表示矩阵的转置。

当开关 S_{dd} 关断、二极管 D_{dd} 导通时，空间状态方程变为

$$\dot{x} = A_2 x + B_2 v_{dd\_in}$$
$$v_{dd\_out} = C_2^T x \tag{6.7}$$

式中，$A_2 = \begin{bmatrix} 0 & \dfrac{-1}{L_{dd}} \\ \dfrac{1}{C_{dd}} & \dfrac{-1}{RC_{dd}} \end{bmatrix}$，$B_2 = \begin{bmatrix} 1/L_{dd} \\ 0 \end{bmatrix}$，$C_2^T = \begin{bmatrix} 0 & 1 \end{bmatrix}$。

因此，主电路系统工作点的平均空间状态模型为

$$\dot{x} = Ax + Bv_{dd\_in}$$
$$v_{dd\_out} = C^T x \tag{6.8}$$

式中，$A = \begin{bmatrix} A_1 d + A_2(1-d) \end{bmatrix} = \begin{bmatrix} 0 & \dfrac{-(1-d)}{L_{dd}} \\ \dfrac{1-d}{C_{dd}} & \dfrac{-1}{RC_{dd}} \end{bmatrix}$，$B = \begin{bmatrix} B_1 d + B_2(1-d) \end{bmatrix} =$

$\begin{bmatrix} 1/L_{dd} \\ 0 \end{bmatrix}$，$C^T = \begin{bmatrix} C_1 d + C_2(1-d) \end{bmatrix}^T = \begin{bmatrix} 0 & 1 \end{bmatrix}$。

这样，升压 DC/DC 变换器的小信号模型可以表示为

$$\dot{\tilde{x}} = A_d \tilde{x} + B_d \tilde{d} + B_v \tilde{v}_{dd\_in}$$
$$\tilde{v}_{dd\_out} = C^T \tilde{x} \tag{6.9}$$

式中，$\widetilde{x} = \begin{bmatrix} \widetilde{x}_1 & \widetilde{x}_2 \end{bmatrix}^T$，$A_d = \begin{bmatrix} 0 & \dfrac{-(1-D)}{L_{dd}} \\ \dfrac{1-D}{C_{dd}} & \dfrac{-1}{RC_{dd}} \end{bmatrix}$，$B_d = \begin{bmatrix} X_2/L_{dd} \\ -X_1/C_{dd} \end{bmatrix}$，$B_v =$

$\begin{bmatrix} 1/L_{dd} \\ 0 \end{bmatrix}$，$X_1$ 和 X_2 分别是 x_1 和 x_2 的稳态值。

使用式（6.9）并只考虑占空比 $\widetilde{d}$ 的波动（也就是说，$\widetilde{v}_{dd\_in} = 0$），传递函数 $T_{vd}(s) = \begin{bmatrix} \widetilde{v}_{dd\_out}(s)/\widetilde{d}(s) \end{bmatrix}$ 可根据下面的公式得到。

$$T_{vd}(s) = C^T [SI - A_d]^{-1} B_d$$
$$= \frac{1}{s[s + (1/RC_{dd})] + [(1-D)^2/L_{dd}C_{dd}]} \left[-\frac{X_1 s}{C_{dd}} + \frac{(1-D)X_2}{L_{dd}C_{dd}} \right]$$

$$(6.10)$$

升压变换器的控制器设计中将使用该推导出的状态方程，具体内容见第 7 章和第 8 章。

6.4.1.3 长时间仿真的平均模型

式（6.10）给出的传递函数是可以用于控制器设计的小信号模型。在电路变量中有大的变化，不适合长时间仿真（如 24h）。升压 DC/DC 变换器的平均模型可以长时间仿真来长时间考察系统性能，与小信号模型研究详细的电压和电流的周期性变化相反。

图 6.16 给出的升压 DC/DC 变换器的平均模型如图 6.19 所示。可以看到电力电子开关被电流控制的电流源（CCCS）替代，二极管被电压控制的电压源（VCVS）替代。CCCS 的电流幅值和 VCVS 的电压幅值分别代表流过开关的电流平均值和二极

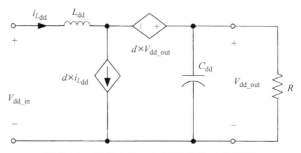

图 6.19 升压 DC/DC 变换器的平均模型

管两端的电压平均值。升压 DC/DC 变换器的平均模型和详细模型的仿真结果分别如图 6.20 和图 6.21 所示。变换器的输入电压是 110V，占空比固定为 0.5。仿真结果展示的是当负载电阻（图 6.16 和图 6.19 中的电阻 R）从 10Ω 突降为 5Ω 时，两模型的输入电流和输出电压的波形。从这两张图中可以看出平均模型可以以一定准确度在长时间尺度下仿真变换器的变化。图 6.21 还给出了变换器输出电压的局部放大波形，展示出由于短时间内开关状态变化的实际电压变化。而在平均模型中不会出现这些开关变化。

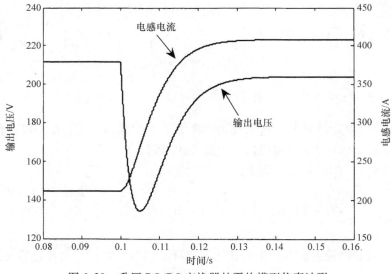

图 6.20   升压 DC/DC 变换器的平均模型仿真波形

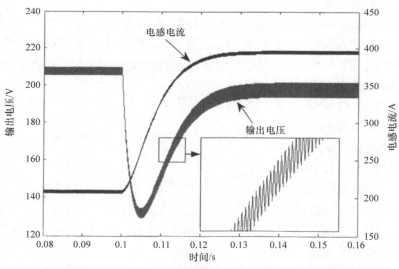

图 6.21   升压 DC/DC 变换器的详细模型仿真波形

6.4.2   降压变换器

6.4.2.1   电路拓扑

具有电压反馈控制的降压 DC/DC 变换器如图 6.22 所示。图中虚线框内的电路是典型的降压 DC/DC 变换器。电感电流连续模式下电感电压、电流的稳态波形如图 6.23 所示。当开关 S_{dd} 导通时，二极管 D_{dd} 关断，电感电压 $V_{L_{dd}}$ 为 $V_{dd\_in} - V_{dd\_out}$。当开关 S_{dd} 关断时，二极管 D_{dd} 导通，电感电压变为 $-V_{dd\_out}$。由于稳态时电感电压

在一个开关周期T_s内的积分一定为零，我们可以得出

$$\int_{T_s} v_{L_{dd}}(t)\,dt = (V_{dd\_in} - V_{dd\_out}) \times t_{on} - V_{dd\_out} \times t_{off} = 0 \qquad (6.11)$$

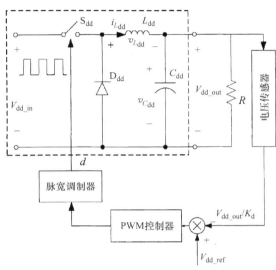

图6.22　具有电压反馈控制的降压 DC/DC 变换器

考虑到 $T_s = t_{on} + t_{off}$ 和 $d = t_{on}/T_s$，该公式可以简化为

$$V_{dd\_out} = dV_{dd\_in} \qquad (6.12)$$

由于 $0 \leqslant d \leqslant 1$，降压变换器的输出电压总是低于输入电压，所以它是降压型 DC/DC 变换器。其输出电压可以通过改变驱动信号的占空比 d 来调节。电压反馈控制环如图6.22所示。测量出输出电压并与参考值进行比较，产生的误差信号作为 PWM 控制器的输入，从而控制 PWM 脉冲的占空比使输出电压跟随给定值。

6.4.2.2　降压 DC/DC 变换器的小信号状态空间模型

与上一节中分析升压变换器的方法相同，图6.22所示的降压变换

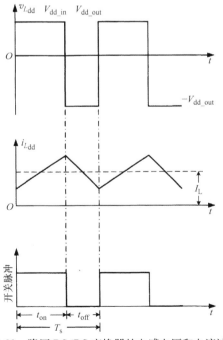

图6.23　降压 DC/DC 变换器的电感电压和电流波形

115

器的小信号状态空间模型可以表示为[1,4]

$$\dot{x} = A_b x + B_b d$$

$$v_{dd\_out} = C_b^T x \qquad (6.13)$$

式中，$x = \begin{bmatrix} i_{L_{dd}} \\ v_{C_{dd}} \end{bmatrix}$，$A_b = \begin{bmatrix} 0 & -\dfrac{1}{L_{dd}} \\ \dfrac{1}{C_{dd}} & -\dfrac{1}{RC_{dd}} \end{bmatrix}$，$B_b = \begin{bmatrix} \dfrac{V_{dd\_in}}{L_{dd}} \\ 0 \end{bmatrix}$，$C_b^T = \begin{bmatrix} 0 & 1 \end{bmatrix}$。

其小信号模型可以表示为

$$\dot{\tilde{x}} = A_b \tilde{x} + \tilde{B}_b \tilde{d}$$

$$\tilde{v}_{dd\_out} = C_b^T \tilde{x} \qquad (6.14)$$

式中，$\tilde{x} = \begin{bmatrix} \tilde{i}_{L_{dd}} \\ \tilde{v}_{C_{dd}} \end{bmatrix}$，$\tilde{B}_b = \begin{bmatrix} V_{dd\_in}/L_{dd} \\ 0 \end{bmatrix}$。

与升压 DC/DC 变换器类似，降压 DC/DC 变换器输出电压与占空比的传递函数可以表示如下：

$$T_p(s) = \frac{\tilde{v}_{dd\_out}(s)}{\tilde{d}(s)} = \frac{V_{dd\_in}}{L_{dd}C_{dd}\{s^2 + [(s/RC_{dd}) + (1/L_{dd}C_{dd})]\}} \qquad (6.15)$$

6.4.2.3　长时间仿真的平均模型

图 6.24 是降压 DC/DC 变换器的平均模型。与图 6.19 中升压 DC/DC 变换器的平均模型类似，开关管和二极管分别由 CCCS 和 VCVS 代替。当图 6.22 和图 6.24 中的负载电阻 R 的阻值突然从 10Ω 降为 5Ω 时，降压 DC/DC 变换器平均模型和详细模型的电感电流和输出电压的仿真波形分别如图 6.25 和图 6.26 所示。变换器的输入电压为 110V，占空比为 0.5。仿真结果表明降压 DC/DC 变换器的平均模型在长时间仿真中是具有较好的精度的。

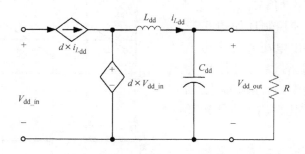

图 6.24　降压 DC/DC 变换器的平均模型

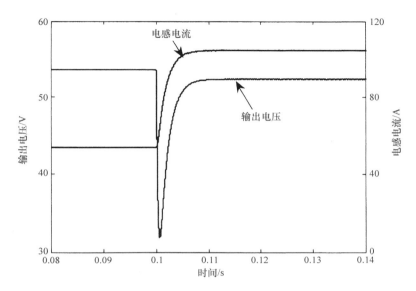

图 6.25　降压 DC/DC 变换器平均模型的仿真波形

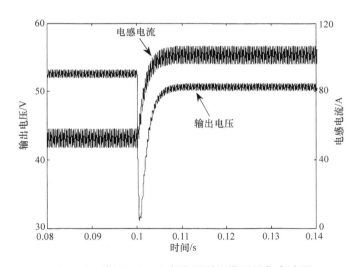

图 6.26　降压 DC/DC 变换器详细模型的仿真波形

6.5　三相 DC/AC 逆变器

6.5.1　电路拓扑

图 6.27 给出了典型的三相 6 开关 PWM 电压源型逆变器（VSI）连接交流母线

117

的原理图。此刻,我们只关注 VSI 部分(图6.27 的左侧部分)。该 VSI 用于将直流电源变换为每相相位相差 120°的三相交流电输出。

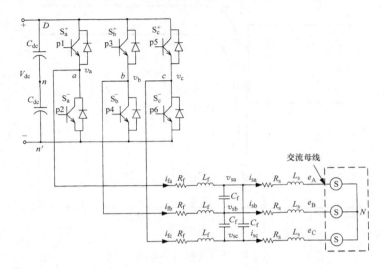

图 6.27　三相 DC/AC VSI

如图 6.27 所示,逆变器有三个桥臂,每相各一个。每个桥臂有两个电力电子开关,上面是开关(+),下面是开关(-)。各桥臂的输出,例如 a 相相对于直流侧负端电位 $v_{an'}$,由桥臂的开关状态和直流侧电压值决定。可以输出正值或零。输出相对于直流侧中点(n)电位 v_{an},可以是正或负。也就是说,直流电已经变换为交流电。

正弦脉宽调制(SPWM)是控制和形成 VSI 的输出电压的调制策略之一。为了使 VSI 在直流侧电压恒定的条件下控制其输出电压的幅值、相位和频率,需要使用 SPWM 来产生正确的驱动脉冲来控制逆变器的 6 个开关管。SPWM 的原理图如图 6.28 所示,三相平衡的正弦控制电压(v_{actrl}、v_{bctrl} 和 v_{cctrl})与同一三角波形电压(v_{tri})比较。三角波的频率为开关频率 f_s,这通常比控制电压频率高很多,称其为载波。三相正弦控制信号具有相同的频率 f_1 控制图 6.27 中的 6 个开关管的驱动脉冲(p1~p6)的占空比。

载波比定义为

$$m_f = \frac{f_s}{f_1} \tag{6.16}$$

调制比定义为

$$m_a = \frac{V_{p,ctrl}}{V_{p,tri}} \tag{6.17}$$

式中，$V_{p,ctrl}$ 是各相控制信号的峰值，$V_{p,tri}$ 是三角波的峰值。

图 6.28 展示了输出电压是如何被 SPWM 方式调制的。以 a 相为例。当控制电压 v_{actrl} 比三角波信号 v_{tri} 大时，上管（S_a^+）导通，下管（S_a^-）关断。这样，a 相相对于直流母线负端的输出电压 $v_{an'}$ 等于 V_{DC}。也就是说，当 $v_{actrl} > v_{tri}$ 时，$v_{an'} = V_{DC}$ 并且当 $v_{actrl} < v_{tri}$ 时，$v_{an'} = 0$。b 相输出电压也遵循类似的结论，当 $v_{bctrl} > v_{tri}$ 时，$v_{bn'} = V_{DC}$，并且当 $v_{bctrl} < v_{tri}$ 时，$v_{bn'} = 0$，如图 6.28 所示。c 相输出电压被调制的方式与 a 相和 b 相类似。a 相上管 S_a^+ 的驱动脉冲（p1）与 $v_{an'}$ 有相同的波形形状（不一定是精确的波形），驱动脉冲 p2 与 p1 相反。

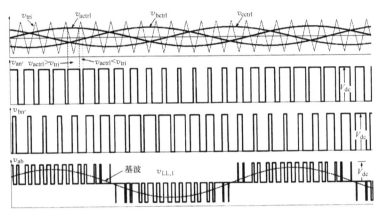

图 6.28　三相 PWM VSI 的波形

对于三相应用中，更关心线电压，并且更关注线电压中的谐波。图 6.28 中也给出了脉动的线电压 v_{ab}（$v_{an'} - v_{bn'}$）波形和它的基波分量。可以注意到 v_{ab} 的幅值没有用与 $v_{an'}$ 或 $v_{bn'}$ 相同的比例在图中绘出。线电压中忽略了直流分量以及基频三倍以上的谐波分量[1]。

对于线性调制（$m_a \leqslant 1.0$），线电压在基波频率 f_1 时的有效值为

$$V_{LL,1} = \frac{\sqrt{3}}{2\sqrt{2}} m_a V_{dc} \quad (m_a \leqslant 1) \qquad (6.18)$$

如图 6.28 所示，尽管忽略了线电压 v_{ab} 中的一些谐波，波形仍然是脉动的，不是正弦的。为了进一步降低输出的谐波含量并获得更好的波形，需要使用输出滤波器，如图 6.27 所示。R_f 和 L_f 分别是滤波电感的电阻和电感，C_f 是滤波电容。R_s 和 L_s 是连接线的电阻和电感或逆变器与图中虚线框中系统间的耦合电感。交流系统可以是相同频率的交流负载或者交流母线（比如公用交流母线）。

6.5.2　状态空间模型

本节中，只考虑三相逆变器连接到对称交流系统上。假设交流系统的中性点

（图 6.27 中的 N 点）的电位为零，并以此为参考点。定义如下开关函数[6,7]：

$$d_1^* = \begin{cases} 1, \text{当 } S_a^+ \text{ 导通时} \\ -1, \text{当 } S_a^- \text{ 导通时} \end{cases}$$

$$d_2^* = \begin{cases} 1, \text{当 } S_b^+ \text{ 导通时} \\ -1, \text{当 } S_b^- \text{ 导通时} \end{cases} \tag{6.19}$$

$$d_3^* = \begin{cases} 1, \text{当 } S_c^+ \text{ 导通时} \\ -1, \text{当 } S_c^- \text{ 导通时} \end{cases}$$

假设直流侧存在一个中点 n 并且直流母线两个电容（C_{dc}）上的电压是完全相同的，则有 $V_{Dn} = V_{nn'} = 0.5V_{dc}$，这里 V_{dc} 是直流母线电压。逆变器 a 相输出相对于中点 n 的电压 v_{an}，当上管（S_a^+）导通时为 $0.5V_{dc}$，当下管（S_a^-）导通时为 $-0.5V_{dc}$。用式（6.19）中定义的开关函数，输出电压 v_{an}、v_{bn}、v_{cn} 可以表示为

$$\begin{cases} v_{an} = \dfrac{d_1^*}{2}V_{dc} \\[2mm] v_{bn} = \dfrac{d_2^*}{2}V_{dc} \\[2mm] v_{cn} = \dfrac{d_3^*}{2}V_{dc} \end{cases} \tag{6.20}$$

逆变器输出相电压 v_a、v_b、v_c 为

$$\begin{cases} v_a = v_{an} + v_n \\ v_b = v_{bn} + v_n \\ v_c = v_{cn} + v_n \end{cases} \tag{6.21}$$

式中，v_n 是点 n 和公共参考点 N 之间的电位。

由于已假设交流系统是对称的，所以有 $e_A + e_B + e_C = 0$，$v_a + v_b + v_c = 0$。也就是说 $v_{an} + v_{bn} + v_{cn} + 3v_n = 0$。因此，$v_n$ 可表示为

$$v_n = -\frac{V_{dc}}{6}\sum_{k=1}^{3} d_k^* \tag{6.22}$$

对于图 6.27 所示电路，我们可以写出如下瞬态方程：

$$\begin{cases} v_a = L_f \dfrac{di_{fa}}{dt} + R_f i_{fa} + v_{sa} \\[2mm] v_b = L_f \dfrac{di_{fb}}{dt} + R_f i_{fb} + v_{sb} \\[2mm] v_c = L_f \dfrac{di_{fc}}{dt} + R_f i_{fc} + v_{sc} \end{cases} \tag{6.23}$$

$$\begin{cases} i_{fa} = i_{sa} + C_f \dfrac{d(v_{sa} - v_{sb})}{dt} + C_f \dfrac{d(v_{sa} - v_{sc})}{dt} \\[3mm] i_{fb} = i_{sb} + C_f \dfrac{d(v_{sb} - v_{sa})}{dt} + C_f \dfrac{d(v_{sb} - v_{sc})}{dt} \\[3mm] i_{fc} = i_{sc} + C_f \dfrac{d(v_{sc} - v_{sa})}{dt} + C_f \dfrac{d(v_{sc} - v_{sb})}{dt} \end{cases} \qquad (6.24)$$

$$\begin{cases} R_s i_{sa} + L_s \dfrac{di_{sa}}{dt} = v_{sa} - e_A \\[3mm] R_s i_{sb} + L_s \dfrac{di_{sb}}{dt} = v_{sb} - e_B \\[3mm] R_s i_{sc} + L_s \dfrac{di_{sc}}{dt} = v_{sc} - e_C \end{cases} \qquad (6.25)$$

将上述公式转换为稳态形式，可以得到

$$\dot{X}_{abc} = A_{abc} X_{abc} + B_{abc} U_{abc} \qquad (6.26)$$

式中，$X_{abc} = [i_{fa}, i_{fb}, i_{fc}, v_{sa}, v_{sb}, v_{sc}, i_{sa}, i_{sb}, i_{sc}]^T$，$U_{abc} = [V_{dc}, e_A, e_B, e_C]^T$，

$$A_{abc} = \begin{bmatrix} -\dfrac{R_f}{L_f} & 0 & 0 & \dfrac{-1}{L_f} & 0 & 0 & 0 & 0 & 0 \\[3mm] 0 & -\dfrac{R_f}{L_f} & 0 & 0 & \dfrac{-1}{L_f} & 0 & 0 & 0 & 0 \\[3mm] 0 & 0 & -\dfrac{R_f}{L_f} & 0 & 0 & \dfrac{-1}{L_f} & 0 & 0 & 0 \\[3mm] \dfrac{1}{3C_f} & 0 & 0 & 0 & 0 & 0 & \dfrac{1}{3C_f} & 0 & 0 \\[3mm] 0 & \dfrac{1}{3C_f} & 0 & 0 & 0 & 0 & 0 & \dfrac{1}{3C_f} & 0 \\[3mm] 0 & 0 & \dfrac{1}{3C_f} & 0 & 0 & 0 & 0 & 0 & \dfrac{1}{3C_f} \\[3mm] 0 & 0 & 0 & \dfrac{1}{L_s} & 0 & 0 & -\dfrac{R_s}{L_s} & 0 & 0 \\[3mm] 0 & 0 & 0 & 0 & \dfrac{1}{L_s} & 0 & 0 & -\dfrac{R_s}{L_s} & 0 \\[3mm] 0 & 0 & 0 & 0 & 0 & \dfrac{1}{L_s} & 0 & 0 & -\dfrac{R_s}{L_s} \end{bmatrix}$$

$$B_{abc} = \begin{bmatrix} \left(\dfrac{d_1^*}{2} - \dfrac{1}{6}\displaystyle\sum_{k=1}^{3} d_k^*\right)\Big/L_f & 0 & 0 & 0 \\[2ex] \left(\dfrac{d_2^*}{2} - \dfrac{1}{6}\displaystyle\sum_{k=1}^{3} d_k^*\right)\Big/L_f & 0 & 0 & 0 \\[2ex] \left(\dfrac{d_3^*}{2} - \dfrac{1}{6}\displaystyle\sum_{k=1}^{3} d_k^*\right)\Big/L_f & 0 & 0 & 0 \\[2ex] 0 & 0 & 0 & 0 \\[1ex] 0 & 0 & 0 & 0 \\[1ex] 0 & 0 & 0 & 0 \\[1ex] 0 & -\dfrac{1}{L_s} & 0 & 0 \\[2ex] 0 & 0 & -\dfrac{1}{L_s} & 0 \\[2ex] 0 & 0 & 0 & -\dfrac{1}{L_s} \end{bmatrix}$$

从上述状态空间模型中可以发现,逆变器电流、系统电流和电压可以由交流系统和逆变器直流侧电压对时间的函数求得。

6.5.3 abc/dq 变换

$abc/dq0$ 变换将三相静止坐标系 abc 变换为三相旋转坐标系 $dq0$。对于三相平衡系统,零序分量是零,这样三相交流系统变换为 2 相旋转 dq 直流系统。直流的 dq 分量可以实现无静差控制,基于这个优点,$abc/dq0$ 变换已经广泛用于 PWM 变换器和电机的控制中[2,6-8]。

$abc/dq0$ 变换表达式如下[2]:

$$V_{qd0} = T_{abc/dq0} V_{abc} \tag{6.27}$$

式中,$V_{dq0} = \begin{bmatrix} V_d \\ V_q \\ V_0 \end{bmatrix}, V_{abc} = \begin{bmatrix} V_a \\ V_b \\ V_c \end{bmatrix},$

$$T_{abc/dq0} = \frac{2}{3} \begin{bmatrix} \sin(\theta) & \sin\left(\theta - \dfrac{2\pi}{3}\right) & \sin\left(\theta + \dfrac{2\pi}{3}\right) \\[2ex] \cos(\theta) & \cos\left(\theta - \dfrac{2\pi}{3}\right) & \cos\left(\theta + \dfrac{2\pi}{3}\right) \\[2ex] \dfrac{1}{2} & \dfrac{1}{2} & \dfrac{1}{2} \end{bmatrix}, \theta = \int_0^t \omega(\xi)\mathrm{d}\xi + \theta(0) \text{ 。}$$

上述公式中,θ 是角位置,ω 是角速度,ξ 是积分器的虚拟变量。对于频率恒定初始相位为 0 的 abc 分量,θ 可以表示为 $\theta = 2\pi f t$。式(6.27)也适用于其他三相矢量，如电流、磁链或电荷。

对于三相平衡系统，零序分量为零，$abc/dq0$ 变换简化为 abc/dq 变换，即

$$T_{abc/dq} = \frac{2}{3}\begin{bmatrix} \sin(\theta) & \sin\left(\theta - \frac{2\pi}{3}\right) & \sin\left(\theta + \frac{2\pi}{3}\right) \\ \cos(\theta) & \cos\left(\theta - \frac{2\pi}{3}\right) & \cos\left(\theta + \frac{2\pi}{3}\right) \end{bmatrix} \tag{6.28}$$

从该公式中可以看出矩阵 $T_{abc/dq}$ 是 $T_{abc/dq0}$ 去除行和列中的零元素后的子矩阵。

反变换 $dq0 - adc$ 可以表示为[2]

$$T_{dq0/abc} = \left(T_{abc/dq0}\right)^{-1} = \begin{bmatrix} \sin(\theta) & \cos(\theta) & 1 \\ \sin\left(\theta - \frac{2\pi}{3}\right) & \cos\left(\theta - \frac{2\pi}{3}\right) & 1 \\ \sin\left(\theta + \frac{2\pi}{3}\right) & \cos\left(\theta + \frac{2\pi}{3}\right) & 1 \end{bmatrix} \tag{6.29}$$

相应的反变换 $dq - abc$ 可以表示为

$$T_{dq/abc} = \begin{bmatrix} \sin(\theta) & \cos(\theta) \\ \sin\left(\theta - \frac{2\pi}{3}\right) & \cos\left(\theta - \frac{2\pi}{3}\right) \\ \sin\left(\theta + \frac{2\pi}{3}\right) & \cos\left(\theta + \frac{2\pi}{3}\right) \end{bmatrix} \tag{6.30}$$

6.5.4　dq 坐标系下状态空间模型

可以使用 abc/dq 变换来描述上一节中的状态空间模型，在 dq 坐标系下式 (6.26) 中的状态空间模型可以表示为

$$\dot{X}_{dq} = A_{dq}X_{dq} + B_{dq}U_{dq} \tag{6.31}$$

式中，

$$X_{dq} = \begin{bmatrix} i_{dd} \\ i_{dq} \\ v_{sd} \\ v_{sq} \\ i_{sd} \\ i_{sq} \end{bmatrix} = \begin{bmatrix} T_{abc/dq} & 0 & 0 \\ 0 & T_{abc/dq} & 0 \\ 0 & 0 & T_{abc/dq} \end{bmatrix} \begin{bmatrix} i_{da} \\ i_{db} \\ i_{dc} \\ v_{sa} \\ v_{sb} \\ v_{sc} \\ i_{sa} \\ i_{sb} \\ i_{sc} \end{bmatrix}, \quad U_{dq} = \begin{bmatrix} V_{dc} \\ e_d \\ e_q \end{bmatrix}, \begin{bmatrix} e_d \\ e_q \end{bmatrix} = T_{abc/dq}\begin{bmatrix} e_A \\ e_B \\ e_C \end{bmatrix}$$

其中，子块 0 和 $T_{abc/dq}$ 是同型矩阵，即 2×3 矩阵。子块 0 的所有元素都是零。

系统矩阵 A_{dq} 和输入矩阵 B_{dq} 分别是

$$A_{dq} = \begin{bmatrix} -\dfrac{R_f}{L_f} & \omega & \dfrac{-1}{L_f} & 0 & 0 & 0 \\[2ex] -\omega & -\dfrac{R_f}{L_f} & 0 & \dfrac{-1}{L_f} & 0 & 0 \\[2ex] \dfrac{1}{3C_f} & 0 & 0 & \omega & \dfrac{-1}{3C_f} & 0 \\[2ex] 0 & \dfrac{1}{3C_f} & -\omega & 0 & 0 & \dfrac{-1}{3C_f} \\[2ex] 0 & 0 & \dfrac{1}{L_s} & 0 & -\dfrac{R_s}{L_s} & \omega \\[2ex] 0 & 0 & 0 & \dfrac{1}{L_s} & -\omega & -\dfrac{R_s}{L_s} \end{bmatrix}$$

$$B_{dq} = \begin{bmatrix} \dfrac{f_1(t,d_1^*,d_2^*,d_3^*)}{L_f} & 0 & 0 \\[2ex] \dfrac{f_2(t,d_1^*,d_2^*,d_3^*)}{L_f} & 0 & 0 \\[2ex] 0 & 0 & 0 \\[1ex] 0 & 0 & 0 \\[1ex] 0 & -1 & 0 \\[1ex] 0 & 0 & -1 \end{bmatrix}$$

输入矩阵中的 f_1 和 f_2 可根据下面的公式求得

$$f_1(t,d_1^*,d_2^*,d_3^*) = \frac{1}{3}\Big[\sin(\omega t)\Big(d_1^* - \frac{1}{3}\sum_{k=1}^{3}d_k^*\Big) + \sin\Big(\omega t - \frac{2\pi}{3}\Big)\Big(d_2^* - \frac{1}{3}\sum_{k=1}^{3}d_k^*\Big) +$$

$$\sin\Big(\omega t + \frac{2\pi}{3}\Big)\Big(d_3^* - \frac{1}{3}\sum_{k=1}^{3}d_k^*\Big)\Big]$$

$$f_2(t,d_1^*,d_2^*,d_3^*) = \frac{1}{3}\Big[\cos(\omega t)\Big(d_1^* - \frac{1}{3}\sum_{k=1}^{3}d_k^*\Big) +$$

$$\cos\Big(\omega t - \frac{2\pi}{3}\Big)\Big(d_2^* - \frac{1}{3}\sum_{k=1}^{3}d_k^*\Big) + \cos\Big(\omega t + \frac{2\pi}{3}\Big)\Big(d_3^* - \frac{1}{3}\sum_{k=1}^{3}d_k^*\Big)\Big]$$

式（6.31）中的 dq 分量可以应用于逆变器控制器的设计。并且控制器的输出可以变换为 abc 分量来进行实际控制。在第 7~9 章中可以找到应用 abc/dq 变换及其反变换进行逆变器控制器设计的例子。

6.5.5 三相 VSI 的理想模型

逆变器的详细模型需要详细的电力电子开关器件模型。为了正确模拟这些高频开关器件，仿真时间步长需要设置得特别小（微秒级或者更小）。这样小的仿真时间步长不适合长时间的仿真研究，而是需要使用逆变器的理想或简化模型。

理想无损耗的三相 VSI 的模型如图 6.29 所示，该模型可以用于长时间仿真研究。模型的输入是 V_{dc}，输出是三相电压 $V_a(t)$、$V_b(t)$ 和 $V_c(t)$。另外，还有三个输入量：期望的输出交流电压频率 f，交流电压幅度指数 m（与实际 VSI 控制器中的调制比类似），三相交流输出电压的初始相位 ϕ_0。"abc 信号构建"模块输出三相基准信号 $v_a(t)$、$v_b(t)$ 和 $v_c(t)$。如下所示：

$$\begin{cases} v_a(t) = m\sin(2\pi ft + \phi_0) \\ v_b(t) = m\sin(2\pi ft + 2\pi/3 + \phi_0) \\ v_c(t) = m\sin(2\pi f + 4\pi/3 + \phi_0) \end{cases} \quad (6.32)$$

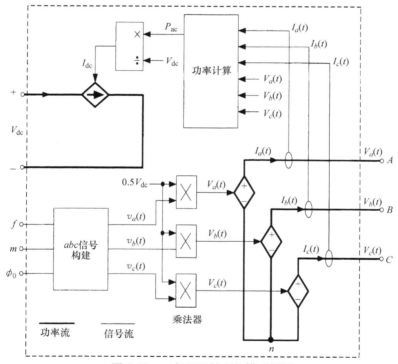

图 6.29　三相 VSI 的理想模型框图

输出电压 $V_a(t)$、$V_b(t)$ 和 $V_c(t)$，是基准信号瞬时值和各相输出的脉动峰值 $0.5V_{dc}$（线性调制 $m \leqslant 1.0$，可参见式（6.19）下方的论述）。例如，$V_a(t) = 0.5V_{dc} \times v_a(t)$。接下来，用 $V_a(t)$、$V_b(t)$ 和 $V_c(t)$ 来控制三个受控电压源，其输出作为逆变器模型的三相输出电压。"功率计算"模块计算的交流侧功率的公式如下：

$$P_{ac} = I_a(t) \times V_a(t) + I_b(t) \times V_b(t) + I_c(t) \times V_c(t) \quad (6.33)$$

式中，$I_a(t)$、$I_b(t)$ 和 $I_c(t)$ 是逆变器的瞬时输出电流。

125

直流侧的输入电流 I_{dc} 由交流侧的输出功率决定，其关系式如下：

$$I_{dc} = P_{ac}/V_{dc} \tag{6.34}$$

为了进行比较，分别用理想模型和详细开关模型模拟一个 208V 的三相 VSI 对 100kW 的负载进行供电。两模型输出的相电压波形如图 6.30 所示。可以注意到，尽管从开关模型中输出的电压有谐波，但是当在开关模型的输出端使用正确设计的滤波器后，其输出电压波形十分接近于理想模型。两模型输出到负载的功率波形如图 6.31 所示。理想模型向负载提供恒定的 100kW 功率，相反，开关模型提供的

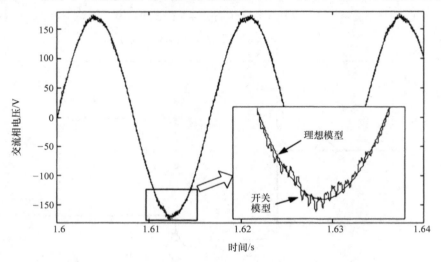

图 6.30　理想 VSI 模型和开关 VSI 模型的输出相电源波形

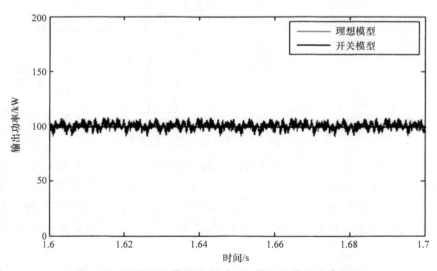

图 6.31　理想 VSI 模型和开关 VSI 模型的输出功率波形

是带有纹波的 100kW 的平均功率。虽然如此，理想模型能够在保证一定精度的情况下对分布式发电（DG）中的电力电子接口电路进行长时间仿真分析。该模型会在第 9 章分析混合能源系统时进行讨论。

参 考 文 献

[1] N. Mohan, T.M. Undeland, and W.P. Robbins, *Power Electronics—Converters, Applications, and Design*, Wiley, Huboken, NJ, 2003.

[2] P.C. Krause, O. Wasynczuk, and S.D. Sudhoff, *Analysis of Electric Machinery*, IEEE Press, Piscataway, NJ, 1994.

[3] M.R. Patel, *Wind and Solar Power Systems*, CRC Press, Boca Raton, FL, 1999.

[4] D.W. Hart, *Introduction to Power Electronics*, Prentice-Hall, Englewood Cliffs, NJ, 1997.

[5] R.D. Middlebrook, Small-signal modeling of pulse-width modulated switched-mode power converters, *Proceedings of the IEEE*, 76 (4), 343–354, 1988.

[6] H. Mao, Study on Three-Phase High-Input-Power-Factor PWM-Voltage-Type Reversible Rectifiers and Their Control Strategies, Ph.D. Dissertation, Zhejiang University, 2000.

[7] M. Tsai and W.I. Tsai, Analysis and design of three-phase ac-to-dc converters with high power factor and near-optimum feedforward, *IEEE Transactions on Industrial Electronics*, 46 (3), 535–543, 1999.

[8] C.T. Rim, N.S. Choi, G.C. Cho, and G.H. Cho, A complete DC and AC analysis of three-phase controlled-current PWM rectifier using circuit D-Q transformation, *IEEE Transactions on Power Electronics*, 9 (4), 390–396, 1994.

[9] http://www.mathworks.com/access/helpdesk/help/pdf_doc/physmod/powersys/powersys.pdf.

第7章 并网型燃料电池发电系统的控制

7.1 引言

如前所述，燃料电池有很多优点，如高效、零或低排放（污染气体）及灵活的模块化结构[1]，因而它会成为将来一种重要的分布式电源。燃料电池分布式发电系统可以并网运行或者安装在偏远地区独立供电。

并网型燃料电池分布式电源可以策略性地放置于电力系统中（通常在配电网）以加固电网、推迟或消除对系统升级的需要，并且提高系统的完整性、可靠性和效率。同时，特定的燃料电池分布式发电系统必须满足一些特定的运行要求。例如，它们能够向电网输送预设量的有功和无功功率，或者能够跟随随时间变化的负荷曲线[2,6,7]。因此，为使燃料电池的性能达到期望的目标，需要为其设计合适的控制器。

在本章中，将讨论并网型燃料电池系统控制设计的策略。高分子电解质膜燃料电池（PEMFC）和固体氧化物燃料电池（SOFC）都可能在分布式发电应用中使用，因此在本章中均有涉及。第3章建立的500W的PEMFC模型、第4章给出的5kW SOFC模型和第6章讨论的升压DC/DC变换器、三相逆变器的模型，将在本章中用于仿真研究和控制器的设计。在MATLAB/ SIMULINK环境中，建立PEMFC分布式发电系统和SOFC分布式发电系统的仿真模型，并进行相应的仿真来研究有功和无功功率的控制、燃料电池分布式发电系统的负载跟随特性以及在严重电网故障下的性能。

7.2 并网系统的配置

燃料电池分布式电源通常通过一套电力电子设备作为接口并入电网。这个接口非常重要，它会影响燃料电池系统以及电网的运行。为了将不同的能源接入电网[9-16]，各种电力电子电路已在最近的工作中被提出来。直流/直流（DC/DC）变换器用来调节燃料电池的输出电压，使其适应直流/交流（DC/AC）变换器（逆变器）期望的电压，同时平滑燃料电池的输出电流[17,18]。逆变器将调节后的直流母线电压变换为期望的与电网同步的交流电压，通常采用脉宽调制（PWM）电压源型逆变器（VSI）。通过这些装置，可以控制从燃料电池分布式电源流向电网的有功和无功功率[9,11,15,16]。

图7.1给出了并网型燃料电池分布式发电系统的示意图。这个系统包括一个480kW的燃料电池发电厂，它是由许多燃料电池阵列并联而成。升压变换器用来将每个燃料电池阵列的输出电压升到480V的直流母线电压。直流母线电压（DC/DC变换器输出）由逆变器的交流输出电压和LC滤波器的电压降决定。图中的燃

料电池发电厂可以是 PEMFC 或 SOFC。直流母线电压的下限可以通过下式得到
（假定单位功率因数负载），逆变器的直流侧电压和交流侧电压应当满足这一关
系式[15]。

$$\frac{\sqrt{3}}{2\sqrt{2}}m_a V_{dc} \geqslant \sqrt{(V_{ac,LL})^2 + 3(\omega L_f I_{ac})^2} \qquad (7.1)$$

式中，$V_{ac,LL}$ 是逆变器交流侧线电压的有效值（方均根值），L_f 是滤波器的电感，
I_{ac} 是最大交流负载电流的有效值，m_a 是逆变器的调制比。在本章中，逆变器采用
的是线性脉宽调制且 $m_a \leqslant 1.0$。

对于升压变换器，占空比越高（或者说输入与输出电压的差值越大），效率越
低[16]。反之，如果占空比太低，变换器的输出电压将升不了太高。在燃料电池的
额定运行点，DC/DC 变换器通常使用 55% 左右的占空比。DC/DC 变换器的近似所
需的输入电压即每个燃料电池阵列的输出电压 V_{FC}，可以由第 6 章的式（6.5）得
到：$V_{FC} = (1 - 0.55) \times V_{dc} = 216V$。

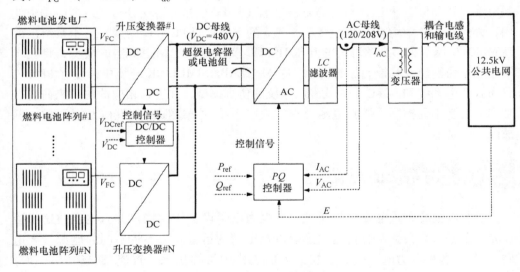

图 7.1   燃料电池分布式发电系统结构框图

在接下来的两小节中，将分别介绍根据第 3 章建立的 500W PEMFC 模型和第 4
章建立的 5kW SOFC 模型进行 PEMFC 和 SOFC 阵列的设计。

7.2.1   PEMFC 单元的配置

PEMFC 发电厂由 10 个 48kW 的 PEMFC 阵列并联构成 480kW 的总容量。每个
48kW 的 PEMFC 阵列由第 3 章的 500W 的 PEMFC 堆串并联而成。根据图 3.14 给出
的 PEMFC 的 $V-I$ 特性曲线，当 PEMFC 的负载电流超过 23A 时，燃料电池将工作
在集中区，燃料电池应当避免工作在这一区域[19,20]。为了在燃料电池的线性工作

区（欧姆区）和集中区之间留有一定的安全边界，其额定工作点选在 20A，此时输出电压 V_PEMFC 约为 27V。因此为获得 216V 的电压，需要串联 PEMFC 堆的数目为

$$N_\text{s} = \frac{V_\text{FC array}}{V_\text{PEMFC}} = \frac{216}{27} = 8 \tag{7.2}$$

为构成 48kW 的 PEMFC 阵列所需的 PEMFC 堆的数目可以由下式得到

$$N_\text{p} = \frac{P_\text{array}}{N_\text{s} \times P_\text{stack}} = \frac{48\text{kW}}{8 \times 0.5\text{kW}} = 12 \tag{7.3}$$

因此，每个 48kW 的 PEMFC 阵列由 $8 \times 12 = 96$ 个 500W 电池堆构成。

7.2.2　SOFC 单元的配置

480kW 的 SOFC 发电厂可以用 12 个 40kW 的 SOFC 阵列并联而成。每个阵列的串并联配置类似于上面讨论的 PEMFC 阵列的设计。根据图 4.5 和图 4.7 给出的 5kW SOFC 堆的 $V-I$ 和 $P-I$ 特性，当电流超过 110A 时，电池堆工作于集中区。高于这个电流，电池堆的输出电压将随着电流的上升而急剧下降。应当避免这种情况的发生[19]。为了留有一定的安全边界，SOFC 堆的额定工作点被选在 100A，其输出电压 V_SOFC 大约为 55V。因此，为达到 220V 需要串联 5kW 的 SOFC 堆的数目为

$$N_\text{s} = \frac{V_\text{FC array}}{V_\text{SOFC}} = \frac{220}{55} = 4 \tag{7.4}$$

因此，4 个 5kW 的 SOFC 堆串联形成一个 20kW 的 SOFC 单元。构成 40kW 的 SOFC 阵列所需并联 20kW 的 SOFC 堆的数目为

$$N_\text{p} = \frac{P_\text{array}}{N_\text{s} \times P_\text{stack}} = \frac{40\text{kW}}{4 \times 5\text{kW}} = 2 \tag{7.5}$$

每个 40kW 的 SOFC 阵列包括 $4 \times 2 = 8$ 个 5kW 的 SOFC 堆。PEMFC 和 SOFC 分布式发电系统的配置、额定值和参数由表 7.1 给出。

表 7.1　所提出的系统的参数配置

燃料电池发电厂	PEMFC 发电厂	216V/48kW 10 个 48kW 燃料电池阵列并联
	PEMFC 阵列	216V/48kW，由 8（串）×12（并）=96 个 500W 的 PEMFC 堆构成
	SOFC 发电厂	216V/48kW 12 个 40kW 燃料电池阵列并联
	SOFC 阵列	216V/40kW，由 4（串）×2（并）=8 个 5kW 的 SOFC 堆构成
	DC/DC 升压变换器	200V/480V，每个 500kW
	三相 DC/AC 逆变器	DC 480V/AC 208V，500kW

（续）

	LC 滤波器	$L_f = 0.15\text{mH}$, $C_f = 306.5\mu\text{F}$
燃料电池发电厂	升压变压器	$V_n = 208\text{V}/12.5\text{kV}$, $S_n = 500\text{kW}$ $R_1 = R_2 = 0.005\text{pu}$, $X_1 = X_2 = 0.025\text{pu}$
	耦合电感	$X_c = 50\Omega$
	传输线	0.5km 钢芯铝绞线 6/0 $R = 2.149\Omega/\text{km}$, $X = 0.5085\Omega/\text{km}$
	直流母线电压	480V
	交流母线电压	120V/208V

通常将超级电容或电池组等快速响应的储能装置接入直流母线，以提供能量存储的能力和加快对负载动态变化的响应。三相六开关逆变器将直流母线接入到120V/208V 的交流电力系统。LC 滤波器接在逆变器的输出端来降低逆变器产生的谐波。208V/12.5kV 的升压变压器将燃料电池发电系统通过耦合电抗器和短距离的传输线接入公共电网。控制燃料电池分布式发电系统与电网之间的有功和无功功率、限制功率波动和故障电流都需要耦合电感。

升压 DC/DC 变换器的控制器用来保持直流母线电压与期望值的误差在 ±5% 以内。因此，因此三相逆变器的输入可以看作是相当恒定的电压。逆变器的控制器控制流向电网的有功和无功功率。有功和无功功率跟踪它们各自的参考值，而参考值可以设置为固定值，也可以按照一定的负载需求设定。在接下来将讨论图7.1 所示的 DC/DC 变换器的控制器和逆变器的有功、无功控制器。

7.3 DC/DC 变换器和逆变器的控制器的设计

如图 3.14 和图 4.5 所示，燃料电池的输出电压是它的负载的函数。升压 DC/DC 变换器使燃料电池的输出电压与直流母线电压匹配，电压控制器则保证输出电压的误差在正常运行情况下在 ±5% 以内。升压 DC/DC 变换器通常采用传统的 PI 控制器。在实际中，通常采用负载均衡控制器（在本书中不讨论）来控制并联的变换器，实现载荷的均匀分布。而且，逆变器采用基于 dq 变换的双环电流控制方案来控制燃料电池发电系统流向电网的有功和无功功率。本节基于第 6 章建立的DC/DC 变换器和逆变器的模型，给出了它们在燃料电池分布式发电系统中的控制器的设计方法。

7.3.1 升压 DC/DC 变换器电路和控制器的设计

7.3.1.1 电路设计

DC/DC 变换器的主要元件由其技术规格来确定，如额定和峰值的电压、电流，以及容许的输入电流和输出电压的纹波[15,16]。根据 7.2 节介绍的燃料电池系统的配置,图 7.1 所示的系统中每个 DC/DC 变换器的技术规格在表 7.2 中给出。输入电压被确定为 200V,使得变换器将具有比所设计的输入电压(选定为 216V)稍宽的输入电压范围。选择一个稍微低一点的变换器的额定电压的另外一个原因是燃料电池堆在工作期间的性能下降,其输出电压将随性能下降而有轻微的下降[19,20]。为了使燃料电池阵列输出相对平滑的电流,在额定运行状态下电感电流的纹波被设定为小于 20%。输出电压的纹波被设定为一个典型的值,低于 5%。为满足这些规格,将采用如图 6.16 所示的升压 DC/DC 变换器拓扑。

表 7.2 升压 DC/DC 变换器的规格

规格	值
输入电压,V_i	200V
输出电压,V_o	480V
额定功率	500kW
输入电流纹波,$\Delta i_L / I_L$	≤20%
输出电压纹波,$\Delta V_o / V_o$	≤50%

开关频率:因为升压变换器的额定功率为 50kW,IGBT(绝缘栅双极型晶体管)是电路中开关器件的很好的选择[15]。IGBT 的开关频率通常低于 50kHz。在本设计中,开关频率(f_s)选定为 5kHz。

电感 L_{dd}:额定运行时的等效电阻负载为

$$R = \frac{V_{dd\_out}^2}{P_{dd,N}} = \frac{480^2}{50 \times 10^3} = 4.608\,\Omega \tag{7.6}$$

额定占空比为

$$D = 1 - \frac{V_{dd\_in}}{V_{dd\_out}} = 0.5833 \tag{7.7}$$

额定输入(电感)电流可以由下式得到

$$\bar{I}_{L_{dd,N}} = \frac{V_{dd\_in}}{(1-D)^2 R} = \frac{200}{(1-0.5833)^2 \times 4.608} \approx 250\,A \tag{7.8}$$

根据对输入电流纹波的要求(低于 20%),可得

$$\frac{\Delta i_{L_{dd}}}{\bar{I}_{L_{dd,N}}} = \frac{D(1-D)^2 R}{f_s L_{dd}} \leqslant 20\% \Rightarrow L_{dd} \geqslant \frac{5D(1-D)^2 R}{f_s} \tag{7.9}$$

即 $L_{dd} \geqslant \dfrac{5 \times 0.5833 \times (1-0.5833)^2 \times 4.068}{5 \times 10^3} = 0.4667\,mH$,本设计中,$L_{dd}$ 取 1.2mH。

电容值 C_{dd}:输出电压纹波的百分比及电容值可以由下式得到

$$\frac{\Delta V_{o}}{V_{o}} = \frac{D}{RC_{dd}f_{s}} \leqslant 5\% \Rightarrow C_{dd} \geqslant \frac{D}{0.05Rf_{s}} = \frac{0.5833}{0.05 \times 4.608 \times 5000} = 506.337\mu F$$

$$(7.10)$$

在本设计中，C_{dd}取 $1000\mu F$。

开关管 S：根据选定的元器件的参数，额定运行时流过开关管的最大电流为

$$I_{S_{dd,max}} = I_{L_{dd,max}} = 250 \times 1.1 = 275A$$

额定运行时开关管的峰值电压为

$$V_{S_{dd,max}} = V_{dd\_out} = 480V$$

功率二极管 D：额定运行时二极管 D 的正向导通电流的峰值为

$$I_{D_{dd,max}} = 275A$$

额定运行时二极管 D 的反向电压的峰值为

$$V_{D_{dd,max}} = V_{dd\_out} = 480V$$

每个 50kW 的 DC/DC 变换器（用于每个燃料电池阵列）中的元器件的值在表 7.3 中给出。DC/DC 变换器的控制器的设计正是基于这些值实现的。

表 7.3   升压 DC/DC 变换器的系统参数

L_{dd}	$1.2mH$
C_{dd}	$1000\mu F$
D	0.5833
R	4.608Ω
$\bar{I}_{L_{dd,N}}(X_{1})$	$250A$
$V_{dd\_out}(X_{2})$	$480V$
k_{di}	50
k_{dp}	0.5

7.3.1.2   控制器的设计

图 6.18 给出了带有输出电压的控制环的升压 DC/DC 变换器的电路。图 7.2 给出了在额定点附近线性化的上述电路的传递函数框图，图中，PWM 控制器是能够实现 DC/DC 变换器输出期望值的补偿器，PWM 环节是根据控制器的输出电压（v_{c}）产生一系列具有正确占空比的脉冲。控制器的输出电压 $v_{c}(t)$ 与频率为开关频率 f_{s} 的锯齿波 $v_{tri}(t)$ 进行比较产生相应的脉冲，如图 7.3 所示。

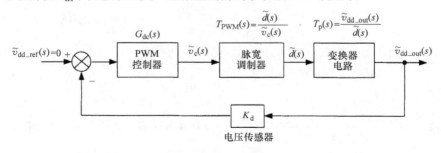

图 7.2   升压 DC/DC 变换器的控制环框图

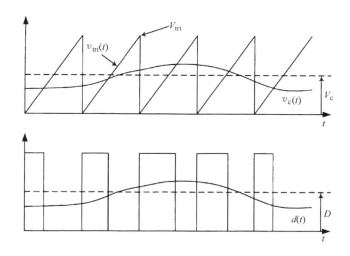

图 7.3　脉宽调制器

假定控制电压有一个小正弦扰动，可以得到 PWM 环节的传递函数[15,16]：

$$T_{\text{PWM}}(s) = \frac{1}{V_{\text{tri}}} \tag{7.11}$$

式中，V_{tri} 是脉宽调制器锯齿波的幅值。对于图 6.18 所示的升压 DC/DC 变换器，它的传递函数（输出电压与占空比）$T_{\text{p}}(s)$ 为（见第 6 章式（6.10））

$$T_{\text{p}}(s) = \frac{\widetilde{v}_{\text{dd\_out}}(s)}{\widetilde{d}(s)} = \frac{1}{s[s + (1/RC_{\text{dd}})] + [(1-D)^2/L_{\text{dd}}C_{\text{dd}}]}$$

$$\left[-\frac{X_1 s}{C_{\text{dd}}} + \frac{(1-D)X_2}{L_{\text{dd}}C_{\text{dd}}} \right] \tag{7.12}$$

式中，D 是额定占空比，X_1 是流过电感 L_{dd} 的平均电流，X_2 是额定运行时变换器的输出电压。

图 7.2 中的电压传感器的常数 K_{d} 被设定为 1/480（480V 是期望的直流母线电压）来对输出直流电压进行归一化。图中的控制器采用 PI 控制器，其传递函数为

$$G_{\text{dc}}(s) = \frac{k_{\text{dp}}s + k_{\text{di}}}{s} = k_{\text{dp}}\left(1 + \frac{k_{\text{di}}}{k_{\text{dp}}}\frac{1}{s}\right) \tag{7.13}$$

式（7.12）给出的传递函数可以按下面的原则来设计 PI 电流控制器[21]：

1）确定期望的穿越频率 ω_{c}，系统 $G_{\text{p}}(s) = T_{\text{p}}(s) \times T_{\text{PWM}}(s)$ 的相角为 $-180° + \phi_{\text{m}} + \phi_{\text{c}}$（见图 7.2），$\phi_{\text{m}}$ 是指定的相位裕度，ϕ_{c} 是控制器 $G_{\text{dc}}(s)$ 产生的相角余量，通常为 5°。

2）确定 k_{dp} 使 $k_{\text{dp}}G_{\text{p}}(s)$ 在穿越频率 ω_{c} 处穿越 0dB 线。

3）选择控制器的带宽频率（$k_{\text{di}}/k_{\text{dp}}$）低于穿越频率 ω_{c} 的 1/10，即 $k_{\text{di}}/k_{\text{dp}} =$

$\omega_\mathrm{c}/10$，由此可以得到 k_di，$k_\mathrm{di} = k_\mathrm{dp}(\omega_\mathrm{c}/10)$。

4）画出 $G_\mathrm{dc}(s)G_\mathrm{p}(s)$ 的伯德图来校验是否满足所有指标。

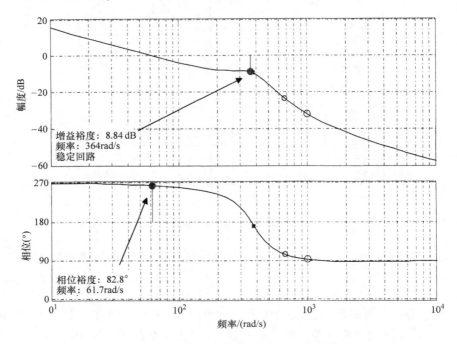

图 7.4　升压 DC/DC 变换器控制环的伯德图

基于实际电路测试和仿真研究，对上述设计得到的控制器参数进行调节。图 7.1 中各 DC/DC 变换器的实际电压 PI 控制器的参数在表 7.3 中列出。图 7.4 给出了使用 PI 控制器的 DC/DC 变换器系统开环伯德图（幅频和相频特性）。从图中可以看出，系统是稳定的，相位裕度为 $262.8° - 180° = 82.8°$。

7.3.2　三相 VSI 的控制器的设计

为了满足将燃料电池系统接入电网的需要和实现对有功和无功功率的控制，有必要控制逆变器输出电压的幅值、相位和频率[22]。本节将对图 6.27 所示的逆变器的控制器进行设计，来满足电压调节的需求并实现有功和无功功率的控制。

尽管第 6 章式（6.31）的状态空间方程在进行理论分析与设计时是足够的，但是它实在太复杂而不能直接应用于实际控制器的设计中。为了简化分析和设计，采用参考文献［23］提出的由电压外环和电流内环构成的双闭环控制器来实现对逆变器的控制，如图 7.12 所示，稍后将在本节讨论。通过 abc/dq 坐标变换（在第 6 章讨论过），电流内环可以比电压外环有更快的响应速度，因而这两个环可分别进行分析和设计[23,24]。控制器输出的 dq 坐标系中信号再通过 dq/abc 坐标变换来为逆变器开关产生正确的脉冲。电流环和电压环控制器的设计细节以及总体控制方案将在下面的小节讨论。

7.3.2.1　电流环控制器

图 7.5 以三相逆变器中的一相为例，说明用斜坡比较方法产生 PWM 脉冲的原理。基于第 6 章讨论的状态空间平均模型[15,23]，开关函数在一个开关周期内的平均值为

$$(d_k^*)_{\text{avg}} = \frac{i_{\text{ck}}}{V_{\text{m\_tri}}}, k = 1, 2, 3 \tag{7.14}$$

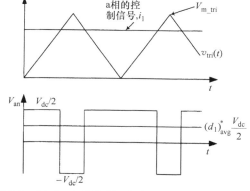

图 7.5　用于三相逆变器一相的正弦脉冲宽度调制器

式中，i_{ck} 是调制（控制）信号，$V_{\text{m\_tri}}$ 是载波信号的幅值，PWM 环节的增益 K_{PWM} 可以表示为

$$K_{\text{PWM}} = \frac{V_{\text{dc}}}{2V_{\text{m\_tri}}} \tag{7.15}$$

将控制信号从 abc 坐标系转换到 dq 坐标系，有

$$\begin{bmatrix} i_{cd} \\ i_{cq} \\ i_{c0} \end{bmatrix} = T_{abc/dq0} \begin{bmatrix} i_{c1} \\ i_{c2} \\ i_{c3} \end{bmatrix} \tag{7.16}$$

式中，i_{cd} 和 i_{cq} 是 dq 坐标系中的控制信号，三相对称时有 $i_{c0} = 0$。$T_{abc/dq0}$ 是 abc/dq0 坐标变换矩阵[28]，在第 6 章的式（6.27）中给出。

只讨论逆变器运行于单位功率因数状态，即 q 轴电流分量为零的情况。低通 LC 滤波器（见图 6.27）中的电容 C_f 对工频电流的影响非常小，因此在设计电流环控制器时，C_f 可以被忽略[23]。根据状态空间方程式（6.31），可以得到如图 7.6 所示的 d 轴电流环，其中，i_{sd} 是 abc 三相电流 $\{i_{sa}, i_{sb}, i_{sc}\}$ 经 abc/dq0 坐标变换得到的 d 轴分量，v_d 和 e_d 分别是图 6.27 中 $\{v_a, v_b, v_c\}$ 和 $\{e_A, e_B, e_C\}$ 的 d 轴分量，i_{sd_ref} 是由电压外环产生的，将在后面讨论。

在图 7.6 中，$G_{\text{ACR}}(s)$ 是电流控制器，采用通用 PI 控制器：

$$G_{\text{ACR}}(s) = \frac{k_{\text{cp}}s + k_{\text{ci}}}{s} \tag{7.17}$$

式 $1/(R_s + L_s s)$ 是 LC 滤波器的电感、电力变压器、耦合电感和传输线的总等效导纳模型。k_c 是电流传感器的比例。电流环的参数在表 7.4 中列出。

电流环的传递函数为

$$T_c(s) = \frac{i_{sd}(s)}{i_{sd\_ref}(s)} = \frac{P_{1c}\Delta_{1c}}{\Delta_c} \tag{7.18}$$

式中，$P_{1c} = G_{ACR} K_{PWM} \dfrac{1}{(R_s + L_s s)}$，$\Delta_{1c} = 1$，并且，$\Delta_c = 1 + G_{ACR} \dfrac{K_{PWM}}{k_c} \dfrac{1}{(R_s + L_s s)}$

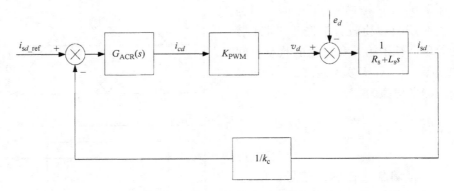

图 7.6　逆变器 d 轴电流分量控制回路的框图

利用表 7.4 给出的参数，可以得到如图 7.7 所示的电流环的伯德图（幅频和相频特性）。从图中可以看出系统的相位裕度是 88.2°，是稳定的。

表 7.4　逆变器的电流环参数

V_{dc}	480V
V_{tri_m}	1V
R_s	0.006316Ω
L_s	0.1982mH
k_c	1388
k_{ci}	250
k_{cp}	2.5

电流环的单位阶跃响应如图 7.8 所示，可以看出超调量大约为 2.5%，等效时间常数约为 0.45ms。因此，整个电流环可以近似为一个简单的增益为 k_c 的一阶惯性环节：

$$T_c(s) = \frac{k_c}{1 + \tau_i s} \tag{7.19}$$

式中，$\tau_i = 0.45$ms 是电流环的等效时间常数，k_c 是电流传感器的比例。

图 7.8 也给出了 k_c 为 1 时 $T_c(s)$ 的单位阶跃响应。这个近似的总传递函数将在后面部分设计电压环控制器时使用。

7.3.2.2　电压环控制器

利用第 6 章式（6.31）给出的逆变器的状态空间模型，图 6.27 所示的逆变器电路拓扑中的电压控制环可以由图 7.9 所示的框图来表示。图中，v_{sd} 是图 6.27 中

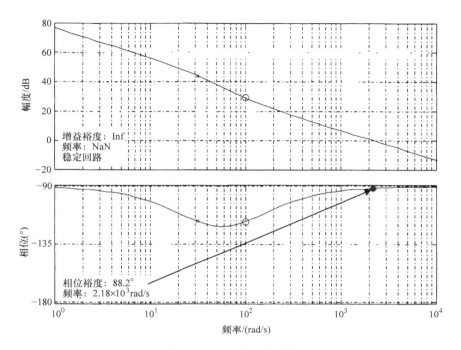

图 7.7　电流环的伯德图

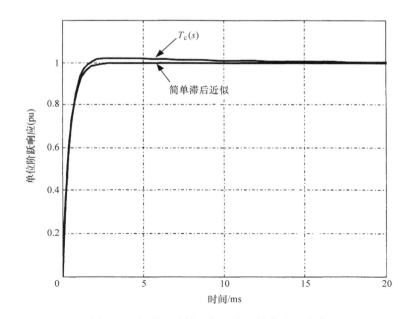

图 7.8　电流环及其近似环节的单位阶跃响应

的 abc 三相信号 $\{v_{sa}, v_{sb}, v_{sc}\}$ 经 $abc/dq0$ 坐标变换得到的 d 轴分量，e_d 则是该图中 $\{e_A, e_B, e_C\}$ 经坐标变换后的 d 轴分量。为了便于分析，此处和此后所讨论时，均认为 q 轴电压分量为零。如果需要，q 轴电压分量也可以得到类似的传递函数框图。v_{sd_ref} 是 d 轴参考电压，由式（7.26）确定。

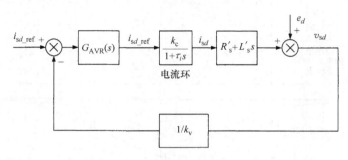

图 7.9　逆变器电压环的框图

在图 7.9 中，$G_{AVR}(s)$ 是电压调节器，与电流控制器类似，选用 PI 控制器。

$$G_{AVR}(s) = \frac{k_{vp}s + k_{vi}}{s} \tag{7.20}$$

电压环通常被设计成响应比电流内环慢得多。为简化分析，电流内环可以在不损失准确度的情况下等效为式（7.19）给出的一个简单的一阶惯性环节[24]。

图 7.9 中的 $R'_s + L'_s s$ 是电力变压器、耦合电感和传输线的总等效阻抗，k_v 是电压传感器的比例。电压环的参数在表 7.5 中列出。

电压环的传递函数为

$$T_v(s) = \frac{v_{sd}(s)}{v_{sd\_ref}(s)} = \frac{P_{1v}\Delta_{1v}}{\Delta_v} \tag{7.21}$$

式中，$P_{1v} = G_{AVR}(s)\dfrac{k_c(R'_s + L'_s s)}{1 + \tau_i s}$，$\Delta_{1v} = 1$，并且，$\Delta_v = 1 + G_{AVR}(s)\dfrac{k_c(R'_s + L'_s s)}{k_v(1 + \tau_i s)}$

表 7.5　逆变器电压环参数

R'_s	0.005316Ω
L'_s	$0.0482\mathrm{mH}$
τ_i	$0.45\mathrm{ms}$
k_c	1388
k_v	169.8
k_{vi}	25
k_{vp}	0.2

电压环的伯德图如图 7.10 所示。相角裕度为 91°，系统是稳定的。

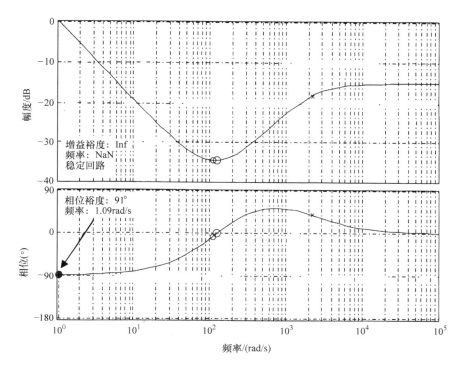

图 7.10　电压环的伯德图

可以通过下面的方法实现对逆变器输出有功和无功功率的控制：

假定一个电压源 $V_\mathrm{s} \angle \delta$ 通过耦合阻抗 $R + \mathrm{j}X$ 接到电网 $E \angle 0°$ 上，如图 7.11 所示。向电网输出的有功和无功功率为[25]

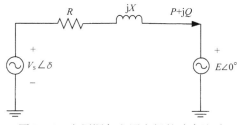

图 7.11　电压源与电网之间的功率流动

$$P = \frac{EV_\mathrm{s}}{Z}\cos(\theta_\mathrm{z} - \delta) - \frac{E^2}{Z}\cos(\theta_\mathrm{z}) \qquad (7.22)$$

$$Q = \frac{EV_\mathrm{s}}{Z}\sin(\theta_\mathrm{z} - \delta) - \frac{E^2}{Z}\sin(\theta_\mathrm{z}) \qquad (7.23)$$

式中，$Z = \sqrt{R^2 + X^2}$，$\theta_\mathrm{z} = \tan^{-1}(X/R)$

从式（7.22）和式（7.23）可以很清楚地看出输送到电网的有功和无功功率完全由送端电压源的幅值和相位决定。在燃料电池分布式电源中，送端电压源就是逆变器的输出电压。如果已知期望的有功和无功功率，V_s 和 δ 可以由式（7.22）和式（7.23）求出：

$$V_s = \left[\frac{Z^2}{E^2}(P^2 + Q^2) + E^2 + 2PZ\cos(\theta_z) + 2QZ\sin(\theta_z) \right]^{\frac{1}{2}} \quad (7.24)$$

$$\delta = \theta_z - \cos^{-1}\left(\frac{ZP}{EV_s} + \frac{E}{V_s}\cos(\theta_z) \right) \quad (7.25)$$

相应的电压 $dq0$ 分量可以通过下面的 $abc/dq0$ 坐标变换得到

$$\begin{bmatrix} V_d \\ V_q \\ V_0 \end{bmatrix} = T_{abc/dq0} \begin{bmatrix} V_a(t) \\ V_b(t) \\ V_c(t) \end{bmatrix} = T_{abc/dq0} P^{-1}\left(\begin{bmatrix} V_a \\ V_b \\ V_c \end{bmatrix} \right)$$

$$= T_{abc/dq0} P^{-1}\left(\begin{bmatrix} V_s \angle \delta \\ V_s \angle (\delta - 120°) \\ V_s \angle (\delta + 120°) \end{bmatrix} \right) \quad (7.26)$$

式中，P^{-1} 是反相量变换，它可以将相量表示形式转换为时域表达式。

根据式（7.24）~式（7.26），一套期望的有功和无功功率值可以转换为 dq 参考电压来控制逆变器。

7.3.2.3 逆变器总的功率控制系统

逆变器的整体控制系统框图如图 7.12 所示。图中，"dq 参考信号计算"模块根据式（7.22）~式（7.26）计算逆变器经滤波后的输出电压的幅值和相位，然后将其转换为 dq 电压参考信号。"abc/dq 变换"模块将电压和电流传感器得到的（abc 坐标系下）电压和电流信号转换为 dq 坐标系下的值。电压外环控制器根据 dq 坐标系下的实际输出电压（$V_{d,q}$）与参考电压（$V_{d,q(ref)}$）之间的误差产生电流参考信号 $I_{d,q(ref)}$，作为电流环的输入。电流内环控制器产生 dq 的控制信号通过"dq/abc 变换"变换回 abc 坐标系下的控制信号。这些信号输入到正弦脉宽调制（SPWM）模块来产生正确的脉冲驱动逆变器的开关管（见图 6.27），从而控制逆变器的输出电压。

通常，控制器和逆变器可以四象限运行。也就是说，有功和无功功率可以根据实际的需要流进或流出电网。然而因为本章中考虑的燃料电池堆不是可再生燃料电池，所以本章只讨论有功功率从燃料电池系统流向电网这一单方向流动的情况。燃料电池分布式发电系统在向电网输出有功功率的同时还能够进行无功补偿，在下一节将给出相关的仿真研究。

需要指出的是，本节给出的电力电子变换器的控制器是以小信号线性化模型为基础进行设计的，由于电力电子器件的非线性，所以不能保证所设计的控制器能够在大的工作范围内运行良好。然而，电力电子装置的大多数控制器是基于线性模型设计的，是线性非时变（LTI）的。线性非时变控制器的有效性应当通过开关（非线性）模型的仿真来验证，而不是通过初始设计用的线性化模型来仿真验证[29]。通过在非线性变换器/逆变器模型上的仿真，我们已经验证了所提出的控制方案在很大运行范围内的有效性。仿真结果将在下一节讨论。

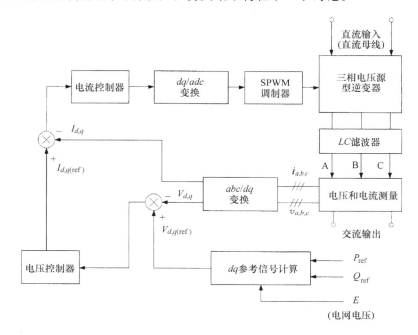

图7.12   逆变器的功率控制器整体控制框图

7.4   仿真结果

  利用第3章和第4章建立的单个燃料电池堆的模型和本章设计的控制器建立了PEMFC分布式发电系统和SOFC分布式发电系统的仿真模型。该模型在MATLAB/SIMULINK中利用SimPowerSystems模块搭建而成。每个系统都进行了多种不同运行条件下的测试，以研究它的功率管理、负荷跟踪能力，以及它在电网故障下的稳定性。部分仿真结果及分析将随后给出。

7.4.1   期望输出到电网的有功和无功功率——重载

  当电网的负荷过重时，并网型分布式电源通常被设置为向电网提供更多的有功功率，另外，分布式电源还被要求向电网输送无功功率以协助提升电网电压。PEMFC和SOFC分布式电源在这一情况下的仿真结果将在后面给出。

7.4.1.1   PEMFC分布式电源

  有功和无功功率的参考值（见图7.12）被设置为360kW和32.3kvar，负载以时间为2s的斜坡函数上升。电网电压的标幺值设定为 $E = 0.98 \angle 0°$ pu。利用式

（7.24）和式（7.25），期望的滤波后逆变器的输出电压的幅值（标幺值）和相位分别为 $V_s = 1.05\text{pu}$，$\delta = 8.2678°$。将 abc 坐标系下的值转换为 dq 坐标系下的值，可以得到 $V_{d(\text{ref})} = 1.0391\text{pu}$ 和 $V_{q(\text{ref})} = 0.151\text{pu}$。三相交流断路器在 $t = 0.08\text{s}$ 时将逆变器接到电网上。图 7.13 显示了当达到稳态运行时 PEMFC 分布式电源向电网输出的有功和无功功率。燃料电池的有功和无功功率的稳态值与参考值吻合得很好。逆变器输出电压的 dq 分量也达到了它们相应的参考值，如图 7.14 所示。

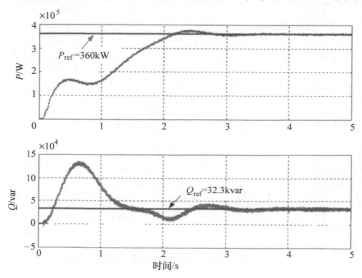

图 7.13　重载下 PEMFC 分布式电源输送到电网的有功和无功功率

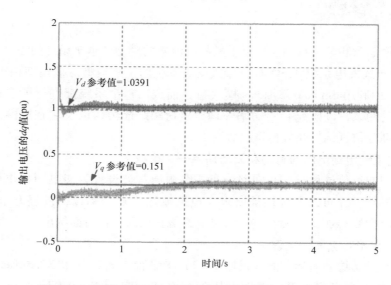

图 7.14　重载下 PEMFC 分布式电源逆变器输出电压的 dq 值

这种情况下，每个 PEMFC 阵列的输出电压和电流的响应如图 7.15 所示。当燃料电池分布式电源达到稳态，燃料电池阵列输出电流的纹波约为 10%，其输出电压的纹波小于 3.3%。这些电流和电压的相对小的变化意味着燃料电池在健康地运行[26]。升压 DC/DC 变换器的输出电压（直流母线电压）波形如图 7.16 所示。系统投入后，虽然 PEMFC 阵列在重载时的端电压远远低于其空载值，直流母线电压仍升到它的参考值（480V），如图 7.15 所示。直流母线电压的波动约为 1.25%，在 ±5% 以内可接受的范围。

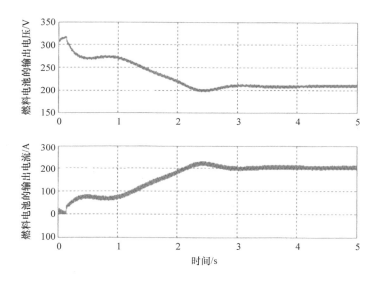

图 7.15　重载下 PEMFC 分布式电源中每个燃料电池阵列的输出电压和电流

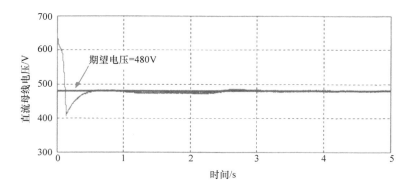

图 7.16　重载下 PEMFC 分布式电源直流母线电压波形

145

7.4.1.2　SOFC分布式电源

在重载条件下，有功和无功功率的参考值（见图7.12）分别被设置为450kW和84.5kvar，以时间为2s的斜坡函数上升。电网电压的标幺值设定为 $E = 0.98\angle0°$ pu，图7.17显示了从SOFC分布式电源流向电网的有功和无功功率的参考值、实际值。在经过 $3 \sim 4s$ 的扰动期，由SOFC分布式电源流向电网的有功和无功功率的值最终达到其参考值。

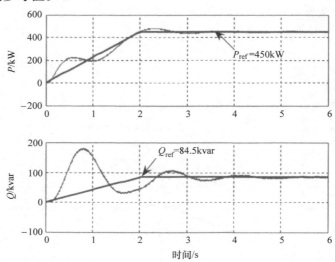

图7.17　重载下SOFC分布式电源输送到电网的有功和无功功率

每个40kW的SOFC阵列在上述重载情况下的输出电压和电流的响应如图7.18所示。虽然SOFC阵列的输出电压在加载时下降较多，阵列输出电流的纹波约为10%，输出电压的纹波约为3%。同样，这些相对小的电流和电压纹波意味着燃料电池分布式发电在健康地运行[30]。直流母线电压（升压DC/DC变换器）的波形如图7.19所示。尽管在这种重载条件下燃料电池的端电压比空载条件下低得多（见图7.18），直流母线电压仍升到它的参考值（480V）。直流母线电压的波动约为1.5%，在可接受的范围。

7.4.2　轻载情况下向电网输出有功功率、从电网吸收无功功率

在轻载情况下，需要并网型燃料电池分布式电源输出的有功功率通常较低（相对于它的额定功率）。而且，分布式电源还会被设定从电网吸收无功功率，即 $Q < 0$。PEMFC和SOFC分布式电源的这些情况将在后面详细分析。

7.4.2.1　PEMFC分布式电源

为模拟PEMFC分布式电源的轻载运行，图7.12中的有功和无功功率的参考值被设定为 $P_{\text{ref}} = 100\text{kW}$ 和 $Q_{\text{ref}} = -31.8\text{kvar}$，从空载阶跃为参考负载。电网电压的标幺值设定为 $E = 1\angle0°\text{pu}$。利用式（7.24）和式（7.25），期望的滤波后逆变器

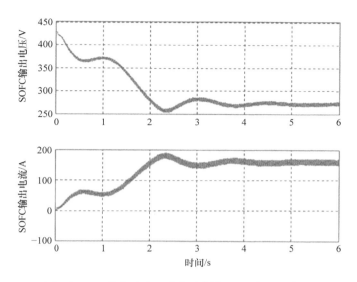

图 7.18　重载下 SOFC 分布式电源中每个燃料电池阵列的输出电压和电流

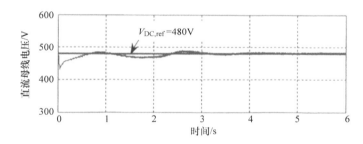

图 7.19　重载下 SOFC 分布式电源的直流母线电压

的输出电压为 $V_s = 1.0 \angle 2.648° \mathrm{pu}$。利用式（7.26），可以得到 dq 轴的参考电压（见图 7.12）：$V_{d(\mathrm{ref})} = 0.99893\mathrm{pu}$ 和 $V_{q(\mathrm{ref})} = 0.0463\mathrm{pu}$。

图 7.20 给出了 PEMFC 分布式电源的有功和无功功率响应。在经历最初的暂态过程之后，燃料电池分布式电源达到稳态，向电网输送 100kW 的有功功率且从电网吸收 31.8kvar 的无功功率（即 $Q = -31.8\mathrm{kvar}$），分别达到了它们的参考值。

图 7.21 给出了轻载情况下每个燃料电池阵列输出的直流电压和电流的响应。在这种情况下，燃料电池阵列输出电流纹波的百分比高于重载时。这些纹波是由 DC/DC 变换器中的电力电子开关引起的。虽然轻载时纹波的幅值与重载时相同，但由于轻载，所以纹波的百分比较高。相反，每个燃料电池阵列的输出电压纹波只有 2% 左右，甚至比重载的情况下小。这主要是由于轻载时燃料电池输出的稳态电压较高。

7.4.2.2　SOFC 分布式电源

与 PEMFC 分布式电源的情况类似，轻载时 SOFC 分布式电源向电网输出较少

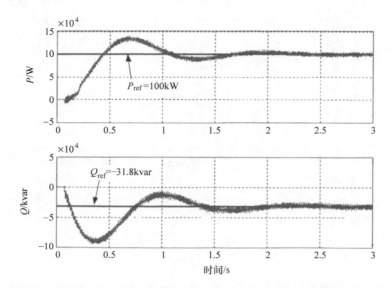

图 7.20　轻载下 PEMFC 分布式电源输送到电网的有功和无功功率

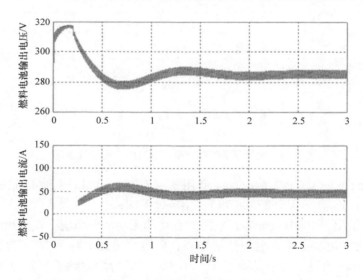

图 7.21　轻载下每个燃料电池阵列的输出电压和电流

的有功功率（与重载情况相比）。它也被设置为从电网吸收无功功率，即 $Q < 0$，这种情况的仿真结果由图 7.22 和图 7.23 给出。有功和无功功率的参考值设定为 250kW 和 -53.1kvar，以时间为 2s 的斜坡函数上升。电网电压的标幺值也设定为 $E = 1 \angle 0°$pu。图 7.22 给出了 SOFC 分布式电源向电网发出的有功功率和从电网吸收的无功功率的实际值，在经历最初的暂态过程之后，它们各自达到相应的参考值。

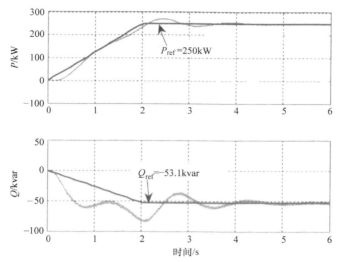

图 7.22　轻载下 SOFC 分布式电源输送到电网的有功和无功功率

图 7.23 给出了燃料电池阵列的输出电压和电流波形。电流纹波相对于 SOFC 轻载时输出电流的百分比约为 25%，也比重载时要大，这是因为轻载时负载电流的平均值较低。然而，燃料电池在轻载时输出电压的纹波百分比只有大约 2%，比重载时要小，且远低于允许的 5% 的限值。

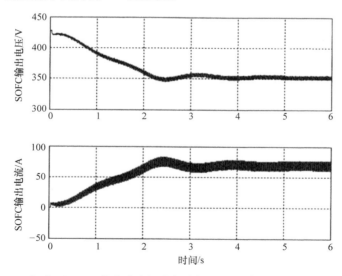

图 7.23　轻载下 SOFC 分布式电源中每个燃料电池阵列的输出电压和电流

从图 7.13 ~ 图 7.23 所给出的仿真结果可以看出，PEMFC 和 SOFC 分布式电源都能够向电网发出预设容量的有功和无功功率。然而实际上，为了获得燃料电池的最大效益，通常将其工作点设置为额定功率附近，不希望负载变化。

7.4.3 燃料电池的负载性能跟随分析

本节将研究燃料电池接入有主电网接入的微网（图7.24中的母线1）时的负载跟随能力。微网能够为一些重要的需要不间断供电的负荷供电。下面将分为两种情况进行分析。情况1：设定电网向微网输出固定量的功率，负载功率需求的剩余部分将由燃料电池分布式电源提供。情况2：设定燃料电池分布式电源向微网输出固定量的功率，负载功率需求的剩余部分将由电网提供。这里仅给出了PEMFC分布式电源的仿真结果。

7.4.3.1 电网输出固定的功率

在这种情况下，必须设计合适的负载跟随控制器以保证电网向微网提供设定的功率，而燃料电池系统提供负载需求的剩余部分。在放开管制的电力市场，由负荷跟踪操作产生的辅助服务成本可高达总辅助服务成本的20%[7]。图7.24给出了PEMFC分布式电源负载跟随研究的系统配置。图中的母线1可以看作是一个微网，PEMFC分布式电源和电网都接到其上面，向负载供电。电网输出的有功功率（P_{Grid}）保持恒定（$P_{Grid,sched}$），燃料电池分布式电源需要跟随微网中负载的需求，提供剩余部分的功率。在微网和燃料电池分布式电源之间需要放置负载跟随控制器来实现期望的负载跟随情形。测量主电网向微网提供的有功功率（P_{Grid}）并且将其与电网提供的设定功率相比较。将误差（ΔP_{Grid}）输入到负载跟随控制器（例如，PI控制器）来产生所需的初始功率基准值（$P_{FC,ref}^0$）的调节量（$\Delta P_{FC,ref}$）。$P_{FC,ref}^0$与$\Delta P_{FC,ref}$之和将成为新的燃料电池分布式电源的有功功率参考值（$P_{FC,ref}$），当微网中的负载变化时，$P_{FC,ref}$相应地变化以保证燃料电池分布式电源能补偿负载的变化。实际上，还应设置$\Delta P_{FC,ref}$的上、下限，以保证燃料电池分布式电源的功率调节在它的安全运行范围内。

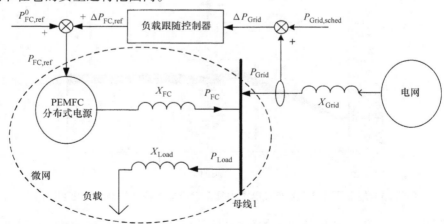

图 7.24　用于负载跟随研究的 PEMFC 分布式电源

在一个案例研究中，设置 P_{Grid} 为 100kW（1pu），仿真结果如图 7.25 所示。微网中的负载原来为 2pu，因此燃料电池分布式电源输出剩余的 1pu 的功率给负载。在 $t=0.3$s 时，负载升到 3pu，在 $t=4.1$s 时，又降至 2pu。在暂态过程中，电网对初始负荷的变化快速响应，但燃料电池分布式电源承担暂态过程之后的负荷变化，从而保持电网输出功率保持其设定值。

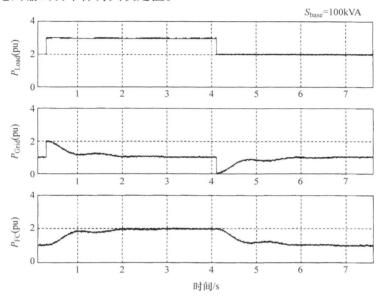

图 7.25　恒定电网功率下负载跟随研究中的功率波形

7.4.3.2　燃料电池分布式电源提供恒定功率

在这种情况下（见图 7.26），燃料电池发电厂被设定为向微网提供恒定功率而电网则承担负载的波动。燃料电池分布式电源输出的功率设定为 200kW（2pu）。

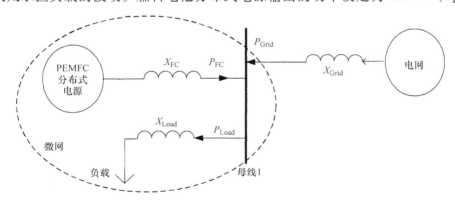

图 7.26　提供恒定功率的 PEMFC 分布式电源

同样，在 $t=0.3\mathrm{s}$ 时，负载升到 3pu，在 $t=4.1\mathrm{s}$ 时，又降至 2pu。仿真结果如图 7.27 所示。因为燃料电池分布式电源被设定为向负载发出固定的功率，电网吸收了负载的波动，所以电网和燃料电池的响应中没有暂态过程。电网对负载波动的响应几乎是同时的。

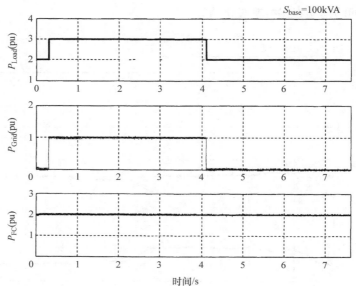

图 7.27　恒定燃料电池功率下负载跟随研究中的功率波形

7.4.4　故障分析

确定当电网发生故障时燃料电池分布式电源是否能够保持稳定运行是非常重要的。本节将研究 PEMFC 分布式电源在电网故障情况下的稳定性。如图 7.28 所示的燃料电池系统，在电网发生故障前向电网发出 2pu 的有功功率。在 $t=0.7\mathrm{s}$ 时一个模拟的三相故障发生在燃料电池分布式电源接入电网的变压器的低压侧。故障持续了 5 个周期（0.0833s）后在 $t=0.7833\mathrm{s}$ 时消失。

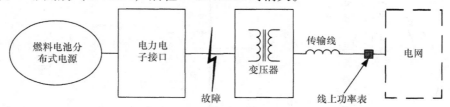

图 7.28　故障情况下的燃料电池分布式电源

通过传输线流动的功率如图 7.29 所示。故障期间，传输线上的功率改变方向，从电网流向故障点，因为电网还向故障提供功率。从图中可以看出，燃料电池系统在扰动后保持稳定。故障消失后，传输线上的功率流动方向立即改变，重新流向电网，并且对电网有一个功率冲击。这是因为当故障消失后逆变器输出电压的相位与电网电压的相位有较大的相位差。可以在系统中加入软起动程序和重新连接控制器来限制系统从故障恢复时的功率尖峰。

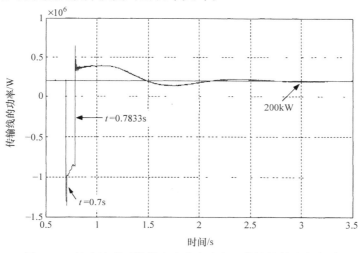

图 7.29　故障情况下燃料电池分布式电源传输线的功率流动

在前面的仿真研究中，显示出逆变器的双环（电压和电流）控制（见 7.3.2 节）的一个优势，就是它能够限制故障电流。为了显示这一优势，对图 7.28 的系统分别采用了单电压环控制和电压、电流双环控制，并对比了逆变器在这两种控制下对前面的三相故障时的响应情况。PEMFC 分布式电源在这两种逆变器控制下的输出功率如图 7.30 所示。从图中可以看出，当只有电压单环控制时，系统会不

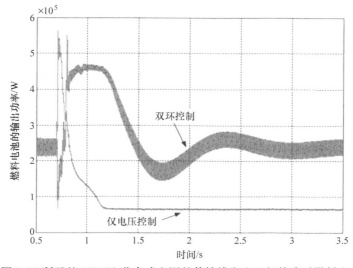

图 7.30　图 7.29 所示的 PEMFC 分布式电源的传输线发生三相故障时燃料电池的输出功率

153

稳定。因为这种情况没有电流限幅，燃料电池的输出电流会因故障快速地上升，超过燃料电池最大功率点的电流，使得燃料电池运行于集中区，从而导致燃料电池输出功率急剧下降使燃料电池系统不稳定。而当逆变器采用双环控制时，燃料电池系统在相同的电网扰动时保持稳定，并且扰动过后系统会返回到扰动前的运行状态。

7.5　总结

本章讨论了并网型燃料电池分布式电源的控制。用 PEMFC 和 SOFC 模型、升压 DC/DC 变换器模型和三相电压源型逆变器模型（见第 6 章）等建立一个并网型燃料电池系统的仿真模型。给出了利用小信号线性化的变换器/逆变器模型进行 DC/DC 变换器和三相逆变器的控制器设计的方案。DC/DC 变换器采用传统的 PI 电压反馈控制器来调节直流母线电压，逆变器采用 dq 坐标系下的双电流环控制器来控制燃料电池系统向电网输出的有功和无功功率。

利用 SimPowerSystems 模块构建了所提出的燃料电池分布式电源的 MATLAB/SIMULINK 模型，通过在变换器/逆变器的非线性开关模型上的仿真，验证了所提出的控制方案在大运行范围内的有效性。本章给出的案例仿真研究结果表明，燃料电池系统向电网输出的有功和无功功率可以按期望值进行控制，而直流母线电压保持在规定的范围内。仿真结果还表明，燃料电池系统具有负载跟随能力，而且能够在电网故障时保持稳定。从故障保护和系统稳定的角度上看，逆变器的双环控制比单电压环控制更有优势。

参 考 文 献

[1] C. Wang, M.H. Nehrir, and S.R. Shaw, Dynamic models and model validation for PEM fuel cells using electrical circuits, *IEEE Transactions on Energy Conversion*, 20 (2), 442–451, 2005.

[2] C.J. Hatziadoniu, A.A. Lobo, F. Pourboghrat, and M. Daneshdoost, A simplified dynamic model of grid-connected fuel-cell generators, *IEEE Transactions on Power Delivery*, 17 (2), 467–473, 2002.

[3] M.D. Lukas, K.Y. Lee, and H. Ghezel-Ayagh, Development of a stack simulation model for control study on direct reforming molten carbonate fuel cell power plant, *IEEE Transactions on Energy Conversion*, 14 (4), 1651–1657, 1999.

[4] J. Padullés, G.W. Ault, and J.R. McDonald, An integrated SOFC plant dynamic model for power system simulation, *Journal of Power Sources*, 495–500, 2000.

[5]　K. Sedghisigarchi and A. Feliachi, Dynamic and transient analysis of power distribution systems with fuel cells—Part I: Fuel-cell dynamic model, *IEEE Transactions on Energy Conversion*, 19 (2), 423–428, 2004.

[6]　K. Sedghisigarchi and A. Feliachi, Dynamic and transient analysis of power distribution systems with fuel cells—Part II: Control and stability enhancement, *IEEE Transactions on Energy Conversion*, 19 (2), 429–434, 2004.

[7]　Y. Zhu and K. Tomsovic, Development of models for analyzing the load-following performance of microturbines and fuel cells, *Journal of Electric Power Systems Research*, 62, 1–11, 2002.

[8]　Z. Miao, M.A. Choudhry, R.L. Klein, and L. Fan, Study of a fuel cell power plant in power distribution system—Part I: Stability control, Proceedings of the IEEE PES General Meeting, Denver, CO, June 2004.

[9]　D. Candusso, L. Valero, and A. Walter, Modelling, control and simulation of a fuel cell based power supply system with energy management, Proceedings of the 28th Annual Conference of the IEEE Industrial Electronics Society (IECON 2002), Vol. 2, 1294–1299, 2002.

[10]　R. Naik, N. Mohan, M. Rogers, and A. Bulawka, A novel grid interface, optimized for utility-scale applications of photovoltaic, wind-electric, and fuel-cell systems, *IEEE Transactions on Power Delivery*, 10 (4), 1920–1926, 1995.

[11]　W. Shireen and M.S. Arefeen An utility interactive power electronics interface for alternate/renewable energy systems, *IEEE Transactions on Energy Conversion*, 11 (3), 643–649, 1996.

[12]　G. Spiazzi, S. Buso, G.M. Martins, and J.A. Pomilio, Single phase line frequency commutated voltage source inverter suitable for fuel cell interfacing, 2002 IEEE 33rd Annual IEEE Power Electronics Specialists Conference, Vol. 2, 734–739, 2002.

[13]　K. Ro and S. Rahman, Control of grid-connected fuel cell plants for enhancement of power system stability, *Renewable Energy*, 28 (3), 397–407, 2003.

[14]　H. Komurcugil and O. Kukrer, A novel current-control method for three-phase PWM AC/DC voltage-source converters, *IEEE Transactions on Industrial Electronics*, 46 (3), 544–553, 1999.

[15]　N. Mohan, T.M. Undeland, and W.P. Robbins, Power Electronics—Converters, Applications, and Design, Wiley, Hoboken, NJ. 2003.

[16]　D.W. Hart, Introduction to Power Electronics, Prentice Hall, 1997.

[17]　M.H. Todorovic, L. Palma, and P. Enjeti, Design of a wide input range DC-DC converter with a robust power control scheme suitable for fuel cell power conversion, 19th Annual IEEE Applied Power Electronics Conference, California, 2004.

[18] S.M.N. Hasan, S. Kim, and I. Husain, Power electronic interface and motor control for a fuel cell electric vehicle, 19th Annual IEEE Applied Power Electronics Conference, California, 2004.

[19] *Fuel Cell Handbook, 6th edn*, EG&G Services, Parsons Inc., DEO, Division of Fossil Energy, National Energy Technology Laboratory, 2004.

[20] J. Larminie and A. Dicks, *Fuel Cell Systems Explained*, John Wiley & Sons, Ltd., New York, 2001.

[21] J. Van de Vegte, *Feedback Control Systems*, 3rd edn, Prentice-Hall, Upper Saddle River, NJ, 1994.

[22] IEEE Std 1547, *IEEE Standard for Interconnecting Distributed Resources with Electric Power Systems*, 2003.

[23] M.Tsai and W.I. Tsai, Analysis and design of three-phase AC-to-DC converters with high power factor and near-optimum feedforward, *IEEE Transactions on Industrial Electronics*, 46 (3), 535–543, 1999.

[24] H. Mao, Study on three-phase high-input-power-factor PWM-voltage-type reversible rectifiers and their control strategies, Ph. D. Dissertation (in Chinese), Zhejiang University, 2000.

[25] J.D. Glover and M.S. Sarma, *Power System Analysis and Design*, 4th edn, Wadsworth Group, Brooks/Cole, Florence, KY, 2007.

[26] R.S. Gemmen, Analysis for the effect of inverter ripple current on fuel cell operating condition, *Transactions of the ASME—Journal of Fluids Engineering*, 125 (3), 576–585, 2003.

[27] R. Wu, T. Kohama, Y. Kodera, T. Ninomiya, and F. Ihara, Load-current-sharing control for parallel operation of DC-to-DC converters, IEEE PESC'93, Seattle, WA, 101–107, June 1993.

[28] P.C. Krause, O. Wasynczuk, and S.D. Sudhoff, *Analysis of Electric Machinery*, IEEE Press, New York, 1995.

[29] J.G. Kassakian, M.F. Schlecht, and G.C.Verghese, *Principles of Power Electronics*, Addison-Wesley, Reading, MA, 280–293, 1991.

[30] M.K. Acharya, C.L. Haynes, R. Williams Jr., M.R. von Spakovskym, D.J. Nelson, D.F. Rancruel, J. Hartvigsen, and R.S. Gemmen, SOFC performance and durability: resolution of the effects of power-conditioning systems and application loads, *IEEE Transactions On Power Electronics*, 19 (5), 1263–1278, 2004.

156

第8章 独立型燃料电池发电系统的控制

8.1　引言

独立型燃料电池发电系统有以下应用：偏远地区供电（燃料电池系统是独立微网的一部分，微网中还有其他的电源和负载）、作为备用电源和交通车辆电源等。为并网型燃料电池系统（见第 7 章）设计的负载跟随控制器也可以用于独立运行的燃料电池系统，来使系统输出期望的功率。然而，在这类应用中，系统需要有足够的能量储放能力，以应对功率的变化和扰动，如负载突变等情况。

燃料电池是一种很好的能源，它能提供稳态可靠的电源，但它不能对负载的变化进行足够快的响应，这主要是因为其内部的电化学、热力学响应及其机械附件系统的响应慢[1]。负载瞬变会使燃料电池内部产生低反应物（燃料匮乏），通常是有害的并且会缩短其寿命[2]。为了克服这一缺点，燃料电池通常与其他具有快速动态响应的电源（如蓄电池或超级电容等）结合来构成混合式燃料电池系统[3-6]。

本章针对独立型燃料电池 – 蓄电池发电系统提出了减缓负载瞬变的技术。在该控制策略中，由蓄电池提供负载的暂态分量，而燃料电池提供稳态分量。与此同时，蓄电池的电压将被控制在所需的范围内，而燃料电池的输出电压纹波也被限制在可接受的范围内。前者对于燃料电池 – 蓄电池系统的正常工作来说是必不可少的，而后者则对燃料电池的健康运行和使用寿命非常重要[2,7,8]。

PEMFC 和 SOFC 在独立发电应用方面都有巨大的潜力，本章将利用在第 3 章和第 4 章建立的它们的动态模型来研究所设计的减缓负载瞬变控制器的有效性。在研究中，利用参考文献 [10] 给出的经过验证的铅酸蓄电池电路模型。需要指出的是，根据应用的需要，其他快速能量储放装置，如超级电容和超导磁储能装置[11,12]，也能用于减缓负载瞬变的控制。

8.2　系统描述和控制策略

图 8.1 给出了独立型燃料电池 – 蓄电池发电系统的示意图[13]。独立型燃料电池系统的基本结构与第 7 章的并网型燃料电池系统类似。采用升压 DC/DC 变换器来使燃料电池的输出电压匹配蓄电池电压，使用串联电感来保持电流连续。示意图的底部是减缓负载瞬变控制器和蓄电池充/放电控制器，这将在后面介绍。减缓负载瞬变控制器的主要部分是低通滤波器，用来滤掉急剧的负载瞬变信号，将滤波后的信号作为燃料电池电流控制器的参考指令。

研究中，使用一个 2kW 的 PEMFC 单元和一个 5kW 的 SOFC 单元。2kW 的 PEMFC 单元是在第 3 章建立的 500W 的 PEMFC 模型的基础上，由 4 个 500W 的

PEMFC 堆串联构成。而 SOFC 系统的燃料电池单元是由单个 5kW 的 SOFC 堆构成，采用第 4 章建立的模型。系统负载可以是直流，也可以是交流（要通过逆变器作为接口）。

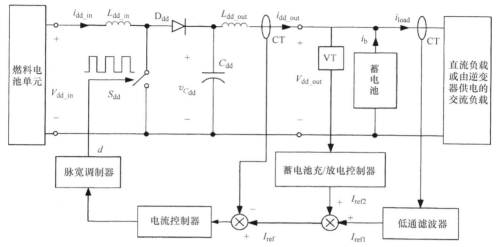

图 8.1　减缓负载瞬变控制的燃料电池 – 蓄电池混合系统示意图

8.3　减缓负载瞬变控制

减缓负载瞬变控制可以通过 DC/DC 变换器的电流控制器来实现。所提出的该控制策略的目的是控制燃料电池只输出稳态功率，而由蓄电池向负载提供暂态功率。由电流传感器（CT）测量的负载电流（I_{load}）通过低通滤波器滤除高频暂态分量。滤波后的负载电流信号（I_{ref1}）与蓄电池充/放电控制器的输出信号（I_{ref2}）之和作为电流参考信号（I_{ref}）来控制 DC/DC 变换器。参考信号 I_{ref} 与变换器的输出电流（i_{dd_out}）相减，得到的误差信号通过电流控制器来控制变换器开关的占空比。电流控制器可以是简单的 PI 控制器[13]。

为保证燃料电池的正常运行，应当将变换器输入电流的峰峰值（图 8.1 中燃料电池的输出电流 i_{dd_in}）控制在一个期望的范围内（在本研究中 10% 的电流纹波是可接受的范围）。DC/DC 变换器的主要元件是以技术规格为基础按照第 7 章和参考文献［15，17］讨论的经典设计步骤进行选择的，这些技术规格包括额定和峰值的电压和电流、输入电流纹波和输出电压纹波等。表 8.1 列出了本研究使用的 5kW 的 DC/DC 变换器模型的元件值。耦合电感的值（L_{dd_out}）是按照它能与电容（C_{dd}）产生一个低频谐振频率以平滑变换器输出电流（i_{dd_out}）的原则进行选择的。本研究中，谐振频率应低于 10Hz。

利用第 6 章讨论的周期平均技术[15,18]可以得到变换器在额定工作点的近似状态空间模型。根据变换器的模型，利用第 7 章中介绍的经典的伯德图和根轨迹法来设计 PI 电流控制器（$k_p + k_i/s$）。表 8.1 还列出了 PI 电流控制器的参数。

表 8.1   DC/DC 变换器的参数

L_{dd_in}	12mH
C_{dd}	2500μF
L_{dd_out}	120mH
f_s（开关频率）	5kHz
k_i	20
k_p	0.02

8.3.1   铅酸蓄电池的电路模型

本研究中使用参考文献［10］验证过的铅酸蓄电池的电路模型，如图 8.2 所示。模型中的二极管都是理想二极管，用来实现蓄电池在充电和放电状态下有不同的内阻。模型中的电容和电阻在图 8.2 中有定义，它们是电池电流的函数，而且取决于电池的温度及荷电状态（SOC）[10,14]。0.5kWh 的电池模型用到的标称值由表 8.2 给出。假设电池电压将保持在所关注的范围内（标称值的 ±5%），可以忽略充电和放电状态时内阻的差异[10]，认为它是常数。图 8.2 所示的模型可以简化成图 8.3 所示的电路模型。这个简化模型可以用来进行减缓负载瞬变控制器的设计和仿真研究。当然，蓄电池模型可以用更先进的储能系统模型代替。

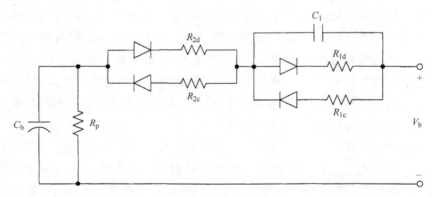

图 8.2   参考文献［10］中报道的电池的等效电路模型。

C_b：电池电容；R_p：电池放电电阻或绝缘电阻；

R_{2c}：充电内阻；R_{2d}：放电内阻；R_{1c}：充电过电压电阻；

R_{1d}：放电过电压电阻；C_1：过电压电容

表 8.2　220V 0.5kWh 电池模型的参数

C_b	300F
R_p	25MΩ
R_2	0.075Ω
C_1	500F
R_1	0.1Ω

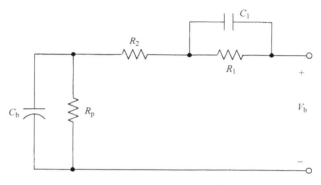

图 8.3　铅酸蓄电池的简化电路模型

8.3.2　电池充/放电控制器

图 8.2 中的蓄电池被设计为缓冲暂态功率。研究中采用的是 220V、0.5kWh 的电池模型（具体参数见表 8.2）。各种应用所需的实际蓄电池的大小取决于系统中的负载瞬变的类型。

蓄电池的充/放电控制器的示意图如图 8.4 所示，它用来保持蓄电池的输出电压与其标称值之差在标称值的 ±5% 以内（为了其正常运行）。

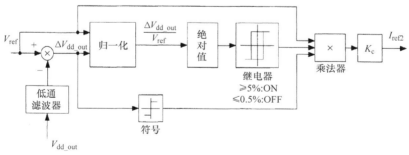

图 8.4　电池充/放电控制器的示意图

在图 8.4 中，V_{ref} 是蓄电池的标称电压（220V）。图中的调节常数 K_c 应满足在一定的持续时间 T 内，达到 5% 的充/放电电压偏差。在我们的研究中，假定 T 为 0.5h（1800s）。因此，单位为 S 的 K_c 可以写成：

161

$$K_c = \frac{0.05 C_b}{1800} \qquad (8.1)$$

式中，C_b 是蓄电池的电容，如图 8.3 所示。

通过电压传感器测量蓄电池的电压（V_{dd_out}），并且采用低通滤波器滤掉其中的高频尖峰信号。"归一化"模块将滤波后的蓄电池电压偏差（ΔV_{dd_out}）用参考电压（V_{ref}）进行归一化处理。无论 ΔV_{dd_out} 是正还是负，即无论蓄电池电压是高于还是低于参考电压，经过"绝对值"模块后将始终得到一个非负的输出（$|\Delta V_{dd\_out}/V_{ref}|$）。

图 8.4 中的"继电器"模块是一个滞回模块，它在 $|\Delta V_{dd\_out}/V_{ref}| > 0.05$（5%）时，输出 1；继电器模块的输出一直保持不变，直到模块的输入低于 0.5%，即 $|\Delta V_{dd\_out}/V_{ref}| < 0.005$；否则，继电器模块的输出将为零。蓄电池将会以恒定的电流充电（或放电），当其电压低于其标称电压的 95%（或高于 105%）时。当蓄电池电压与其标称电压之差在 0.5% 以内时，将停止充电（或放电）过程。因此，只要蓄电池的电压低于其标称值（V_{ref}）的 95%，将产生一个额外的正参考信号 I_{ref2} 输入到电流控制器：

$$I_{ref2} = \frac{0.05 C_b V_{ref}}{1800} \qquad (8.2)$$

这个参考值会一直保持，直到蓄电池电压高于 $0.995 V_{ref}$。反之，如果蓄电池的电压高于 $1.05 V_{ref}$，将产生一个额外的负电流参考值 $[-(0.05 C_b V_{ref})/1800]$，这个值也会一直保持到蓄电池的电压低于 $1.005 V_{ref}$。否则，蓄电池充/放电控制器的输出将为零。

8.3.3　滤波器的设计

将系统的负载电流输入到低通滤波器来滤除其高频暂态分量。然后将滤波后的信号用作电流控制器的输入信号之一来调节 DC/DC 变换器的占空比。其结果是，燃料电池只输出平滑电流，而瞬时负载电流则由电池供给。

减缓负载瞬变控制器所需的低通滤波器的选择则是一个在蓄电池存储容量和燃料电池对负载瞬变的平滑响应之间的折中设计。图 8.5 给出了不同低通滤波器对负载瞬变响应的例子。为避免振荡，滤波器的阻尼系数都设置为 1。从图中可以看出，滤波器的截止频率越高，响应的稳定时间越短。滤波器的稳定时间越短，所需的蓄电池的容量就越小。但是，这样会导致滤波器的响应出现不需要的过冲。相反地，滤波器的截止频率越低，滤波器响应的上升时间就越长，燃料电池的响应就会越平滑。然而，这种情况下就需要更大容量的蓄电池。因此，选择最适合于系统应用的滤波器必须在这两方面进行折中。在实际应用中，根据燃料电池系统所使用的位置的负载信息，可以估算出可能出现的最快负载变化。因为频率超过 1250Hz 的暂态负载变化不会显著影响燃料电池的性能，所以将其忽略。然后，要确定燃料电池所允许的过冲值（电流纹波）。一般认为低于 10% 的过冲值是非常合适的。这种过冲通常对燃料电池的健康运行没有显著影响[2,7]。因此，滤波器的选择主要基于以下两点：一是具有尽可能高的截止频率以使燃料电池系统能够快速响应负载变化——避免蓄电池容量太大；二是同时它的输出过冲不超过规定的值（本研究中是 10%）——避免对燃料电池造成损害。

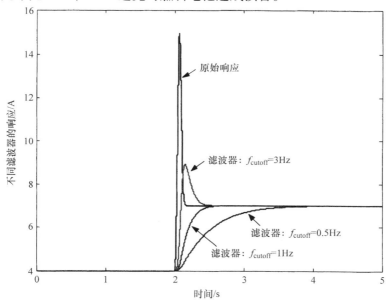

图 8.5　不同低通滤波器对负载瞬变的响应

8.4　仿真结果

利用第 3 章和第 4 章讨论的 PEMFC 和 SOFC 的模型以及在本章前面讨论过的蓄电池的模型，利用 MATLAB/SIMULINK 中的 SimPowerSystem 模块库构建了独立型燃料电池 – 蓄电池发电系统。PEMFC 和 SOFC 系统都由前面提出的减缓负载瞬变技术控制。分别对负载瞬变时两种系统的性能进行了仿真研究。由减缓负载瞬变控制器来控制燃料电池系统的功率流动，使得燃料电池堆只提供稳态功率，而蓄电池为负载提供暂态功率。所以，燃料电池的工作点将从它的初始工作点平滑地切换到新的稳态工作点。同时还研究了蓄电池的充电和放电性能。

8.4.1　负载的暂态变化

燃料电池系统可能会受到各种负荷瞬变的影响。在不同的应用中，这种负载瞬变可能是直流，也可能是交流。因此对 PEMFC 和 SOFC 系统的测试，既有交流负载瞬变，也有直流负载瞬变，而且相似的负载瞬变类型但功率不同。

8.4.1.1 直流负载瞬变

用来评估燃料电池系统性能的直流负载瞬变类似于串电阻起动的直流电机的起动电流。图 8.6 给出了采用三段起动电阻的直流电机全压起动时，施加到燃料电池系统的负载瞬变。当电机转速升高，起动电阻切除时（电阻值由大变小），会有一个电流尖峰。

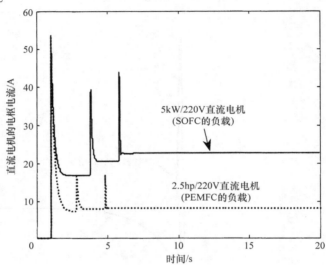

图 8.6　起动一台 2.5hp 和 5kW 220V 直流电机的负载瞬变

如图 8.6 所示，一台 2.5hp/220V 的直流电机负载用于 2kW 的 PEMFC – 蓄电池系统的测试，而另一台 5kW/220V 的直流电机用于 SOFC 系统。

8.4.1.2 交流负载瞬变

采用交流负载瞬变模型（其响应如图 8.7 所示）来评估燃料电池系统在交流负载电流瞬变时的性能。该瞬变电流模型由下式定义：

$$i(t) = I_0 + I_1 e^{-\alpha_1 t} - I_2 e^{-\alpha_2 t} \tag{8.3}$$

式中，I_0、I_1 和 I_2 是非负常数，而且 $\alpha_2 > \alpha_1 > 0$。假定负载瞬变在上式的 $t = 0$ 时刻开始，$i(t)$ 是频率为 60Hz 的负载电流的幅值。上面的 5 个常数由下式确定：

$$\begin{cases} I_0 = i_\infty \\ I_0 + I_1 - I_2 = i_0 \\ \dfrac{\ln(I_2 \alpha_2)/(I_1 \alpha_1)}{\alpha_2 - \alpha_1} = T_{\mathrm{p}} \\ I_0 + I_1 e^{-\alpha_1 T_{\mathrm{p}}} - I_2 e^{-\alpha_2 T_{\mathrm{p}}} = i_{\mathrm{peak}} \\ \dfrac{\ln I_1 - \ln(0.02 I_0)}{\alpha_1} \approx T_{\mathrm{S}} \end{cases} \tag{8.4}$$

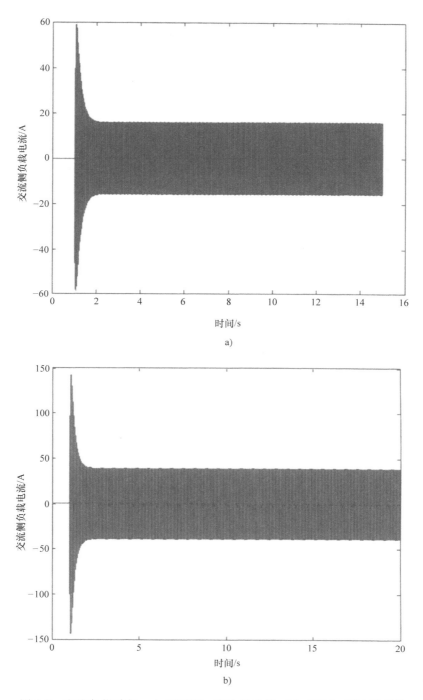

图 8.7　交流负载瞬变：a）PEMFC - 蓄电池系统，b）SOFC - 蓄电池系统

式中，i_0 和 i_∞ 是瞬态负载电流的初始值和最终值。T_p 是瞬态电流达到其峰值（i_{peak}）所需要的时间，T_S 是稳定时间，是瞬态电流达到与其最终值之差在 $\pm 2\%$ 以内所需要的时间。因此，通过设定初始值（i_0）、最终值（i_∞）、瞬态峰值电流（i_{peak}），达到峰值电流所需的时间（T_p）和由瞬态到达稳态所需的时间（T_S），可以计算式（8.4）中的 5 个参数值。图 8.7a 给出了用于 PEMFC 系统的交流瞬态负载，从 $t = 1s$ 时开始动态变化。瞬态负载的参数为 $I_0 = 15.84A$，$I_1 = 79.2A$，$I_2 = 95.4A$，$\alpha_1 = 5$，$\alpha_2 = 30$。

用于 SOFC 系统的交流瞬态负载电流（见图 8.7b）的参数分别为 $I_0 = 39.6A$，$I_1 = 198A$，$I_2 = 237.6A$，$\alpha_1 = 5$，$\alpha_2 = 30$。

8.4.2 负载瞬变减缓

本节将给出 PEMFC 和 SOFC 系统的负载瞬变减缓研究的仿真结果。在这些研究中，假定在负载瞬变发生时，系统的电池是充满电的，其电压为额定电压（220V）。

8.4.2.1 PEMFC 系统

系统首先在直流电机瞬态负载下进行测试，测试结果如图 8.6 所示。低通滤波器的截止频率设定为 0.1Hz，且阻尼系数也设定为 1，来保证燃料电池电流参考（I_{ref}）的平滑切换，因此它从空载到负载工作点的变化是平滑的。相应的电流参考信号 I_{ref}（见图 8.1）如图 8.8 所示，可以看出，滤波器对负载瞬变响应的上升时间小于 10s，而且没有过冲。图 8.8 中还给出了 PEMFC – 蓄电池系统在负载瞬变下

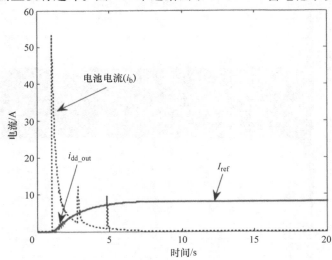

图 8.8 在图 8.6 所示的负载瞬变情况下 PEMFC 的电流控制器的参考信号（I_{ref}）、电池电流（i_b）和变换器的输出电流（i_{dd_out}）

的电池电流（i_b）和 DC/DC 变换器的输出电流（i_{dd_out}）。可以看出，i_{dd_out} 很好地跟随参考信号（I_{ref}），这两个信号几乎重合。图中还可以看出，当变换器的输出电流由空载平滑上升到稳态负载时，蓄电池提供了瞬态负载电流。相应的 PEMFC 电流和电压响应如图 8.9 所示。PEMFC 堆的输出电流和电压在负载瞬变的过程中，从空载到稳态运行状态与预期一样是平滑变化的。还可以看出燃料电池的电流纹波大约为 5.5%，在允许的范围（10%）内。

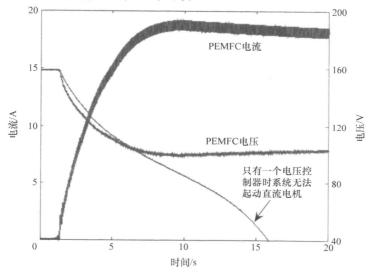

图8.9　图8.6 所示的直流负载瞬变情况下 PEMFC 输出电流和电压的响应

为了展示负载瞬变减缓控制器的有效性，图 8.1 所示的 PEMFC 系统的 DC/DC 变换器只有典型电压控制器时的仿真结果也在图 8.9 中给出。在这种情况下，瞬变负载转移控制器被旁路，图 8.1 中的 i_{load} 和 i_{dd_out} 信号没有用作反馈信号，因此旁路低通滤波器和蓄电池充/放电控制器，去掉 L_{dd_out}，DC/DC 变换器只用电压控制器来控制。从图 8.9 可以看出，PEMFC 系统无法起动直流电机。因此，在图 8.6 所示的直流负载瞬变情况下，需要采用电流环。

图 8.10 和图 8.11 所示为 PEMFC - 蓄电池系统在交流负载瞬变（见图 8.7）下的仿真结果。图 8.10 给出了电流参考信号（I_{ref}）和蓄电池输出电流，而相应的 PEMFC 输出电流和电压由图 8.11 给出。从图中可以看出，负载转移技术在交流负载瞬变时也行之有效，而且，PEMFC 的输出电压和电流从空载状态平滑变化到稳态负载状态。在这种情况下，燃料电池的输出电流纹波约为 5.5%，电压纹波约为 2%，都在可以接受的范围内。

8.4.2.2　SOFC 系统

SOFC - 蓄电池系统在直流负载瞬变下（见图 8.6）的响应由图 8.12 和图 8.13

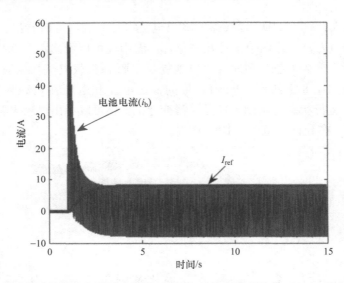

图 8.10　图 8.7 所示的交流负载瞬变情况 PEMFC 的控制参考信号（I_{ref}）和电池电流（i_b）

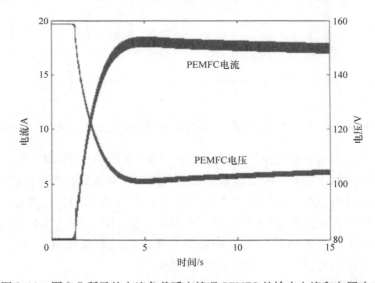

图 8.11　图 8.7 所示的交流负载瞬变情况 PEMFC 的输出电流和电压响应

给出。低通滤波器的截止频率也被设为 0.1 Hz，阻尼系数设为 1。图 8.12 给出了 SOFC 系统在负载瞬变时的电流参考信号（I_{ref}）、蓄电池电流（i_b）和变换器的输出电流（i_{dd_out}），可以看出 i_{dd_out} 很好地跟随电流参考信号（I_{ref}）。相应的 SOFC 堆的输出电流和电压如图 8.13 所示，从图中可以看出，SOFC 的输出电压和电流在负载瞬变过程中平滑变化。SOFC 堆被控制为只向负载输出稳态电流，而蓄电池则提供负载的瞬变分量。燃料电池的输出电压和电流纹波都在可接受的范围内。

　　图 8.14 和图 8.15 给出了 SOFC 系统在如图 8.7b 所示的交流负载瞬变时的仿

真结果。由图 8.14 给出的电流参考信号（I_{ref}）和蓄电池输出电流（i_b）可以清楚地看出蓄电池提供负载的瞬变分量，而电流参考信号（DC/DC 变换器）平滑上升到其稳态值，结果是 SOFC 输出电流和电压（见图 8.15）从空载状态平滑切换到其稳态值。SOFC 堆的输出电流和电压纹波在这种情况下也非常小。

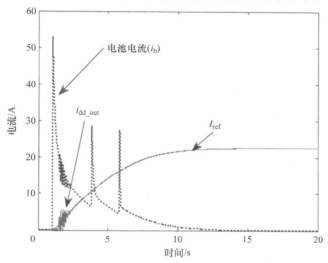

图 8.12　在图 8.6 所示的负载瞬变情况下 SOFC 的电流控制器的参考信号
（I_{ref}）、电池电流（i_b）和变换器的输出电流（i_{dd_out}）

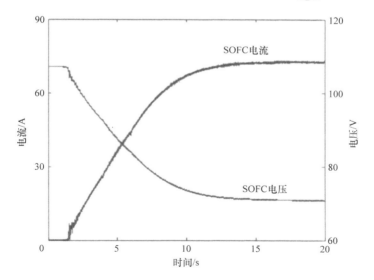

图 8.13　图 8.6 所示的直流负载瞬变情况下 SOFC 输出电流和电压的响应

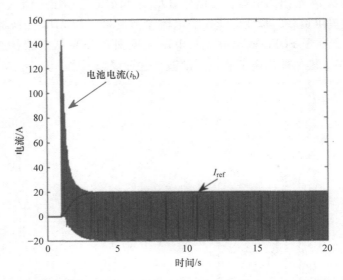

图 8.14　交流负载瞬变情况下 SOFC 的控制参考信号（I_{ref}）和电池电流（i_b）

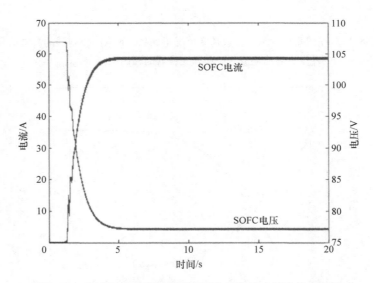

图 8.15　交流负载瞬变情况下 SOFC 的输出电流和电压响应

8.4.3　蓄电池充/放电控制器

当蓄电池电压超出允许范围（±5% 的额定值）时，蓄电池的充/放电控制器（见图 8.1 和图 8.4）将开始工作，使蓄电池电压重新回到允许范围。实际中，蓄电池在负载瞬变后通常需要充电，这是因为蓄电池向负载提供瞬变功率和蓄电池的自放电特性通常会导致蓄电池的电压下降。如果蓄电池的电压降到预设值（95%的蓄电池额定电压）以下，充/放电控制器开始工作，给蓄电池充电。同样地，如果蓄电池的电压高于它的预设上限值（105%的蓄电池额定电压），充/放电控制器将进入放电模式，使蓄电池的电压下降到接近于额定值。

本节给出了 SOFC - 蓄电池系统在直流电机负载瞬变（见图8.6）后蓄电池充电的仿真结果。

图8.16 给出了蓄电池的电压和燃料电池电流控制器在施加到燃料电池 - 蓄电池系统的负载瞬变后的额外电流参考（图8.1的 I_{ref2}）。在施加负载之前，蓄电池电压接近于其下限值（220V的95%，即209V）。在负载瞬变期间，蓄电池电压下降到低于209V，结果蓄电池充/放电控制器开始工作，产生一个新的 I_{ref2} 值。额外电流参考被加到从电流滤波器产生的电流参考（I_{ref1}）上，形成电流控制器（见图8.1）的新的电流参考信号（I_{ref}）。值得注意的是，作为新的参考电流（I_{ref2}）的结果，燃料电池开始给蓄电池充电，蓄电池的电压上升到它的额定值附近。

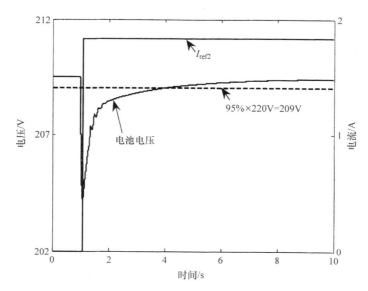

图8.16　当电池充电时电池电压和额外电流参考（I_{ref2}）的曲线

图8.17 给出了负载瞬变电流、总电流参考信号（I_{ref}）、滤波器输出的电流参考信号（I_{ref1}）、蓄电池电流（i_b）和相应的变换器输出电流（i_{dd_out}）。从图8.16和图8.17 可以清楚地看到，在负载瞬变的过程中，蓄电池承担瞬变负载的供电（蓄电池放电），参考电流（I_{ref1} 和 I_{ref}）缓慢上升使燃料电池电流在给蓄电池充电的同时达到其稳态值。这种燃料电池电流平滑的切换对于改善燃料电池的可靠性和耐用性是必不可少的。

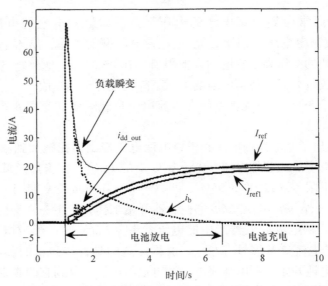

图 8.17　电池充放电时的负载瞬变信号、总电流参考信号（I_{ref}）、低通滤波器
输出信号（I_{refl}）及相应的变换器的输出电流（i_{dd_out}）

8.5　总结

本章提出了应用于燃料电池-蓄电池发电系统的负载瞬变转移控制策略。控制策略包括一个 DC/DC 变换器的电流控制器和一个用来保持蓄电池电压在期望范围内的蓄电池充/放电控制器。有负载瞬变期间，燃料电池被控制为向负载提供稳态功率，而蓄电池则提供负载瞬态功率。

PEMFC 和 SOFC 系统在不同负载瞬变下的仿真研究结果表明，通过控制，燃料电池电流可以根据需要从一个稳态工作点平滑切换为另外一个稳态工作点，同时，蓄电池承担瞬态负载。对蓄电池进行适当的充电和放电可以使其电压保持在预先指定的范围内。

参 考 文 献

[1] C. Wang, M.H. Nehrir, and S.R. Shaw, Dynamic models and model validation for PEM fuel cells using electrical circuits, *IEEE Transactions on Energy Conversion*, 20 (2), 442–451, 2005.

[2] R.S. Gemmen, Analysis for the effect of inverter ripple current on fuel cell operating condition, *Transactions of the ASME—Journal of Fluids Engineering*, 125 (3), 576–585, 2003.

[3] J.C. Amphlett, E.H. de Oliveira, R.F. Mann, P.R. Roberge, and A. Rodrigues Dynamic interaction of a proton exchange membrane fuel cell and a lead-acid battery, *Journal of Power Sources*, 65, 173–178, 1997.

[4] D. Candusso, L. Valero and A. Walter, Modelling, control and simulation of a fuel cell based power supply system with energy management, Proceedings, 28th Annual Conference of the IEEE Industrial Electronics Society (IECON 2002), 2, 1294–1299, 2002.

[5] J. Larminie and A. Dicks, *Fuel Cell Systems Explained*, Wiley, Chichester, UK, pp. 362–367, 2001.

[6] F.Z. Peng, H. Li, G. Su, and J.S. Lawler, A new ZVS bidirectional DC–DC converter for fuel cell and battery application, *IEEE Transactions on Power Electronics*, 19 (1), 54–65, 2004.

[7] K. Acharya, S.K. Mazumder, R.K. Burra, R. Williams, and C. Haynes, System-interaction analyses of solid-oxide fuel cell (SOFC) power-conditioning system, Conference Record of the 2003 IEEE Industry Applications Conference, 3, 2026–2032, 2003.

[8] S.K. Mazumder, K. Acharya, C.L. Haynes, R. Williams Jr., M.R. von-Spakovsky, D.J. Nelson, D.F. Rancruel, J. Hartvigsen, and R.S. Gemmen, Solid-oxide-fuel-cell performance and durability: resolution of the effects of power-conditioning systems and application loads, *IEEE Transactions on Power Electronics*, 19 (5), 1263–1278, 2004.

[9] C. Wang and M.H. Nehrir, A physically-based dynamic model for solid oxide fuel cells, *IEEE Transactions on Energy Conversion*, 22 (4), 887–897, 2007.

[10] Z.M. Salameh, M.A. Casacca and W.A. Lynch, A mathematical model for lead-acid batteries, *IEEE Transactions on Energy Conversion*, 7 (1), 93–98, 1992.

[11] H. Louie and K. Strunz, Superconducting magnetic energy storage (SMES) for energy cache control in modular distributed hydrogen-electric energy systems, *IEEE Transactions on Applied Superconductivity*, 17 (2), 2361–2364, 2007.

[12] S.M. Schoenung and W.V. Hasssenzal, Long- vs. Short-Term Energy Storage Technologies Analysis: A life-Cycle Cost Study for the U.S. Department of Energy-Energy Storage Systems Program, *Report SAND2003-2783*, Sandia National Laboratories, Albuquerque, NM, 2003.

[13] C. Wang and M.H. Nehrir, Load transient mitigation for stand-alone fuel cell power generation systems, *IEEE Transactions on Energy Conversion*, 22 (4), 864–872, 2007.

[14] D. Linden (editor), *Handbook of Batteries*, 2nd edn, McGraw-Hill, New York, 1995.

[15] N. Mohan, T.M. Undeland, and W.P. Robbins, *Power Electronics—Converters, Applications and Design*, Wiley, Hoboken, NJ, 2003.

[16] J. Van de Vegte, *Feedback Control Systems*, 3rd edn, Prentice-Hall, NJ, 1994.

[17] D.W. Hart, *Introduction to Power Electronics*, Prentice-Hall, Upper Saddle River, NJ, 1997.

[18] R.D. Middlebrook, Small-signal modeling of pulse-width modulated switched-mode power converters, *Proceedings of the IEEE*, 76 (4), 343–354, 1988.

第9章 基于混合燃料电池的能源系统案例研究

9.1　引言

随着能源消耗的不断增加，化石燃料成本的飙升和可耗尽性，以及人们对全球环境的进一步关注，替代能源分布式发电（AEDG）的研究成为热点，例如以绿色可再生能源、微型燃气轮机（MT）和燃料电池（FC）为基础的发电系统。风能与太阳能光伏（PV）发电是最有前途的可再生能源发电技术，其发展势头已经超过了曾经对其做出的最乐观的预测。

燃料电池是一种清洁高效的发电来源。可再生能源发电技术已经展现出在未来成为发电关键技术的巨大潜力，这得益于其具有的众多的优点，如效率高，污染气体的低排放甚至零排放，灵活的模块化结构等。然而，目前上述技术作为一个独立的能量来源，均无法高效利用成本或实现完全可操作性。风能和太阳能高度依赖于气候，而燃料电池和微型燃气轮机技术还没有成熟，它们的成本目前太高，无法验证它们的广泛使用的可能性。此外，目前绝大多数的燃料电池和微型燃气轮机依然需要以化石能源为基础的燃料，例如天然气。不过，正如第1章中所解释的，燃料电池运行所需的氢气可以由风能－太阳能发电过程中生产。

不同的替代能源分布式发电的来源可以不同程度地彼此补足。一般而言，多来源混合式替代能源分布式发电系统相比于单一能源发电系统来说，在提供更加高质和更加可靠的电能方面具有更大的潜力。正是出于这个原因，混合能源系统已经引起全世界的关注与研究[1-34]。当然，每一种混合系统都需要一个适合的控制策略来管理（优先级排序）系统中不同的替代能源分布式发电的来源。如图9.1所示，混合能源系统可以按照不同的替代能源分布式发电的来源与储能装置进行多种组合。在混合系统中，风能和太阳能是多被使用到的可再生能源。燃料电池和微型燃气轮机在混合能源系统、更加可靠的电能供应以及热电联产供应等应用中具有一定的潜力。如燃气轮机、柴油发电机等一般的分布式发电来源也可以与燃料电池或风能－光伏发电系统共同使用，以此来提高系统的性能和可靠性。

可以作为一个孤岛（独立运行）或是连接到公用电网（并网运行）替代能源分布式发电的一种或一组来源以及其相关负荷、储能装置、配电系统被称为微网。由于不同的替代能源分布式发电来源有不同的运行特点，这就需要具有一个明确的、标准化的流程来连接到微网中，以增进它们即插即用的运行能力。从计算机科学和技术领域中借用的广泛应用的概念——即插即用，在这里代表着一种装置（分布式发电、储能系统或可控负荷）可以被添加到现有的系统（微网）而不需要重新配置系统以执行其设计功能，即发电、储能以及负荷控制的能力。为了实现一个分布式发电系统即插即用的功能，对合理的系统架构和适当的接口电路（又称电力电子结构单元（PEBB））的需求可能是必然的[10]。

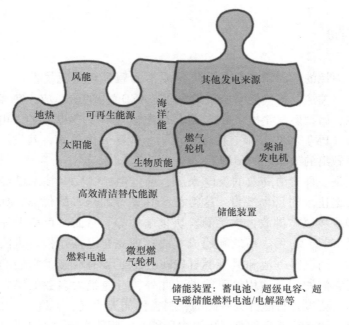

储能装置：蓄电池、超级电容、超
导磁储能燃料电池/电解器等

图 9.1　不同种类的替代能源可以应用在一个混合能源系统

　　在本章中，首先针对混合系统结构、系统集成问题与混合热电联产系统进行
了一般性的讨论，并给出了两个具有燃料电池的混合替代能源系统的案例研究。

　　在第一个案例研究中，第 3 章中提出的 PEMFC 模型应用在一个独立运行的混合
风能 – 光伏 – 燃料电池储能系统的设计中。由于风能和太阳能具有间断性，独立运行
的风能或太阳能能源系统通常需要储能装置或一些其他的发电来源。储能装置可以是
一个电池组、超级电容组、超导磁储能系统（SMES）、压缩空气系统、液流电池、
燃料电池 – 电解器（或再生燃料电池）系统等，也可以是上述几种的组合。

　　在第二个案例的研究中，第 4 章中构建的 SOFC 模型用来评估 SOFC 在热电联
产运行模式中的整体效率。

9.2　混合电子接口系统

　　有几种方法可以将不同的替代能源集成在一起，形成一个混合系统。这些方
法一般可分为两类：直流耦合系统和交流耦合系统。后者可进一步分为工频交流
（PFAC）耦合系统和高频交流（HFAC）耦合系统。以下对这些方法做简要介绍。

9.2.1　直流耦合系统

　　如图 9.2 所示，在直流耦合的结构中，不同的替代能源通过适当的电力电子
（PE）接口电路连接在一个直流母线上。直流电通过一个 DC/AC 逆变器变换成
60Hz（或 50Hz）的可以通过设计或控制实现双向流动的电流。如果具有直流负

载，则可以直接连接到直流母线，或者通过 DC/DC 变换器得到适合直流负载的直流电压。系统可以为交流负载供电（连接在交流母线上），或者接入到公用电网中。直流耦合方式简单且在汇集不同能源时不需要进行同步。但是，这种耦合方式也具有缺点，例如，如果系统中的 DC/AC 逆变器出现故障，那么整个系统将无法供应交流电。为了避免这种情况，可能需要几个较低功率等级的逆变器并联接入，但这种情况下，就需要对不同变换器的输出电压进行同步，如果系统与电网相连，还需要与电网进行同步。为了实现不同逆变器之间的负载分配，还需要一个合适的功率分配控制方案。直流耦合系统和下面将讨论的交流耦合系统的比较，见表9.1。

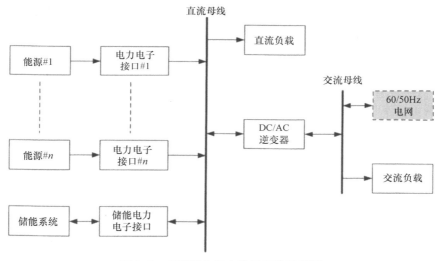

图 9.2   直流耦合混合能源系统示意图

表 9.1   混合能源系统中直流耦合系统方案和交流耦合系统方案的比较

耦合方式	优点	缺点
DC[1,2,12,29,30]	1. 系统结构简单 2. 无需同步 3. 如果使用大地作为电路路径，就可以进行单线连接	1. 不标准的直流电压等级可能导致兼容问题和更高的维护费用 2. 如果 DC/AC 逆变器出现故障，整个系统将无法提供交流电，为了避免这种情况，可能需要使用多个较低功率的逆变器
PFAC[29,31,32]	1. 可靠性高。如果能量来源中的一个出现故障，这一部分可以被隔离，而不影响其他部分 2. 适合并网 3. 标准的接口和模块结构 4. 便于多电压和多终端匹配	1. 需要同步 2. 需要功率因数校正和谐波畸变矫正

（续）

耦合方式	优点	缺点
HFAC[29,33,34]	1. 高次谐波容易滤除 2. 效率提高 3. 适合应用于 HFAC 负载 4. 由于高频运行，变压器和滤波器的物理尺寸和重量可以变得更小（相比于它们工频所对应的）	1. 控制复杂 2. 高频运行导致更高的组件和维护成本 3. 依赖于未来电力电子的进步 4. 注重电磁兼容问题

9.2.2 交流耦合系统

交流耦合可以分为两种：工频交流（PFAC）耦合系统和高频交流（HFAC）耦合系统。PFAC 耦合系统的方案如图 9.3a 所示，其中不同的能量来源使用各自的电力电子接口电路汇集到一个工频交流母线上。在电力电子电路与交流母线之间可能需要耦合电感以实现电能流动的管理。

HFAC 耦合系统的方案如图 9.3b 所示，在这一方案中，不同的能量来源耦合到一个连接有 HFAC 负载的 HFAC 母线上。这种结构已经应用在具有 HFAC（例如 400Hz）负载的场合，如飞机、船舶、潜艇以及在空间站中的应用。

HFAC 结构中同样包含一个 PFAC 母线（通过一个 AC/AC 变换器），一般的交流负载则可以连接在上面。无论是 PFAC 系统还是 HFAC 系统，都可以通过 AC/DC 整流器获得直流电。

不同的耦合方案具有其各自适合的应用场景。直流耦合是最简单也是最早的一种能量汇集形式，在一定程度上也可以模块化。特别地，直流耦合系统接口电力电子结构模块的使用使其更具有模块化的特性。PFAC 的连接方式也具有模块化的特性，适合并网运行。HFAC 耦合方式更加复杂，更适合于具有 HFAC 负载的场合应用。表 9.1 总结了每种耦合方案的优缺点。

9.2.3 不同于并网系统的独立运行系统

一个混合替代能源系统既可以独立运行也可以并网运行。对于独立运行的应用，系统需要具有足够的储能能力来解决替代能源引起的电能波动问题。这种形式的系统可以看作是一个独立运行（孤岛）的微网[35]。对于并网运行的应用，在微网中替代能源分布式发电的来源既可以为本地负载供电，也可以向公用电网供电或从中获取电能。除了有功功率，一些分布式发电系统同意用来或调整来提供无功功率和对电网的电压支撑。如果是并网运行，由于电网可以作为系统后备，这些系统中储能装置的能力需求可能比较小。但是，当接入公用电网时，重要的运行和性能要求，例如电压、频率和谐波规定等问题就摆在系统面前[36]。

并网和独立运行的燃料电池发电系统在第 7 章和第 8 章分别进行了讨论。在本章中，将对独立运行的混合风能 - 光伏 - 燃料电池系统和 SOFC 系统热电联产运行的设计和仿真结果进行介绍。

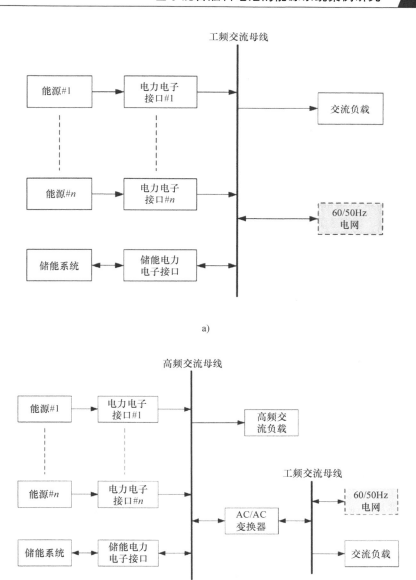

图 9.3　混合交流能源系统方案：a）PFAC；b）HFAC

9.3　热电混合运行模式下的燃料电池

热电联产（CHP）发电也称为废热发电，这种方式用来同时产生电能和通常表现为工业用热形式的有用热能。当燃料电池的废热重新用于空间加热或者通过如燃气轮机或微型燃气轮机联合循环运行模式发出更多的电能时，燃料电池在这种运行模式下就会更加高效。

高温燃料电池，例如 SOFC 和熔融碳酸盐燃料电池（MCFC），特别适合于热电联产运行。一个应用热电联产高温燃料电池发电厂运行的框图如图 9.4 所示。通过电力电子系统（PES），燃料电池发电厂成为电能用户的主要供电来源。燃料电池发电厂的高温废气（经过燃烧室后）用来推动一个微型燃气轮机，燃气轮机驱动一个压缩机为燃料电池和微型燃气轮机提供压缩空气。此外，如高速永磁同步发电机（PMSG），可以被燃气轮机驱动来产生额外的电能通过电力电子接口单元提供给用户。微型燃气轮机的废气通过一个换热器来加热空气。如图 9.4 所示，换热器废气中的剩余热量同样可以用于空间加热。

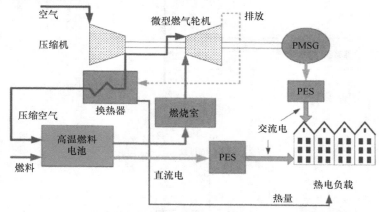

图 9.4 燃料电池 – 微型燃气轮机热电联产混合发电系统的框图

9.4 案例研究 I：风能 – 光伏 – 燃料电池混合式独立发电系统

在这一案例研究中，讨论了一个由风能、光伏、燃料电池和电解器组成的多来源的混合替代能源分布式发电系统。为了充分利用现有可再生能源，风能和光伏发电是系统的主要来源。燃料电池 – 电解器组合作为备用和长期储能系统。对于独立运行的应用，电池也被用于系统中的短期储能，以提供快速的瞬态和纹波能量。系统中不同的能量来源是通过一个交流总线连接汇集的。该案例中设计了一种能量管理策略，用于协调不同能源之间的能量流动。本节详细介绍了系统配置、能量管理策略、单元规格、发电机组的最大运行能力和仿真结果。

9.4.1 系统结构

图 9.5 展示了一个交流耦合的风能 – 光伏 – 燃料电池混合系统。在这个系统中，可再生的风能和太阳能是主要能量来源，而燃料电池 – 电解器组合是用来作为后备和储能系统的。这个系统可以看作是一个"绿色"发电系统，因为主要的能量来源和储能系统都是环境友好型的，系统既可以运行在独立运行模式，也可

以运行在并网模式。当风能或太阳能过剩时，电解器开启，开始生产氢气，这些氢气将输送到储氢罐中。如果储氢罐充满，多余的能量就必须传输到图9.5中未画出的其他的储能负载。当发电量不足时，燃料电池堆将开始利用储氢罐中的氢气产生电能，或者在储氢罐是空着的情况下，就使用备用储氢罐中的氢气。电池组仅仅用来为独立运行模式下快速的负载动态变化、纹波和尖峰提供瞬态功率。在并网运行时，电池组便可以从系统中移除，公用电网将会承担瞬态功率。不同的能量来源通过适当的电力电子接口电路连接在一个60Hz的交流母线上。如图9.5所示，系统可以很容易地进行扩展，即未来的能量来源可以随时加入到系统中。

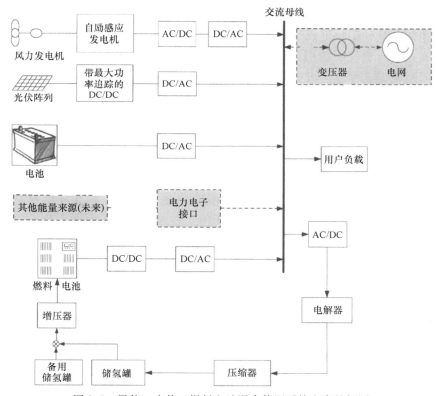

图9.5　风能 – 光伏 – 燃料电池混合能源系统方案的框图

　　可充电电池组是储能系统最常使用的一种形式。然而，可充电电池组也具有不足，到目前为止，电池的比能量（Wh/kg）还没有达到如电动汽车和外层空间应用等高能量密度应用场合的要求。表9.2给出了一个关于电池组和其他储能装置比能量的比较性总结。此外，电池组的使用周期也不尽如人意。例如，铅酸电池的典型循环使用寿命为500次深循环。如果一个系统具有规律的深度充放电循环，这种形式的电池组则不到两年就需要进行更换。

表 9.2　基于电池和基于燃料电池的储能系统的比能量[29,43,52]

形式	比能量/(Wh/kg)
铅酸电池	30 ~ 40
锂电池	130 ~ 140
镍镉电池	20 ~ 35
镍 – 金属氢化物电池	50 ~ 70
锌空电池	150 ~ 200
燃料电池 – 电解器	约 350
一体式再生燃料电池	>500

　　图 9.5 中，燃料电池组、电解器以及储氢罐的组合可以用来作为储能装置和后备发电系统。这种组合可以达到 300Wh/kg 甚至更高的比能量[49]。不仅如此，这种储能系统具有更长的使用周期。一种更加优化的解决方案就是利用再生燃料电池（RFC）堆，这种电池堆既可以像燃料电池一样运行，也可以像电解器一样运行。相比于一般的燃料电池 – 电解器组合，RFC 可以制作得更小、更紧凑。RFC 也称为一体式再生燃料电池（URFC），即燃料电池和电解器集成在一个单元中，且同一时刻只能按其中一种模式进行运行。URFC 的一种方案框图如图 9.6 所示。

　　一个 URFC 储能系统可以达到的比能量密度超过 500Wh/kg[50,51]，这比表 9.2 中所列出的任何一种商用电池系统都高出不少。尽管 URFC 的理论效率可以达到 80%，实际充放电的效率通常低于 45%，这比电池 80% 左右的充放电效率低了很多。但是，由于其非常高的比能量密度，URFC 在储能系统方面潜力巨大，特别是对储能系统的质量进行限制的应用中。

图 9.6　URFC 方案的框图

9.4.2　系统单元规格

　　本节讨论的单元规格问题是针对美国太平洋西北地区一个独立的混合住宅供电系统的，其结构如图 9.5 所示。这里的单元规格问题可以应用到其他应用场合（进行适当修改后）。

这个混合系统用来为五个家庭进行供电。在模拟研究中使用了参考文献［37］中给出的该地区的每一个家庭典型小时平均负荷需求概况。这五家的总负荷需求量如图9.7所示。一个50kW的风力机是可用于混合系统的。下面的单元规格计算是用来确定光伏阵列、燃料电池、电解器和电池的大小的。

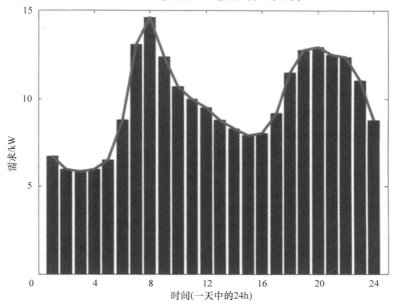

图9.7 美国太平洋西北地区五个家庭的小时平均需求量

通过本节，式（9.1）所定义的每种可再生能源系统的利用率将用来评估每种可再生能源作为来源的可行性：

$$k_{cf} = \frac{\text{长度为 } T \text{ 的时间周期的实际输出功率}}{\text{可再生能源系统的理论输出功率}} \tag{9.1}$$

在上式中，T 一般取为1年。对于参考文献［3，24］中所提供的风能和太阳能的数据，之前提出的用于蒙大拿州西南部的混合系统中的风力机（k_{cf_wtg}）和光伏（k_{cf_PV}）阵列的利用率分别为13%和10%。

单元规格计算的目的是最大限度地减少来源于可再生能源的发电功率（$\overline{P}_{gen}$）与在一段时间（1年）内的需求 $\overline{P}_{dem}$ 之间的差距。因此有

$$\Delta P = \overline{P}_{gen} - \overline{P}_{dem} = k_{cf\_wtg} \times P_{wtg,rated} + k_{cf\_PV} \times P_{PV,rated} - \overline{P}_{dem} \tag{9.2}$$

式中，$P_{wtg,rated}$ 是风力机发电的额定功率，$P_{PV,rated}$ 为光伏发电的额定功率。

如图9.7所示，24h的平均负荷需求为9.76kW。那么，根据式（9.3），光伏阵列的规格可以计算出为32.6kW。这里使用一个33kW的阵列，其信息已经在表9.3中给出。

$$P_{PV,rated} = (\overline{P}_{dem} - k_{cf\_wtg} \times P_{wtg,rated})/k_{cf\_PV} \tag{9.3}$$

　　燃料电池 – 电解器组合作为系统的储能装置。在没有风能和太阳能的情况下，燃料电池需要提供最高负荷需求。因此，如图 9.7 所示，所需燃料电池堆的大小为 14.6kW。留下一定裕量，这里使用一个 18kW 的燃料电池阵列。这一阵列是使用第 3 章中得到的 500W PEMFC 模型进行构建的。

　　电解器应该能够解决风能和太阳能产生的多余电量。最大可能的过剩功率为

$$P_{wtg,max} + P_{PV,max} - P_{dem,min} = 50 + 33 - 6.4 = 76.6 \text{kW} \tag{9.4}$$

　　风能和太阳能同时达到最大点且负荷的需求是最低点的可能性很小。根据参考文献［30］中给出的数据，剩余的可获取功率一般低于最大可能值的一半。因此，这里使用了一个 50kW 的电解器，这超过式（9.4）所给出的最大可能值的 60%。

　　电池容量可根据得到的负载侧瞬时功率性质的信息来确定。在这项研究中，使用了 10kWh 蓄电池。系统组成的详细参数见表 9.3。

表 9.3　提出的混合能源系统的组件参数

风能系统 – 风力机	
额定功率	50kW
切入速度（切出速度）	3m/s（25m/s）
额定速度	14m/s
叶片直径	15m
齿轮箱传动比	7.5
风能系统 – 感应发电机	
额定功率	50kW
额定电压	670V
额定频率	60Hz
光伏矩阵	
模块化单元	153 个电池，173W@1kW/m², 25℃
模块数	16×12=192
总矩阵额定功率	192×173≈33kW
燃料电池矩阵	
PEMFC 堆	500W
PEMFC 阵列	6×6=36
PEMFC 阵列额定功率	36×0.5 = 18kW
SOFC 堆	5kW
SOFC 阵列	2×2=4
SOFC 阵列额定功率	4×5kW=20kW
电解器	
额定功率	50kW
单元数	40（串联）
运行电压	60~80V
电池	
容量	10kWh
额定电压	400V

9.4.3 系统组件特性

为了为系统设计一种整体能量管理策略并进一步了解系统性能，使用 MAT-LAB/SIMULINK 得到了系统主要组件的动态模型[38]。包括了如下组件的模型：风能变换系统（WECS）、光伏、燃料电池，以及电解器。在本节中，将讨论上述系统组件的特性。

9.4.3.1 风能变换器系统模型

由风能提供的功率（P_{wind}）为

$$P_{wind} = \frac{1}{2}\rho A v^3 C_p \ (\lambda, \ \theta) \ (W) \tag{9.5}$$

式中，ρ 为空气密度（kg/m^3），A 为风力机叶片扫过的区域（m^2），v 为风速（m/s）。C_p 称为功率系数或风轮效率，这是叶尖速比（TSR 或 λ）与桨距角（θ）的函数[39,40]。

这一研究中考虑了变速变桨距风力机。图 9.8 给出了在这项研究中使用不同桨距角（θ）的风力机的 $C_p - \lambda$ 曲线簇[40]。图中值得注意的是，C_p 值可以通过改变桨距角来改变。换句话说，风力机的输出功率可通过控制桨距角进行调节。

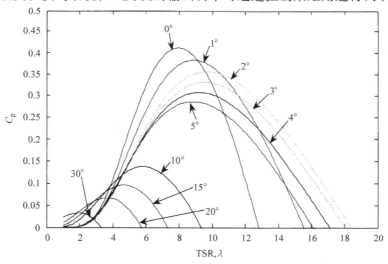

图 9.8　不同桨距角（θ）的风力机的 $C_p - \lambda$ 曲线簇

一种自励感应发电机（SEIG）模型[38,41,42]作为 WECS 模型的一部分进行推导和使用。SEIG 的额定值在表 9.3 中给出。

图 9.9 给出的为 WECS 输出功率与风速的关系。当风速高于风力机额定风速时，通过桨距角控制保持输出功率不变。当风速高于切出速度时，系统将退出运行。

9.4.3.2 光伏阵列模型

光伏效应是一个物理过程，太阳能可以直接转换为电能。一个太阳能光伏电

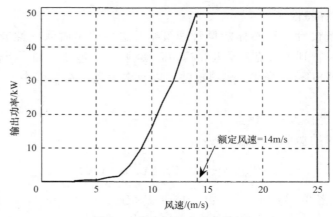

图 9.9　风力机输出功率特性

池的物理原理类似于经典的 PN 结二极管[43]。光伏电池的输出电压 V 与负载电流 I 之间的关系或模型可以表示为[18,43]

$$I = I_L - I_0 \left[\exp\left(\frac{V + IR_s}{\alpha} \right) - 1 \right] \tag{9.6}$$

式中，I_L 为光伏电池由于太阳照射产生的电流（A），I_0 为饱和电流（A），I 为负载电流（A），V 为光伏输出电压（V），R_s 为光伏电池的串联阻抗（Ω），α 为电池热电压时间持续因数（V）。

$$\alpha = A \times N_s \times \frac{kT}{q} \tag{9.7}$$

式中，A 为完整系数，N_s 为串联电池数，k 为玻尔兹曼常数（1.38065×10^{-23} J/K），q 为一个电子的电荷量（1.6022×10^{-19} C），T 为电池温度（K）。

本研究中在不同照度下（25℃）使用的光伏模型的 $I - V$ 特性曲线如图 9.10 所示[38]。太阳照度越大，短路电流（I_{sc}）越大，开路电压（V_{oc}）也越大。结果，更大的是太阳能光伏发电模型的输出功率。

温度在光伏发电性能中起着重要的作用，式（9.6）中的四个参数（I_L、I_0、R_s 和 α）都是温度的函数。温度对于光伏模型性能的影响在图 9.11 中进行说明。温度越低，光伏电池的开路电压和可能的最大功率就越大。

9.4.3.3　燃料电池与电解器模型

在第 3 章和第 4 章得到的燃料电池模型和在第 5 章得到的电解器模型可用于本研究中。在本案例研究中使用了 PEMFC 模型和电解器模型，在下一个案例研究中使用了 SOFC 模型。

9.4.4　系统控制

9.4.4.1　总体能量管理策略

系统需要能量管理策略来管理多源能源系统的不同能量之间的功率流。图 9.12

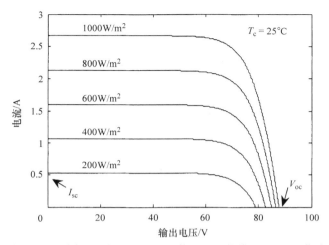

图 9.10　不同的照度下（25℃）使用的光伏模型的 $I - V$ 曲线

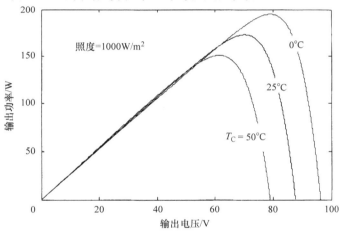

图 9.11　不同运行温度下光伏模型的 $P - V$ 特性曲线

给出了所提出的风能 - 光伏 - 燃料电池 - 电解器混合系统的总体能量管理策略的框图。

WECS 由桨距角控制器控制，以在不同风速下提供最大的可获得功率。光伏发电单元由最大功率点跟踪（MPPT）控制器控制，以在太阳照度变化时提供最大可用光伏功率。净功率（P_{net}）是风能和光伏产生的功率与负载需求之间的差异，这将决定燃料电池 - 电解器系统的运行状态。

$$P_{net} = P_{wind} + P_{PV} - P_{load} - P_{sc} \tag{9.8}$$

式中，P_{sc} 是自耗功率，即辅助系统组件（如冷却系统、控制单元和气体压缩机）所消耗的功率。在这种情况下，只考虑压缩机（P_{comp}）消耗的功率。

控制策略是当有过剩的风能 - 光伏发电功率（即 $P_{net} > 0$）时，这些能量被提供给电解器（P_{elec}）以产生氢气，这些氢气将通过气体压缩机输送到储氢罐。因

此，式（9.8）给出的能量守恒方程可以写为

$$P_{wind} + P_{PV} = P_{load} + P_{elec} + P_{comp}, \quad P_{net} > 0 \tag{9.9}$$

当发电出现能量不足（即 $P_{net} < 0$）时，燃料电池堆开始使用来自储氢罐的氢气为负载产生能量（P_{FC}）。这种情况下的能量守恒方程可以写为

$$P_{wind} + P_{PV} + P_{FC} = P_{load}, \quad P_{net} < 0 \tag{9.10}$$

更为详尽的功率控制器介绍已经在第 7 章中进行了讨论（见 7.3.2 节）。

9.4.4.2　风力机桨距角控制器

风力机发电（WTG）的桨距角控制器如图 9.12 所示，其中使用了两个 PI 控制器，如图 9.13 所示。这些控制器通过改变叶片桨距角来控制风力机叶片周围的风流，通过控制施加在风力机轴上的转矩来控制叶片桨距角。如果风速小于风力机额定风速，则桨距角在最佳值（本研究中为 2°）保持恒定。如果风速超过风力机额定风速，则控制器将计算参考功率与风力机输出功率之间的功率误差（ΔP）、测量的 SEIG 定子电频率与其额定频率间的频率误差（Δf）。这些误差信号用作 PI 控制器的输入，根据两个控制器的输出之和确定所需的桨距角。角度限制器模块限制最小和最大桨距角，桨距角变化率限制器模块限制桨距角的变化率。大多数现代风力机由巨大的风轮叶片组成，桨距角的变化率也将因此受到限制。桨距角的最大变化率通常为 3°/s～10°/s。

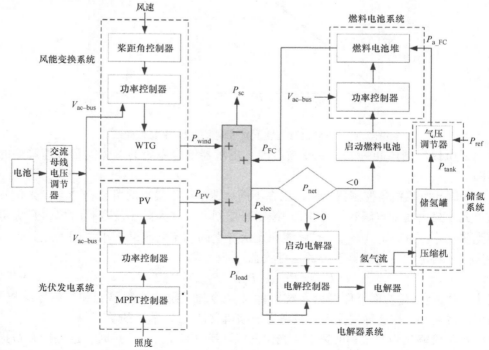

图 9.12　风能－光伏－电解器混合系统的总体能量管理策略的框图

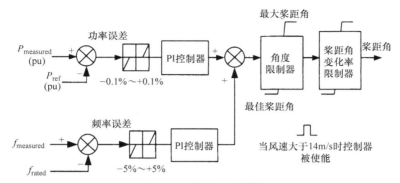

图 9.13　桨距角控制器

9.4.4.3　光伏最大功率点跟踪（MPPT）控制

虽然由于最近的技术发展，光伏阵列的资本成本正在下降，但与传统发电技术相比，光伏系统的初始投资仍然很高[48]。因此，从光伏阵列中获取最大功率是非常自然的愿景。

文献中提出了许多关于 MPPT 的技术，这些技术的总结在参考文献 [44] 中给出。主要方法可以分为①查表法；②扰动和观察法；③基于模型的计算方法。"基于模型的计算方法"类别中的两个主要技术是基于电压的 MPPT（VMPPT）技术和基于电流的 MPPT（CMPPT）技术。从它们的名字看，在 VMPPT 中，最大功率点是通过调整光伏阵列上的负载直到获得最大电压点为止获得的，而在 CMPPT 中，是利用光伏矩阵的最大短路电流来确定最大功率点[45]。在此设计中，采用 CMPPT 方法来获得正在研究的风能 – 太阳能 – 燃料电池混合系统最大功率。

CMPPT 的主要思想是，最大功率点的电流 I_{mp} 与短路电流 I_{sc} 具有很强的线性关系。I_{sc} 可以在不同的运行条件下在线测量或计算验证的模型。图 9.14 给出了在恒定温度下 I_{mp} 与 I_{sc} 的曲线。值得注意的是，I_{mp} 与 I_{sc} 具有非常好的线性关系，可以表示为

$$I_{\mathrm{mp}} = k_{\mathrm{cmppt}} \times I_{\mathrm{sc}} \qquad (9.11)$$

式中，k_{cmppt} 是用于控制 CMPPT 的比例常数。

光伏系统中使用的 CMPPT 控制方案（作为正在研究的混合系统的一部分）如图 9.15 所示。用式（9.11）计算出的 I_{mp} 的值作为参考信号控制降压 DC/DC 变换器，使得光伏系统的输出电流与 I_{mp} 匹配。同样，通过 PI 控制器，电流误差信号（$I_{\mathrm{PV,err}}$）用于产生功率角信号（θ），θ 用于产生逆变器的 $d - q$ 轴参考值：

$$V_{d,\mathrm{pu}} = \cos(\theta)$$
$$V_{q,\mathrm{pu}} = \sin(\theta) \qquad (9.12)$$

如第 7 章所述 $d - q$ 参考信号用于控制逆变器的功率流，以便将最大可用功率传送到图 9.15 中的交流母线上。

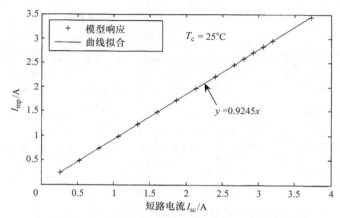

图 9.14　不同阳光照度下 I_{mp} 与 I_{sc} 的线性关系

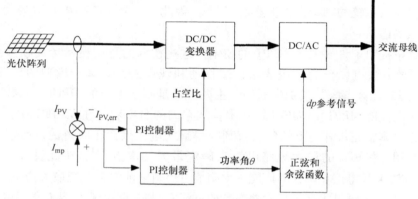

图 9.15　CMPPT 控制方案

9.4.4.4　交流母线电压调节器

交流母线电压调节器的框图如图 9.16 所示。如第 6 章和第 7 章所述，测量交流母线电压并通过"abc/dq 变换"模块将其变换为 $d-q$ 轴上的值（$V_{d,q}$），然后将 $V_{d,q}$ 与参考 dq 电压值（$V_{d,q(ref)}$）进行比较，将电压误差信号馈送到 PI 电压控制器，控制器输出通过"dq/abc 变换"模块变换回 abc 坐标控制信号。这些控制信号用于为逆变器开关产生适当的 SPWM 脉冲，从而产生变频器输出电压（交流母线电压）。

9.4.4.5　电解器控制器

电解器控制器的框图如图 9.17 所示。如第 5 章所讨论的，电解器可以被认为是电压敏感型非线性直流负载。对于额定范围内的给定电解器，施加到其上的直流电压越高，负载电流越大，产生的 H_2 越多。电解器控制器的功能是控制可控的 AC/DC 整流器以获得适当的输出直流电压（$V_{dc,elec}$），以便电解器可以充分利用多

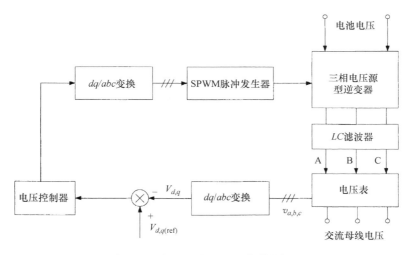

图 9.16　交流母线电压调节器的框图

余的风能 - 光伏发电功率来产生 H_2。例如，当过剩的可用功率增加时，控制器控制整流器给电子设备提供更高的直流电压（$V_{dc,elec}$）。如此一来，电解器（P_{elec}）消耗的功率将变得更大，与过剩的可用功率相匹配。

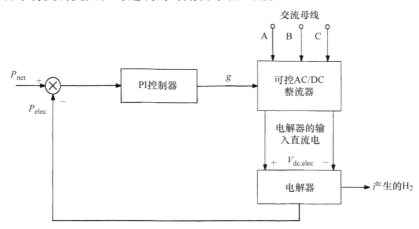

图 9.17　电解器控制器的框图

9.4.5　仿真结果

在 MATLAB/SIMULINK 中为风能 - 光伏 - 燃料电池 - 电解器能源系统开发的模拟系统测试可以用于评估其在不同环境条件（太阳能和风能可用性以及温度）下的性能。正如关于单元规格的部分所讨论的，该系统的设计是为了满足美国太平洋西北地区五个家庭的电力需求。在模拟研究中使用了从蒙大拿州鹿尔山区太平洋西北合作农业天气网络（AgriMet）附属气象站的在线记录，获得了小时平均住宅负荷需求曲线和实际天气数据[46]。2006 年 2 月 1 日收集的天气数据用于冬季情景研究。只要可以获取天气和负荷需求数据，就可以对其他情况进行模拟研究[38]。

使用以下表达式将 2m 高度收集的风速数据校正为风力机轮毂高度（假定为 40m）[24,47]:

$$W_{s1} = W_{s0}\left(\frac{H_1}{H_0}\right)^{\alpha} \tag{9.13}$$

式中，W_{s1} 是轮毂高度 H_1（m）处的风速（m/s），在高度 H_0（m）处的风速为 W_{s0}（m/s），风速校正指数为 α，如参考文献［24］和［47］所提出的，在本研究中 α 取为 0.13。

图 9.18 展示了 24h 内修正的小时风速曲线。小时太阳照度和空气温度数据分别绘制在图 9.19 和图 9.20 中。

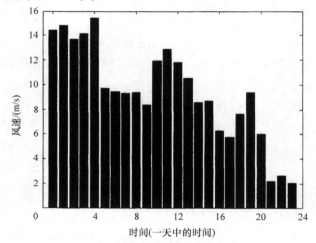

图 9.18　冬季情景模拟研究的风速数据

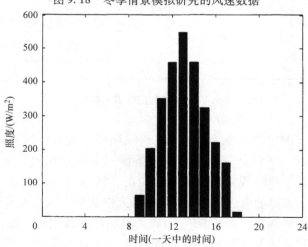

图 9.19　冬季情景模拟研究的太阳照度数据

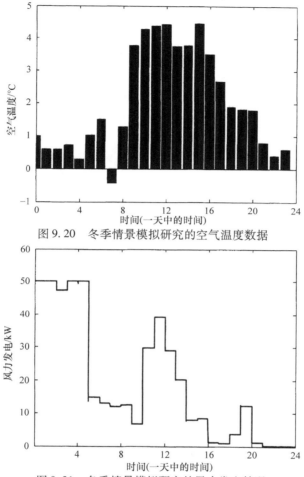

图 9.20　冬季情景模拟研究的空气温度数据

图 9.21　冬季情景模拟研究的风力发电情况

　　在 24h 的模拟周期内，混合系统的风能变换单元的输出功率如图 9.21 所示。当风速小于风力机切入速度 3m/s 时，不进行风力发电；当风速超过 14m/s 时，桨距角控制器将输出功率限制在 50kW（见图 9.9 和图 9.13）。对于 3 ~ 14m/s 之间的风速，风力产生的电能与风速的三次方成正比。

　　在 24h 的模拟周期内，光伏阵列的输出功率如图 9.22 所示。

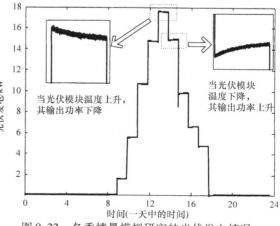

当光伏模块温度上升，其输出功率下降

当光伏模块温度下降，其输出功率上升

图 9.22　冬季情景模拟研究的光伏发电情况

光伏阵列输出功率由 CMPPT 控制器（见图 9.15）控制，以在不同的太阳照度下提供最大的输出功率。

如前所述，温度对光伏模块的性能起着重要的作用（见图 9.11）。图 9.23 显示了模拟期间的光伏发电的温度响应。用于确定光伏模块温度的两个主要参数是太阳照度（见图 9.19）和周围空气温度（见图 9.20），温度越高，光伏阵列的最大可用功率越低。图 9.22 和图 9.23 还显示了温度对光伏性能的影响。

当 $P_{net} > 0$ 时（见式（9.8）和式（9.9）），如图 9.24 所示，过剩的电能产生的 H_2 可用于电解

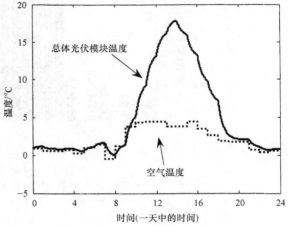

图 9.23　冬季情景模拟研究的光伏模块温度响应

器。图 9.25 显示了模拟期间的 H_2 产生速率。对应的施加到电解器的直流电压和电解电流如图 9.26 所示。过剩的可用功率 P_{net} 越大，电解器的直流输入电压越高，产生的 H_2 也就越多。

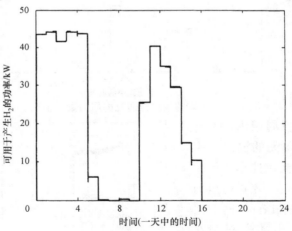

图 9.24　冬季情景模拟研究中可用于产生 H_2 的功率

当 $P_{net} < 0$ 时，风能和光伏发电量之和不足以满足负载需求。在这种情况下，燃料电池开始运行以弥补供电不足。图 9.27 显示了燃料电池堆提供的功率。

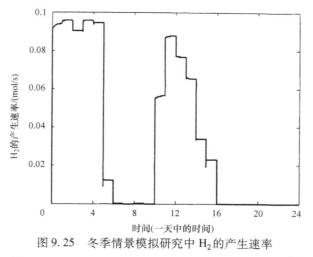

图 9.25   冬季情景模拟研究中 H_2 的产生速率

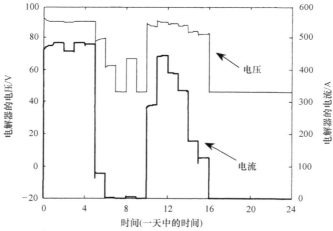

图 9.26   冬季情景模拟研究中的电解器电压和电流

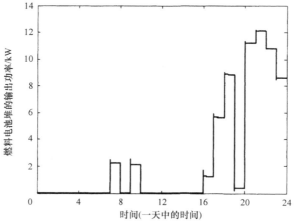

图 9.27   冬季情景模拟研究中燃料电池堆提供的功率

9.5　案例研究 II：混合运行模式 SOFC 的效率评估

经美国机械工程师协会（ASME）许可，本案例研究是摘录自参考文献［53］。贡献作者是 CM. Colson，M. H. Nehrir（蒙大拿州立大学波兹曼分校电气与计算机工程系）；D. Beibert（蒙大拿州立大学波兹曼分校化学与生物工程系）；M. R. Amin（蒙大拿州立大学波兹曼分校机械与工业工程系）；C. Wang（韦恩州立大学工程技术部）。

如第 2 章所述，SOFC 展示了混合运行模式的巨大潜力。混合 SOFC 应用包括联合循环（CC）系统和热电联产（CHP）系统，这是本案例研究的重点。在两种混合系统中，高温 SOFC 废气被用于进一步的能量提取，传统的 CC 系统在燃气轮机（GT）应用中最常见的是在热回收蒸汽发生器（HRSG）中回收未利用的涡轮废气热量，然后驱动次级涡轮发电机进行额外的电力生产。另一方面，CHP 系统，将 SOFC 废气用于住宅或商业供暖，蒸汽产生，或潜在的进一步电力生产等用途，从而提高效率。在本案例研究中，首先基于第 2 章介绍的热力学第一和第二定律，讨论 SOFC 的效率。然后，在没有热回收子系统的支持下，将检查 SOFC 气体燃料的热值与 SOFC 的电效率和传热潜力。最后，在 CHP 运行模式下，SOFC 整体效率将会提高。第 4 章提出的 SOFC 模型用于效率评估。

9.5.1　热力学定律与 SOFC 效率

用于开放系统（例如燃料电池）的热力学第一定律涉及流入/流出系统的焓流量与进入/离开系统的热流量和功流量之间的差异。第一定律的内容为[57]

$$\mathrm{d}Q - \mathrm{d}W + \sum_{\text{输入流}} \bar{n}_i \hat{H}_i = \sum_{\text{输出流}} \bar{n}_i \hat{H}_i \tag{9.14}$$

式中，$\mathrm{d}Q$、$\mathrm{d}W$ 和 $\hat{H}_i$ 分别表示系统热流量（J/s）、系统功流量（J/s）和第 i 个输入流或输出流的比焓（J/mol）。$\bar{n}_i$ 表示摩尔流速（mol/s）。如第 2 章所述，忽略每个能量流的动能和势能含量，系统焓可写为 $H = U + PV$，式中，H、U、V、P 分别是比焓、比内能、比容、压力。系统微分焓可写为

$$\mathrm{d}H = \mathrm{d}Q - \mathrm{d}W \tag{9.15}$$

式中，$\mathrm{d}H$、$\mathrm{d}Q$ 和 $\mathrm{d}W$ 是开放系统中的焓、热和功流量。在燃料电池系统内，$\mathrm{d}W$ 是输出电气功流的形式。

必须指出的是，虽然第一定律描述了能量的保存，但热量和功与焓基本上不同，前者代表能量转移进和转移出系统的模式。功和热量具有相同的单位，但不能简单地与表示系统的输入和输出能量流特性的焓相当。

根据热力学第二定律，系统的可逆（理想）热传递量由下式表示

$$\mathrm{d}Q_{\text{ideal}} = T\mathrm{d}S \tag{9.16}$$

式中，dQ_{ideal} 是热传递的能量的可逆速率（J/s），T 是温度（K），dS 是熵变（J/Ks）。

参考第2章，恒温过程中吉布斯能量的变化可写为

$$dG = dH - TdS \tag{9.17}$$

式中，dG 是吉布斯能量变化，其表示可以转换为有用功流量（输出电能）的系统能量的最大量。在 SOFC 的情况下，吉布斯能量是理论上可以从燃料 - 氧化剂反应中提取的最大电能量。

根据热力学第一定律，SOFC 效率由有用功（输出电能）与系统能量流（焓）之间的差值的比值描述。第一定律效率，或有时称为热效率，被定义为

$$\eta = \frac{有用功}{总焓变} \tag{9.18}$$

热力学的第二定律表示作为从系统到最大功流量的总功流量的比率的效率，这是进料（燃料和氧化剂）的吉布斯能量流与产物流之间的差异。

可以转换为功的最多能量与系统的吉布斯能量变化完全相同。因此，在燃料电池中发生的可逆等温反应的理想效率的表示是[54]

$$\eta_{ideal,electrical} = \frac{-吉布斯能量变化}{-反应焓变} \tag{9.19}$$

功潜力，也称为有效能，在完全可逆的系统中是可以留存的，但可以被不可逆转的过程损耗[55]。能量分析强调了热机与燃料电池之间的根本区别：热机将热量转移为有用的机械功，而作为电化学装置的燃料电池将化学能转换为电能。热机内的燃烧过程在很大程度上是不可逆转的，因此破坏了功潜力。在燃料电池中发生的电化学转化过程与纯燃烧过程不同，因为在前一过程中产生少量熵。

可以得出结论，燃料电池理想的电效率，如式（9.19）定义的，其将吉布斯能量的变化与焓反应的变化相关联，仅描述了燃料电池理想的电效率。然而，CHP应用中的燃料电池运行不仅利用了燃料电池产生的电力。由式（9.19）定义的理想电效率没有描述热力学系统的整体，可能不适合描述 CHP 应用。

SOFC 在不同负载条件下的电效率可以如下得到：

$$\eta_{electrical} = \frac{VI}{-\Delta H_{rxn}} \tag{9.20}$$

式中，V、I 是 SOFC 的输出电压和电流，ΔH_{rxn} 是焓流（J/s）。应注意，焓流表示施加到 SOFC 阳极的入口燃料种类的总焓流。焓流的使用在本节后面介绍。

影响电效率的 SOFC 运行的关键方面，如式（9.20）所定义，是被称为燃料利用率（FU）的运行属性。因为 SOFC 是直接能量转换装置而不是燃烧装置，在运行期间并不是所有可用的燃料都被消耗。事实上，在恒定燃料流动运行模式下，SOFC 所消耗的燃料量与其负荷需求直接相关，如图 9.28 所示。

因此，为了找到 SOFC 的真正理想电效率，仅适用于计算由 SOFC 转换的实际

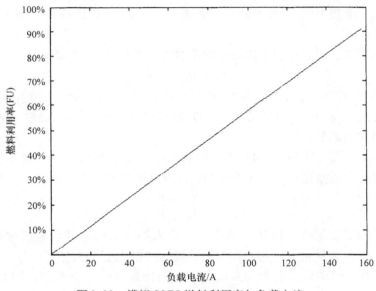

图 9.28　模拟 SOFC 燃料利用率与负载电流

燃料量的焓流，而不是输送到 SOFC 阳极的燃料质量进口总量。因此，式（9.20）被修改为包括 FU 百分比，如下所示：

$$\eta_{\text{electrical}} = \frac{VI}{(-\Delta H_{\text{rxn}})(\text{FU})} \tag{9.21}$$

式中，FU 是燃料利用率（%）。在第 4 章描述的 SOFC 模型中，应用恒定的燃料流量，但 FU 动态变化。

　　图 9.29 显示了在不同工作温度下模拟 SOFC 电效率与负载电流。数据显示，在较高的电流下，较少的能量以电能的形式转化为有用的功，然而，较高的温度运行对 SOFC 效率有利。在理想情况下，来自氢氧化剂反应的吉布斯能量的可用量随着温度升高而略微降低，但是实际情况表明，较高的温度提供更有利的热化学参数，其克服了吉布斯能量的降低。这种现象的特征在于，随着温度的升高，SOFC 实验改善了反应和质量传输速率，降低了电池电阻[56]。然而，随着负载电流的增加，SOFC 电效率下降，温度趋向上升。这种现象是由热化学响应引起的，如第 4 章所述，导致欧姆、浓度和充电效应电压损失。随着温度的上升，响应更高的负载（在 SOFC 额定值内），尽管电效率下降，在 CHP 运行模式下可以更好地利用更高的温度。由于 SOFC 内的燃料利用效应，在低负载电流下电效率不会变为零。实际上，在零电流下，FU 等于零，这导致未定义的零除以零效率值。要强调的是，图 9.29 所示的效率曲线仅仅是基于式（9.21），即仅仅是燃料电池（没有支持系统）。如后所述，如图 9.31 和图 9.32 所示，一个实用的燃料电池系统总是需要一些初始的支持能量来启动系统。换句话说，即使没有电力输出，实用的燃

料电池仍然消耗基本量的燃料来工作。在这种情况下，当负载电流为零时，效率为零，如图 9.32 所示。用于 SOFC 模型获得图 9.29 曲线的模拟参数见表 9.4。

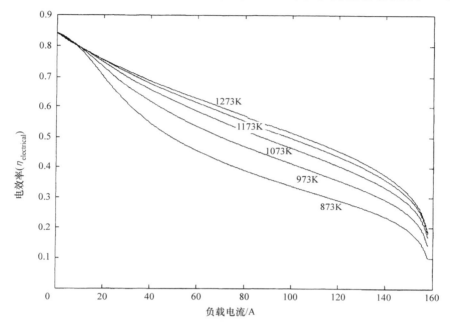

图 9.29   在不同工作温度下模拟 SOFC 电效率与负载电流

表 9.4   用于图 9.28 给出的仿真结果的 SOFC 参数

参数	值
电池堆的单元数	96
电池堆温度/K	873 ~ 1273
阳极输入压力/atm	1.1
阴极输入压力/atm	1.1
阳极 H_2 流量/(mol/s)	0.0096
阴极 H_2O 流量/(mol/s)	0.0001
氧化剂	无化学计量限制
工作模式	恒定燃料供应，利用率因为电化学和热条件而不同

当检查 CHP 工作中的 SOFC 时，吉布斯能量和排气热量必须结合，因为燃料电池将产生电能，并且从燃料电池废气利用传热来转换为有用功。对于 SOFC，由于传热而产生的功潜力被定义为[55]

$$dW_{\text{exhaust}} = \left(1 - \frac{T_{\text{sink}}}{T_{\text{fuel cell}}}\right) dQ_{\text{exhaust}} \qquad (9.22)$$

式中，dW_{exhaust} 是热机做功的速率（J/s），T_{sink} 是热机排放到环境的温度（K），$T_{\text{fuel cell}}$ 是燃料电池排气温度（K），dQ_{exhaust} 是排热流量（J/s）。

因此，对于任何规定的持续时间，可以通过将式（9.22）与吉布斯能量变化

199

相结合来测量燃料电池系统功潜力。因此，通过修改式（9.22）加入 $W_{exhaust}$ 可以写出高温燃料电池的理想效率表达式：

$$\eta_{ideal} = \frac{-\Delta G + [1 - (T_{sink})/(T_{fuel\ cell})]Q_{exhaust}}{(-\Delta H)(FU)} \tag{9.23}$$

式中，η_{ideal} 是理想的 SOFC 效率，在规定的时间内结合了理想的电气和理想的热回收效率组件，ΔG 是吉布斯能量的变化（J），ΔH 是系统的焓变（J）。

9.5.2 氢燃料热值

SOFC 中发生的燃料 - 氧化剂化学反应在第 2 章和第 4 章中给出。标准化的焓可用于确定燃料 - 氧反应的反应焓（也称为燃烧焓）。对于燃料电池中的反应，反应的标准焓由参考文献［57］确定：

$$\hat{H}^0_{rxn} = \sum_{产物} v_i \Delta \hat{H}^0_i - \sum_{反应物质} v_i \Delta \hat{H}^0_i \tag{9.24}$$

式中，$\hat{H}^0_{rxn}$ 是反应的标准焓变（J/mol）或反应热，v_i 是每种产物或反应物质的化学计量系数，$\hat{H}^0_i$ 是每种反应物质形成的标准热（J/mol）。在燃料电池内发生的氢氧化剂反应的标准反应焓取决于水的状态，液态（ - 285.84kJ/mol）或气态（ -241.83kJ/mol）[57]。

为了对诸如燃料电池的开放系统进行建模，计算焓流对于评估式（9.18）中描述的能量平衡是有用的。焓流定义为[58]

$$\Delta H_{rxn} = \sum_{产物} \bar{n}_i \hat{H}_i - \sum_{反应物质} \bar{n}_i \hat{H}_i \tag{9.25}$$

式中，ΔH_{rxn} 是开放系统的焓流（J/s），$\bar{n}_i$ 是产物或反应物质的摩尔流速（mol/s），$\hat{H}_i$ 是每种反应物质的比焓（J/mol）。

将燃料 - 氧化剂反应的反应焓称为热值。当使用纯氢作为燃料并与氧反应时，仅产生水。产物水的最终状态决定了在描述燃料的能量含量时使用的合适热值。如果反应物质为标准温度（通常为 25°C（298K）），较高的热值（HHV）是指燃料的能量含量。如果反应物质返回到在冷凝点附近产生气态水的温度（适用于系统压力），则较低的热值（LHV）是指燃料的能量含量[59]。LHV 表示与 HHV 相比较少的能量，因为不包括产物水从气体到液体的变化状态下释放的标准冷凝凝结焓（冷凝潜热）量。

在评估燃料电池时，关于哪个热值适合使用很有争论。在计算工作温度高的 SOFC 效率时，使用 HHV 可能不合适。在其入口和出口之间的工作温度在 600 ~ 1000℃范围内，在 SOFC 阳极产生的水将不会冷凝至液体状态，直到在燃料电池下游经受热传递。类似地，氢燃料的 LHV 可能不适合于 SOFC 应用，因为 SOFC 不在水的冷凝点附近的温度下操作。

使用其中一种或另一种的效果可能是违反直觉的，这引发了使用更高和更低热值的争论。HHV 表示在相同量的燃料中所含的较大的能量。因此，从燃料 - 氧气反应发展而来的能量的保守估计与更少量的能量（即 LHV）更一致。然而，当涉及效率计算时，由于热值为分母，参见式（9.19），燃料中所含能量的量越小，给定量的反应输出效率越高。式（9.19）中的焓值变化是温度的函数，它不能简单地用固定值表示。

9.5.3　SOFC 电效率

第4章提出的基于物理的动态 SOFC 模型有助于在 SOFC 内进行多个物理参数的建模。利用电压、电流和温度数据，可以对 SOFC 电效率进行建模，并且还可以利用气相热容量方程式在变化的工作条件下实时模拟 CHP 运行模式下的 SOFC 效率。

大多数文献仅针对电力生产来评估燃料电池性能，忽略了 CHP 配置下游的热回收[60,61]。图 9.30 给出了对于氢气 HHV（此时 H_2 的能量为 $-285.83kJ/mol$ 或 $-144.79MJ/kg$）和 LHV（此时 H_2 的能量为 $-241.83kJ/mol$ 或 $-119.96MJ/kg$）的 SOFC 电效率与 SOFC 动态模型（参见表 9.4 中给出的参数）负载电流的比较，根据式（9.20）获得。使用氢气 HHV 和 LHV 乘以消耗的氢气的摩尔流量（从模型获得），以获得式（9.20）中的分母。将这些结果与根据 SOFC 模拟数据计算的实际焓流进行比较，并在式（9.20）中使用。图 9.30 的目的是证明确定实际焓流的建模用途。这并不意味着 LHV 和 HHV 被广泛接受的一般燃料近似值的使用是无效的，相反，这说明了它们是如何支配 SOFC 的效率潜力的。

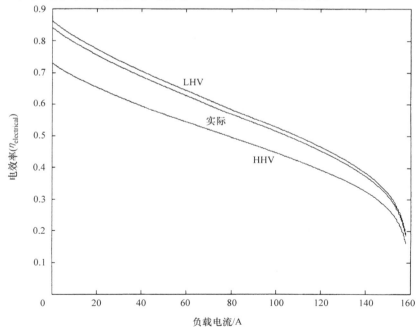

图 9.30　使用氢气 HHV 和 HLV 的 SOFC 堆模型电效率之间的比较，
以及在 1273K 下实际 SOFC 工作参数的计算焓流

从图 9.30 可以清楚地看出，SOFC 电效率与 HHV 或 LHV 不一致，但如预期的那样，两者之间存在一定差异。这表明在除氢气 HHV 和 LHV 之外的温度下，在计算效率时使用任一值是不准确的。因此，可以在其实际工作温度下动态地确定 SOFC 的实际电效率。

9.5.4 混合热电联产运行模式 SOFC 的效率

在本节中，我们将 SOFC 作为一个简单的 CHP 系统中的子系统，包括所需的前端支持子系统。CHP 具有产生高温气体的电力和排气流的能力，可以进一步用于住宅/商业供暖，并用于涡轮机应用中进一步的电力生产[62]。然后不被热回收系统提取的能量被排放到环境中。图 9.31 显示了在 SOFC - CHP 系统内发生的能量转换流程的简化表示。燃料能量和外部能量来源是系统的输入。电力和热传输工作是系统的有用输出。通过直接利用一些 SOFC 排气来进行支持，可以提高整个系统的效率。

提出了一种用于热回收系统的简单可逆热机模型用于混合系统的分析。热机模型的工作原理是将热量传递给冷库。随着热传递的发生，一些功由热机执行。传热和做功的这种组合可以用于发电，预热 SOFC 入口气体，提供过程蒸汽或生产住宅热水等[63]。

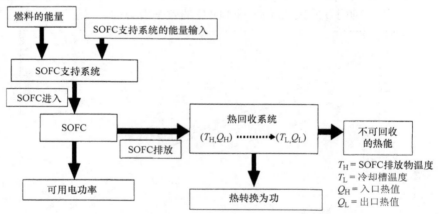

图 9.31 SOFC - CHP 系统的简化效率流模型

存在许多 CHD 过程，其利用来自热排气流的不同功提取方式。为了创建 SOFC - CHP 系统的热回收过程的广义模型，进行了一些简化。模拟热回收系统采用热 SOFC 排气，并将热量传递给冷库。随着热传递的发生，热回收系统将热能的 38% 转换为机械功。这是基于传统的 HRSG - 涡轮机系统效率的 30% ~ 40%[64]。在理想的卡诺热机中，系统功流量（dW）相当于输入焓流（dQ_{hot}）和输出焓流（dQ_{cold}）之间的差异。理想卡诺热机效率是系统功流量与净焓流量之比，如式（9.22）和式（9.23）的项操作所示。可以从热机中提取的最大功流量由卡诺极限限制。因此，对于这种简单的非理想热机模型，在 390K 的冷库参考和动态变化的热 SOFC 废气温度之间，只有可用的最大功流量的 38% 被转换为轴功。在热 SOFC 排气为 1273K 的静态实例中，38% 的模型热机效率与理想的卡诺效率相比保持在 69.3%。基于其在排气质量流量内的浓度计算每个 SOFC 废气产物的初始热含量。因为比热容是复合的并且是温度的函数，所以参考文献［65］的气相热容量方程在式（9.26）中用于确定随着 SOFC 工作温度在变化的负载条件下变化时，每个排气产物（$c_{p,i}$）的比热。SOFC 废气的总热量根据总和计算：

$$dQ_{exhaust} = \sum_i \left\{ \int_{T_{sink}}^{T_{fuel\ cell\ exhaust}} [\overline{n}_i c_{p,i}(T) dT] \right\} \tag{9.26}$$

式中，$dQ_{exhaust}$ 是排气热量（J/s），$\overline{n}_i$ 是各排气产物的摩尔流速（mol/s），$T_{fuel\ cell\ exhaust}$ 是 SOFC 排气产物的温度（K），T_{sink} 是冷却槽温度（K），$c_{p,i}$ 是排气物质的比热容(J/(mol·K))。

为了模拟支持 SOFC 运行所需的支持子系统，使用集总模型。假设初始反应物处于环境温度（298K）。假设压缩和预热过程为约 70% 的效率（基于热力学第一定律）。需要改进的支持子系统模型来更准确地对 SOFC - CHP 运行进行效率评估。

使用支持和热回收系统模型，进行模拟以确定可以从燃料电池提取多少额外的功。图 9.32 显示了 SOFC 的电效率与 SOFC - CHP 系统的电效率的比较，两者都包含了在调节 SOFC 运行的入口气体时损失的能量。结果表明，低负载时运行效率低下。SOFC 运行的原理是将氢燃料中所含的能量部分转换成电力。仍然需要大量来自外部来源的输入能量来支持轻负载时的 SOFC 运行。在低电力负载下，这种能量远远超过电力输出和热回收的好处。然而，随着 SOFC 负荷的增加，输出电力上

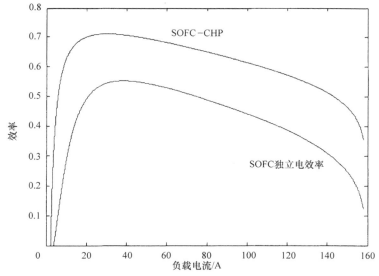

图 9.32　SOFC 独立电效率和 SOFC - CHP 系统（包括输入物质预处理支持）效率的比较。在模拟中使用表 9.4 中给出的参数

升到与热回收增益相结合的水平，远远超过支持 SOFC 运行所消耗的能量。

图 9.32 的目的是将 SOFC 独立系统与 SOFC – CHP 系统进行对比。在关于燃料电池能力的文献中，当呈现燃料电池的电效率性能时，读者可能会混淆，燃料电池通常不考虑支持其运行所消耗的能量。然而，在图 9.32 中，SOFC 电效率显示为与在需要入口物质支持的实际独立系统中是一致的。该图强调了 SOFC 电气和 SOFC – CHP 系统效率之间的差异，特别是在低负载下。虽然 SOFC 确实将燃料能量有效地转化为电能，但由于在高温下维持 SOFC 运行所消耗的大量能量，所产生的电能显著抵消了电能。SOFC – CHP 混合运行利用了本来会损失到环境中的能量，并使 SOFC 运行更有可能将燃料转化为有用的功。在图 9.32 中可以看出，CHP 过程对 SOFC 系统的总体能量转换能力有利。

从 5kW SOFC 模型（见第 4 章）在满载（100A）下获得的电效率约为 50%，而 CHP 效率约为 70%。图 9.32 给出的仿真结果表明，将如 SOFC 的高温燃料电池与 CHP 热回收系统相结合可以使从入口燃料中提取的能量最大化，并且可以显著提高效率。

9.6 总结

在本章中，给出了混合系统配置和系统集成的概述。进行了混合风能 – PV – FC 能源系统的案例研究；给出并讨论了能量管理系统的配置和控制策略，并利用实际天气数据和实际负载曲线对模拟研究结果进行了介绍。结果表明，混合系统可以通过适当的控制和能量管理方案实现所需的性能。

在另一个案例研究中，评估了 CHP 运行模式下混合 SOFC 系统的效率。仿真结果表明，将如 SOFC 的高温燃料电池与 CHP 热回收系统相结合可以最大限度地提高从入口燃料中提取的能量，并且可以显著提高效率。

参 考 文 献

[1] K. Agbossou, M. Kolhe, J. Hamelin, and T.K. Bose, Performance of a stand-alone renewable energy system based on energy storage as hydrogen, *IEEE Transactions on Energy Conversion*, 19 (3), 633–640, 2004.

[2] K. Agbossou, R. Chahine, J. Hamelin, F. Laurencelle, A. Anourar, J.-M. St-Arnaud, and T.K. Bose, Renewable energy systems based on hydrogen for remote applications, *Journal of Power Sources*, 96, 168–172, 2001.

[3] D.B. Nelson, M.H. Nehrir, and C. Wang, Unit sizing and cost analysis of stand-alone hybrid wind/PV/fuel cell power generation systems, *Renewable Energy*, 31 (10), 2006. 1641–1656,

[4] R. Lasseter, Dynamic models for micro-turbines and fuel cells, *Proceedings, 2001 PES Summer Meeting*, Vol. 2, 761–766, Vancouver, Canada, 2001.

[5] Y. Zhu and K. Tomsovic, Development of models for analyzing the load-following performance of microturbines and fuel cells, *Journal of Electric Power Systems Research*, 62, 1–11, 2002.

[6] S.R. Guda, C. Wang, and M.H. Nehrir, Modeling of microturbine power generation systems, *Electric Power Components and Systems*, 34 (9), 2006.

[7] K. Sedghisigarchi and A. Feliachi, Dynamic and transient analysis of power distribution systems with fuel cells—Part I: Fuel-cell dynamic model, *IEEE Transactions on Energy Conversion*, 19 (2), 423–428, 2004.

[8] K. Sedghisigarchi and A. Feliachi, Dynamic and transient analysis of power distribution systems with fuel cells—Part II: control and stability enhancement, *IEEE Transactions on Energy Conversion*, 19 (2), 429–434, 2004.

[9] S.H. Chan, H.K. Ho, and Y. Tian, Multi-level modeling of SOFC-gas turbine hybrid system, *International Journal of Hydrogen Energy*, 28 (8), 889–900, 2003.

[10] Henry Louie and Kai Strunz, Superconducting magnetic energy storage (SMES) for energy cache control in modular distributed hydrogen-electric energy systems, *IEEE Transactions on Applied Superconductivity*, 17 (2), 2361–2364, 2007.

[11] K. Strunz and E.K. Brock, Stochastic energy source access management: infrastructure-integrative modular plant for sustainable hydrogen-electric co-generation, *International Journal of Hydrogen Energy*, 31 (9), 1129–1141, 2006.

[12] H. Dehbonei, Power conditioning for distributed renewable energy generation, Ph.D. Dissertation, Curtin University of Technology, Perth, Western Australia, 2003.

[13] P.A. Lehman, C.E. Chamberlin, G. Pauletto, and M.A. Rocheleau, Operating experience with a photovoltaic-hydrogen energy system, *Proceedings, Hydrogen'94: The 10th World Hydrogen Energy Conference*, Cocoa Beach, *FL*, June 1994.

[14] A. Arkin and J.J. Duffy, Modeling of PV, electrolyzer, and gas storage in a stand-alone solar-fuel cell system, *Proceedings of the 2001 National Solar Energy Conference*, Annual Meeting, American Solar Energy Society, Washington, DC, 2001.

[15] L.A. Torres, F.J. Rodriguez, and P.J. Sebastian, Simulation of a solar-hydrogen-fuel cell system: results for different locations in Mexico, *International Journal of Hydrogen Energy*, 23 (11), 1005–1010, 1998.

[16] S.R. Vosen and J.O. Keller, Hybrid energy storage systems for stand-alone electric power systems: optimization of system performance and cost through control strategies, *International Journal of Hydrogen Energy*, 24 (12), 1139–1156, 1999.

[17] Th.F. El-Shatter, M.N. Eskandar, and M.T. El-Hagry, Hybrid PV/fuel

cell system design and simulation, *Renewable Energy*, 27 (3), 479–485, 2002.

[18] Ø. Ulleberg and S.O. Mørner, TRNSYS simulation models for solar-hydrogen systems, *Solar Energy*, 59 (4 6), 271–279, 1997.

[19] J.C. Amphlett, E.H. de Oliveira, R.F. Mann, P.R. Roberge, and A. Rodrigues. Dynamic interaction of a proton exchange membrane fuel cell and a lead-acid battery, *Journal of Power Sources*, 65, 173–178, 1997.

[20] D. Candusso, L. Valero, and A. Walter, Modelling, control and simulation of a fuel cell based power supply system with energy management, *Proceedings of the 28th Annual Conference of the IEEE Industrial Electronics Society (IECON 2002)*, Vol. 2, 1294–1299, Sevilla, Spain, 2002.

[21] M.T. Iqbal, Modeling and control of a wind fuel cell hybrid energy system, *Renewable Energy*, 28 (2), 223–237, 2003.

[22] H. Sharma, S. Islam, and T. Pryor, Dynamic modeling and simulation of a hybrid wind diesel remote area power system, *International Journal of Renewable Energy Engineering*, 2 (1), 2000.

[23] R. Chedid, H. Akiki, and S. Rahman, A decision support technique for the design of hybrid solar-wind power systems, *IEEE Transactions on Energy Conversion*, 13 (1), 76–83, 1998.

[24] W.D. Kellogg, M.H. Nehrir, G. Venkataramanan, and V. Gerez, Generation unit sizing and cost analysis for stand-alone wind, photovoltaic, and hybrid wind/PV systems, *IEEE Transactions on Energy Conversion*, 13 (1), 70–75, 1998.

[25] F. Giraud and Z.M. Salameh, Steady-state performance of a grid-connected rooftop hybrid wind-photovoltaic power system with battery storage, *IEEE Transactions on Energy Conversion*, 16 (1), 1–7, 2001.

[26] E.S. Abdin, A.M. Osheiba, and M.M. Khater, Modeling and optimal controllers design for a stand-alone photovoltaic-diesel generating unit, *IEEE Transactions on Energy Conversion*, 14 (3), 560–565, 1999.

[27] F. Bonanno, A. Consoli, A. Raciti, B. Morgana, and U. Nocera, Transient analysis of integrated diesel-wind-photovoltaic generation systems, *IEEE Transactions on Energy Conversion*, 14 (2), 232–238, 1999.

[28] T. Monai, I. Takano, H. Nishikawa, and Sawada, Response characteristics and operating methods of new type dispersed power supply system using photovoltaic fuel cell and SMES, *2002 IEEE PES Summer Meeting*, Vol. 2, 874–879, Chicago, Illinois, 2002.

[29] F.A. Farret and M.G. Simões, *Integration of Alternative Sources of Energy*, John Wiley & Sons, Inc., New York, 2006.

[30] Øystein Ulleberg, Stand-alone power systems for the future: Optimal design, operation and control of solar-hydrogen energy systems, Ph. D. Dissertation, Norwegian University of Science and Technology, Trondheim, 1998.

[31] P. Strauss and A. Engler, ac coupled PV hybrid systems and microgrids state

of-the-art and future trends, *Proceedings of the 3rd World Conference on Photovoltaic Energy Conversion*, Vol. 3 (12–16), 2129–2134, Osaka, Japan, May 2003.

[32] G. Hegde, P. Pullammanappallil, and C. Nayar, Modular ac coupled hybrid power systems for the emerging GHG mitigation products market, *Proceedings of the Conference on Convergent Technologies for Asia-Pacific Region*, Vol. 3 (15–17), 971–975, Bangalore, India, Oct. 2003.

[33] S.K. Sul, I. Alan, and T.A. Lipo, Performance testing of a high frequency link converter for space station power distribution system, *Proceedings of the 24th Intersociety: Energy Conversion Engineering Conference (IECEC-89)*, 1 (6–11), 617–623, Washington, D.C., Aug.1989.

[34] H.J. Cha and P.N. Enjeti, A three-phase ac/ac high-frequency link matrix converter for VSCF applications, *Proceedings of the IEEE 34th Annual Power Electronics Specialist Conference 2003 (PESC'03)*, 4 (15–19), 1971–1976, Acapulco, Mexico, June 2003.

[35] N. Hatziargyriou, H. Asano, R. Iravani, and C. Marnay, Microgrids, *IEEE Power and Energy Magazine*, 5 (4), 2007.

[36] IEEE Std 1547, *IEEE Standard for Interconnecting Distributed Resources with Electric Power Systems*, 2003.

[37] J. Cahill, K. Ritland, and W. Kelly, *Description of Electric Energy Use in Single Family Residences in the Pacific Northwest 1986–1992, Office of Energy Resources, Bonneville Power Administration,* Portland, OR, December 1992.

[38] C. Wang, Modeling and control of hybrid wind/photovoltaic/fuel cell distributed generation systems, Ph.D. Dissertation, Montana State University, Bozeman, MT, 2006.

[39] J.G. Slootweg, Wind power: modeling and impact on power system dynamics, Ph.D. Dissertation, Department of Electrical Engineering, Delft University of Technology, Delft, Netherlands, 2003.

[40] S. Heier, *Grid Integration of Wind energy Conversion Systems*, Wiley, New York, 1998.

[41] P.C. Krause, O. Wasynczuk, and S.D. Sudhoff, *Analysis of Electric Machinery*, IEEE Press, New York, 1995.

[42] E. Muljadi, C.P. Butterfield, H. Romanowitz, and R. Yinger, Self-excitation and harmonics in wind power generation, *Transactions of the ASME Journal of Solar Energy Engineering*, 127 (4), 581–857, 2005.

[43] M.R. Patel, *Wind and Solar Power Systems*, 2nd edn, CRC Press LLC, Boca Raton, FL, 2006.

[44] M.A.S. Masoum, H. Dehbonei, and E.F. Fuchs, Theoretical and experimental analyses of photovoltaic systems with voltage and current-based maximum power-point tracking, *IEEE Transactions on Energy Conversion*, 17 (4), 514–522, 2002.

[45] J.H.R. Enslin, M.S. Wolf, D.B. Snyman, and W. Swiegers, Integrated photovoltaic maximum power point tracking converter, *IEEE Transactions on Industrial Electronics*, 44 (6), 1997.

[46] AgriMet Historical Dayfile Data Access, Available at http://www.usbr.gov/pn/agrimet/webaghrread.html.

[47] P. Gipe, *Wind Power: Renewable Energy for Home, Farm, and Business*, Chelsea Green Publishing Company, White River Junction, VT, 2004.

[48] IEA Newsletter PV Power, Issue 26, Available at http://www.iea-pvps.org/pvpower/index.htm, June 2007.

[49] F. Mitlitsky, N.J. Colella, B. Myers, and C.J. Anderson, Regenerative fuel cells for high altitude long endurance solar powered aircraft, *Proceedings of the 28th Intersociety Energy Conversion Engineering Conference, Atlanta, GA*, 8–13, Aug. 1993.

[50] F. Mitlitsky, B. Myers, and H.A. Weisberg, Regenerative Fuel Cell Systems R&D, Lawrence Livermore National Laboratory, *Department of Energy Hydrogen Program Review*, 1998.

[51] F. Barbir, T. Molter, and L. Dalton, Regenerative fuel cells for energy storage: efficiency and weight trade-offs, *IEEE Aerospace and Electronic Systems Magazine*, 20 (3), 35–40, 2005.

[52] D. Linden, *Handbook of Batteries*, 3rd edn, McGraw-Hill, New York, 2002.

[53] C.M. Colson, M.H. Nehrir, M.C. Deibert, and M.R. Amin, Efficiency evaluation of solid oxide fuel cells in combined-cycle operations, *ASME Journal of Fuel Cell Science and Technology*, in press, to be published in 2009.

[54] A. Rao, J. Maclay, and S. Samuelsen, Efficiency of electrochemical systems, *Journal of Power Sources*, 134, 181–184, 2004.

[55] C. Haynes, Clarifying reversible efficiency misconceptions of high temperature fuel cells in relation to reversible heat engines, *Journal of Power Sources*, 92, 199–203, 2001.

[56] A.J. Appleby and F.R. Foulkes, *Fuel Cell Handbook*, Van Nostrand Reinhold, New York, 1989.

[57] R. Felder and R. Rousseau, *Elementary Principles of Chemical Processes*, John Wiley & Sons, New York, 1978.

[58] R. O'Hayre, S.-W. Cha, W. Colella, and F.B. Prinz, *Fuel Cell Fundamentals*, Wiley, New York, 2006.

[59] C.C. Lee and S. Dar Lin, *Handbook of Environmental Engineering Calculations*, McGraw-Hill, New York, 2.46–2.48, 2000.

[60] W. Jamsak, S. Assabumrungrat, P.L. Douglas, N. Laosiripojana, and S. Charojrochkul, Theoretical performance analysis of ethanol-fuelled solid oxide fuel cells with different electrolytes, *Chemical Engineering Journal*, 119, 11–18, 2006.

[61] F.A. Coutelieris, S. Douvartzides, and P. Tsiakaras, The importance of the fuel choice on the efficiency of a solid oxide fuel cell system, *Journal of Power Sources*, 123, 200–205, 2003.

[62] M. Bischoff, Large stationary fuel cell systems: status and dynamic requirements, *Journal of Power Sources*, 154, 461–466, 2006.

[63] F. Calise, M. Dentice d'Accadia, A. Palombo, and L. Vanoli, Simulation and exergy analysis of a hybrid solid oxide fuel cell (SOFC)-gas turbine system, *Energy*, 31, 3278–3299, 2006.

[64] M.P. Boyce, *Gas Turbine Engineering Handbook*, 3rd edn, Elsevier, Amsterdam, 86–91, 2006.

[65] P.J. Linstrom and W.G. Mallard, (editors), NIST Chemistry WebBook—Gas Phase Thermochemistry Data, NIST Standard Reference Database Number 69 June 2005, National Institute of Standards and Technology, Available at http://webbook. nist.gov, 2005.

第 10 章 燃料电池目前的挑战和发展趋势

10.1　引言

能源的可持续发展对人类来说是一个日益重大的挑战。为促进全球社会经济和社会政治稳定，需要在可再生能源生产和转换技术方面进行革命性创新，提高消费效率。如前所述，燃料电池系统预计将在未来的能源转换中发挥重要作用，其应用范围从集中和分布式发电到运输和便携式电子产品。燃料电池效率高，能够同时使用氢和碳氢化合物，在向"氢经济"过渡过程中将发挥良好的作用。燃料电池系统的广泛应用目前尚受到若干挑战，这些挑战可分为 3 个不同但相互关联的领域：①成本；②燃料和燃料基础设施；③材料和制造。许多挑战（例如，成本）在所有燃料电池系统类型中都是常见的，而其他挑战（例如，燃料和燃料基础设施）则是特定于燃料电池的类型及其最终的应用场景。

本章介绍燃料电池系统的基本运行（第 1 章和第 2 章的扩展）、目前应用的挑战（分 3 个领域展开），以及正在进行的研究与开发工作。

10.2　燃料电池系统运行

图 1.4 给出了燃料电池系统运行的基本原理图，包括燃料处理器、燃料电池堆、功率调节器和可能的储能装置。根据燃料电池系统的类型和最终的应用，上述每一种过程都会带来独特的技术挑战。燃料电池系统的不同组成部分，及其运行过程中的挑战将在下文详细讨论，重点是功率调节和分布式发电（DG）应用，这是本书的目标。

10.2.1　燃料处理器

图 10.1 显示了燃料电池堆典型燃料处理器（从左到右的质量流）的扩展视图，包括特定于燃料类型、燃料电池和最终应用的独立执行模块。

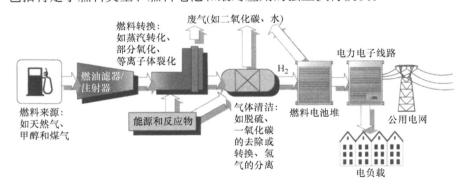

图 10.1　燃料电池系统的燃料处理原理图

如第 1 章所述，氢是最常见的燃料电池燃料。氢可以从可再生能源（如沼气、风能或太阳能电解）或不可再生能源（如化石燃料——石油/天然气/煤炭）获得。最终的应用场合、燃料电池类型和燃料可用性决定燃料来源的选择。DG 应用场合可能会利用现有的基础设施（如天然气）来接近负荷中心，或者在离网应用中使用可再生资源。不同的燃料电池类型要求不同的燃料规格，因此燃料处理过程是根据燃料来源和燃料电池类型来设计的。在现有的燃料电池类型中，PEMFC 和 SOFC 显示出 DG 应用的最大潜力（见第 1 章）。下文将介绍 PEMFC 和 SOFC 在 DG 应用时的一般燃料处理考虑。

一般而言，燃料电池燃料处理器的设计需要考虑以下几个方面：与燃料电池的类型和应用相适应的工作压力和温度，满足具体应用负荷跟踪和/或启动要求的灵活性，以及尺寸（空间）和/或质量限制。许多燃料处理技术可用于将碳氢燃料转化为富氢气体流，如蒸汽重整、部分氧化和等离子体重整等。每种技术都有其相对的优点和缺点，其中一些在第 1 章中做了介绍。其他更为详细的燃料电池的燃料加工技术可见参考文献 [1, 2, 20]。

PEMFC 通常需要纯氢才能可靠和持久地运行，这使燃料加工复杂化（特别是含硫碳氢燃料来源）。由于贵金属催化剂的低温运行和使用，PEMFC 对一氧化碳（CO）和含硫气体（如 H_2S）的耐受性较差。因此，根据燃料来源的不同，必须对燃料处理器内的"气体净化"操作给予更多关注，如图 10.1 所示。这通常包括典型燃料（例如天然气，详见第 1 章）的重整和氢的分离（例如，通常使用由钯制成的分离膜）。氢的分离和其他气体净化操作也会带来很大的能源消耗（所谓的"寄生负荷"），这除了会增加成本外，也会降低整个系统将燃料的化学能转化为可利用的电能的效率。

与 PEMFC 相比，SOFC 具有更好的燃料灵活性（例如 H_2 和 CO 都可作为 SOFC 的燃料），包括对某些燃料，例如甲烷（CH_4），进行重整的能力。这主要是得益于其较高的运行温度（例如，高于 600℃）。较高的运行温度带来的另一个好处是，允许使用非贵金属电催化剂，例如镍（Ni）相对于铂（Pt）。与 PEMFC 一样，SOFC 一般不含硫气体杂质，例如硫化氢（H_2S），但其较高的运行温度允许更广泛地选择电催化剂（例如各种陶瓷氧化物），其中一些具有耐硫性。

10.2.2　燃料电池堆

任何燃料电池系统的核心都是燃料电池堆。图 10.2 给出了一个典型的平板型 SOFC 堆的扩展原理图。这种通用设计也适用于平板型 PEMFC 堆。管状结构燃料电池堆和其他设计在第 2 章和参考文献 [1-3] 中有相关介绍。

基本的平板型燃料电池堆部件主要包括：

● 单个电池，由阳极、阴极和电解质组成，通常称为膜电极组件（MEA）或正电极、电解质、负极（PEN）。

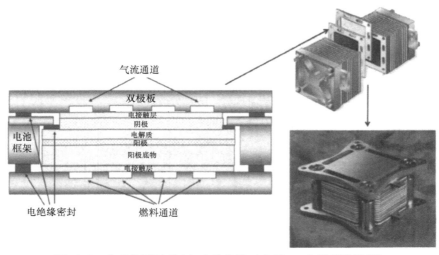

图 10.2 典型的平板型 SOFC 堆组件（由 Versa 电源系统提供）

- 互连线，也称为双极板。
- 电绝缘密封，包括刚性的或柔顺性的（黏性的）。
- 结构部件，例如电池框架。
- 反应物和废气（例如空气和燃料）流动通道。

电池堆设计在几何形状、单元数、气体管线和热管理方面各不相同。燃料电池堆的主要功能是将燃料转化为可利用的能源（例如电和热）。由于低温运行，PEMFC 系统通常只产生电能，而 SOFC 系统产生电能和热能，通常称为热电联产（CHP）。也有例外，如 PEMFC 系统可产生可利用的热水（例如，约 80°C）。与常规燃烧系统相比，燃料电池系统中的燃料利用率很少达到 100%。未使用的燃料通常被回收，或用于下游和/或发电厂平衡（BOP）过程，例如通过燃烧室和换热器预热燃料和氧化剂。为了方便不同的电力应用，燃料电池堆通常采用模块化设计，使它们可以串联或并联运行，以满足最终使用的负荷要求。正如本章后面详细介绍的，燃料电池的性能和耐用性常常受到有害材料相互作用的限制，这也是材料科学研究的主题。

10.2.3　功率调节器系统

如前几章所述，燃料电池系统需要电力电子接口电路。虽然燃料电池有各种功率调节系统（PCS），但通用的燃料电池电力电子接口系统如图 10.3 所示[4-7]。燃料电池输出电压首先通过 DC/DC 变换器提高到更高的电压水平。对于住宅应用，根据实际应用和电路拓扑，直流母线电压（V_{dc}）可能从 350V 到 480V 不等。较高的直流母线电压可用于较大的系统，以补偿逆变器和滤波器引入的较大的电压下降。带有滤波器的逆变器将为负载提供三相或单相交流电源。该系统既可以独立运行，也可以并网运行。如果并网，可能还需要一个升压变压器来进一步提高交流电压，使其与电网值相匹配。储能装置（电池或超级电容器，具有适当的接口电路）可以连接在 DC/DC 变换器的低压侧或高压侧。

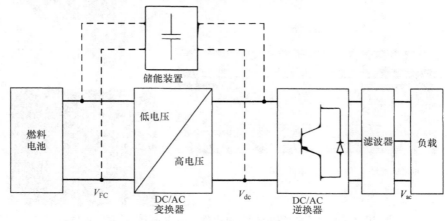

图 10.3　燃料电池通用功率调节系统框图

　　在图 10.3 中，主要有两种电路：DC/DC 变换器和 DC/AC 逆变器，有时它们被安装在一个装置中。兆瓦级，甚至更大功率的逆变器已经成功地开发出来且具有较高的效率。目前，最先进的 DC/AC 逆变器的效率已经达到 95% 以上。但是，对于 DC/DC 变换器来说，还有更多的挑战。首先是效率，市场上典型的 DC/DC 变换器的效率通常在 90% 或更低；第二个挑战是变换器的容量，大多数可用的 DC/DC 变换器的额定功率小于 10kW。因此，本节的重点是燃料电池系统的 DC/DC 变换器。

　　在燃料电池 DC/AC 逆变器的性能方面仍有改进的余地，包括提高逆变效率和降低成本。美国能源部（DOE）固态能量转换联盟（SECA）计划下的电力电子研发项目旨在将逆变器的效率提高到 99%（如变压器），并降低成本[8]。

　　对于实际的变换器设计，需要满足的要求有电压、电流和功率额定值、总质量和体积等。有时，必须在满足一项要求和另一项要求之间做出妥协。尽管如此，DC/DC 变换器的设计始终有两个最终目标：提高效率和降低成本。下文综述了实现这两项目标的可能途径。

　　目前 DC/DC 变换器的主要损耗是器件导通和开关损耗。变换器的成本也主要由开关半导体器件决定。因此，提高效率和降低成本的首要途径是设计一个具有更少开关器件的更有效的拓扑。然而，这可能导致更多的外围设备和更复杂的控制方案。

　　提高变换器效率的另一个基本方法是使用具有更少导通和开关损耗的更先进的半导体器件。然而，这种效率目标可能与降低成本冲突。为了降低成本，应该使用市场上最可用的（常用的）组件。但是，半导体器件的成本最终取决于半导体材料的进展。

提高效率的第三条途径是设计一种更有效的控制方案。这也有助于降低成本。采用软开关技术，即零电压开关（ZVS）或零电流开关（ZCS），可以大大降低开关损耗。引入基于数字信号处理器（DSP）的控制器实现这一目标更容易实现。

大规模燃料电池发电系统的另一个困难是 DC/DC 变换器的额定功率有限。解决这个问题的一种方法是并联较小的 DC/DC 变换器，以实现大的功率容量。在这种情况下，变换器之间的均流变得至关重要，因为不均匀的电流分布可能导致电感饱和、不均匀的热应力、变换器性能下降甚至变换器失效。在过去的几年中，并联功率变换器的均流技术得到了很好的发展[9-14]。在各种电流均衡方案中，下垂法和有源均流法是最广泛使用的技术。下垂法是一种无源的方法，它依靠并联模块内部和/或外部增加的电阻来维持它们之间相对均匀的电流分布。下垂法通常不需要模块间的任何通信，但系统输出电压调节较差。与下垂法相比，有源均流技术能够实现近乎完美的电流均分和更好的输出电压调节。有源电流均衡方案可以进一步归类为"对等"方案和"主从"方案[9-14]。在"对等"方案中，负载电流与模块的额定值成比例地分摊。然而，对于"主从"方案，具有最高相对输出能力的变换器将成为"主"，而从变换器采用电流值控制，且该电流值略低于主变换器的电流值。有源电流控制基于每个变换器的输出电流传感器的附加分流电路来实现。附加电路可以增加为内环、外环或利用外部专用均流控制器实现。

直流负载分摊控制不仅对于获得更大的功率容量很重要，而且对于实现基于燃料电池的系统的可伸缩结构也很重要。在这种情况下，不需要为特定的系统专门设计 DC/DC 变换器，且规模化生产可以在一定程度上降低系统成本。因此，对于大型燃料电池系统的应用，需要特别考虑系统中的 DC/DC 变换器的负载分担能力。

虽然以上讨论都是基于 DC/DC 变换器，但大部分都适用于 DC/AC 逆变器。需要指出的是，变换器的设计和开发是一个多目标优化问题。因此，燃料电池动力调节系统的多目标优化将是未来研究的另一个方向。

10.2.4 发电厂平衡（BOP）系统

尽管没有在图 1.4 中显示，燃料电池各子系统之前、之后和中间的处理过程离不开 BOP。BOP 处理流程包括：输入预处理（例如燃料和水汽化），气体输送（例如燃油泵和鼓风机），废气排放（来自燃料处理器和燃料电池），热管理（例如热交换器），以及诊断和控制。这些都是关键的系统，对燃料电池系统的运行和性能有着重要的影响。许多 BOP 系统（如水泵、鼓风机、诊断和控制）都需要电能，这就降低了燃料电池系统的整体效率。因此，在燃料电池系统中设计和集成高效、可靠、耐用的 BOP 系统势在必行。目前的研究和开发工作是通过建模和实验相结合的方法[15-17]。

10.3　当前的挑战和机遇

如10.1节所述，成本、燃料生产和燃料基础设施，以及材料和制造是阻碍燃料电池系统快速发展的三大挑战。下文结合正在进行的克服这些挑战的研究，简述这些挑战。

10.3.1　成本

成本是阻碍燃料电池商业化的主要障碍。对于燃料电池系统，许多复杂的经济因素正在发挥作用。这些费用包括与材料和制造、燃料加工和基础设施有关的费用，以及由此产生的电力费用。来自传统能源的竞争使得燃料电池发展日益困难，因为除了廉价燃料（如煤炭）的可靠运行方式外，其效率也在不断提高。人们普遍认为，目前的燃料电池技术在经济上与大多数应用领域的其他技术相比，其成本高得令人望而却步。但在效率、排放和噪声等至关重要的各种特殊应用（例如空间或军事应用）和（或）有大量补贴的情况下，燃料电池系统在经济和技术上都具有吸引力，并显示出了理想的性能。一些政府报告和其他文献，如参考文献 [18，19]，对不同燃料电池系统部件和制造工艺的成本进行了详细的经济分析，感兴趣的读者可以参阅。应该特别注意燃料电池系统组件的原材料成本，因为它们常常主导整个系统成本。需关注的是，大规模生产和规模化经济有望大大降低系统成本。

10.3.2　燃料和燃料基础设施

大多数燃料电池（PEMFC、AFC、PAFC）需要几乎纯的氢气才能可靠运行。第1章介绍了不同的氢来源，包括化石燃料的重整（例如，煤、天然气）和利用核能和/或可再生能源进行水电解。正如第1章和参考文献 [1-3] 中所讨论的那样，这两种方法在制氢方面各有优缺点。在制氢方面，另一个重大挑战是氢的存储和输送形式。根据生产地点的不同，氢气可以立即通过相邻的燃料电池系统使用，或者必须存储并运输到其最终应用位置。有前景的储氢技术包括压缩（例如，在碳复合储罐中）、金属氢化物（例如，$NaBH_4$、$LiBH_4$、$LiAlH_4$ 或 MgH_2）和低温存储，即液态 H_2。储氢技术的选择在很大程度上取决于最终的应用场合，必须仔细考虑成本和能源的损失。由于氢在大多数材料中具有高渗透性，氢的输送变得困难，使得许多现有的天然气管道并不适用。一些管道涂层技术或可解决这一难题，但目前在氢的运输或存储中还没有得到应用。

此外，随着新政策要求大幅减少碳排放，燃料电池等更高效的能源转换装置正越来越受欢迎。特别是SOFC目前正被设计成在"洁净煤"发电厂运行。在这些发电厂中，煤被气化，产生富氢的"合成气"，用于燃料电池。碳捕获和封存（CCS）技术也正在为这些先进的含SOFC能源系统的设计提供解决方案。煤气还可用作内燃机燃料、燃气轮机燃料、石化原料以及液体运输燃料。

无论燃料电池系统在经济上是否可行，氢的生产、存储和输送的技术解决方案将大大加快能源可持续性（和氢经济）的进展。这是因为传统的能源转换装置，例如，内燃机可以直接以氢为原料，产生可利用的能量和对环境无害的产品"水"。尽管从燃料到电力转换效率角度看更倾向于电化学设备，如燃料电池，但内燃机具有低成本和持久的运行能力，并且在燃料向机械的能量转换方面可能是首选的，例如在交通运输领域中。

10.3.3　材料和制造

制约广泛应用的材料和制造问题也是燃料电池类型特有的。例如，如前所述，低温（<200℃）PEMFC 系统通常需要贵金属作为电催化剂（如铂），这对许多成本目标提出了挑战。电极上使用的电催化剂的数量称为催化剂负载量，通常以 mg/cm^2 为单位。目前典型的催化剂负载量值约为 1.0mg/cm^2[20]。美国能源部（DOE）已将催化剂负载量目标定为低于 0.4mg/cm^2（总阳极+阴极），以便在汽车市场上具有竞争力[20]。PEMFC 材料面临的其他挑战包括需要更多（离子）导电电解质、更多活性电催化剂、改进电池互连以及改进水和热管理[20]。PEMFC 的研究和开发工作正针对这些领域，并提高运行温度，以提高价格较低的电催化剂的电催化活性。此外，新的电池设计旨在减少催化剂负载与改进的互连材料，有望将 PEMFC 的成本降低到商业上可行的阈值。

相反，SOFC 系统的高工作温度（如>600℃）（这会否定贵金属电催化剂）往往会导致部件材料之间不理想的界面气体和固相反应。SOFC 系统材料面临的其他挑战包括：需要改进密封，增加对燃料杂质的耐受性，更活跃的阴极材料和耐腐蚀互连线。由于 SOFC 堆设计差异很大，材料和制造方面的挑战也是如此。SOFC 系统一般可分为不同的工作温度状态：高温（>800℃）、中温（600~800℃）和低温（600℃）。一些 SOFC 系统也是围绕质子导电电解质设计的，这可能提高效率，但需要纯氢燃料。与传统的氧离子导电 SOFC 系统相比，质子导电 SOFC 系统处于相对早期的发展阶段。高温 SOFC 系统在脱硫天然气上表现出长期稳定性（数年）和可接受的性能。不幸的是，与国外氧化物电池材料、气体重整/净化和辅助设备相关的成本使得高温 SOFC 系统在经济上难以承受。由于较薄的电解质和廉价的互连线，中温 SOFC 系统在成本上是有可行的，然而，界面上有害的材料相互作用对系统的耐久性提出了挑战。低温 SOFC 系统在廉价材料中往往具有灵活性，界面反应较少，但由于普通电极的电催化活性降低而受到影响。为了实现商业可行性，各种 SOFC 系统的研究和开发工作都集中在这些问题上。

对于 PEMFC 和 SOFC 系统，需要一致的、高通量的生产过程来降低总体成本。世界上许多工业中心正在开发燃料电池生产系统。PEMFC 系统的主要北美工业开发商包括 Ballard Power Systems、United Technologies、Plug Power 和 ReliOn 等。同样，SOFC 系统的主要北美工业开发商包括 Acumentrics、Siemens、Cummins Power、General Delphi Automotive Systems 和 Fuel Cell Energy/Versa Power Systems。欧洲 SOFC 开发商包括；英国的劳斯莱斯燃料电池系统（RRFCS）、Ceres Power、瑞士的 Hexis 和德国的 ZTEK。其他工业燃料电池开发商遍布亚洲、澳大利亚和其他地方。对未来全球燃料电池市场的估计差异很大，到 2010 年，许多估计数以百亿美元计。考虑未来的市场因素，如碳排放法规，将有助于推动工业燃料电池产业的发展。

10.4   美国燃料电池研发项目

正如第 1 章所讨论的，美国能源部（DOE）是燃料电池相关研究和开发的主要联邦赞助商。在能源部内部，化石燃料办公室支持 SOFC 系统和其他化石燃料转换技术的开发。该办公室与 SOFC 有关的活动是通过能源部国家能源技术实验室（NETL）进行或管理的。能源部还与商务部的国家标准研究所（NIST）签订了一项跨部门协议，由 NIST 牵头评估高兆瓦能量转换系统（PCS）的各种先进技术选择，并确定需要开发的技术以满足能源部预期的成本和性能目标。这些 DOE 和 NIST 活动在 10.4.1 节中做了介绍。

在美国能源部内部，可再生能源和能效办公室还赞助 PEMFC 及其他氢转换、存储和传输系统的开发。第 1 章概述了该办公室的活动。

燃料电池研究和开发的其他重要联邦赞助者包括美国国防部（DoD）和美国国家航空航天局（NASA）。美国国家科学基金会（NSF）资助了基础研究，重点是燃料电池性能的关键技术，以及氢的存储和传输。燃料电池的发展是一个极具活力的领域，除了几种军事应用外，公共和私营公司也在竞相向商业市场提供产品。一般来说，燃料电池的应用可分为固定、运输、便携式和专业。很难预测哪个应用场景将获得商业上的成功。军事、空间、采矿、远程传感器等领域应用可能会提前取得成功，因为这些应用场合的经济敏感性较低，性能更突出。这些应用场合中的经验可能会为其他更常见的应用（即固定、运输和便携式）提供有益借鉴。

10.4.1   美国能源部的 SOFC 相关项目

美国能源部通过固态能源转换联盟（SECA），与私营企业、教育机构和其他国家实验室合作。SECA 行业团队包括 6 家 SOFC 制造商：Acumentrics、Cummins Power Generation、Delphi Automotive Systems、Fuelcell Energy、General Electric 和 Siemens Power Generation[23]。SECA 正在领导低成本、环保、燃料灵活的 SOFC 的研究、开发和演示，并有 3 个主要的重点方向：降低成本、基于煤炭的系统制造和核心技术研发。SECA 降低成本的目标是到 2010 年将 SOFC 能源系统的制造成本降低到 400 美元/kW。同时，以煤炭为基础的系统公司正在寻求将用于中央发电应用场合的大型集成气化燃料电池（IGFC）系统的技术进行扩展、聚合和集成，以便有效和清洁地利用美国现有的大型煤炭储量。IGFC 系统的性能将与化石能源办公室的先进发电目标保持一致，该目标包括效率超过 45%，使用煤炭更高的热值发电，90% 的碳捕获[24]。兆瓦级的概念验证系统将通过未来发电计划进行测试，该项目是美国政府和工业界之间的一个纽带，旨在实施一个创新项目，重点是设计、建造和运营一座最先进的发电厂，其目的是消除与煤炭利用有关的环境问题。为了支持这些目标，SECA 工业团队正在建立必要的制造基地，SECA 核心技术项目正在攻克技术方面的障碍[25, 26]。

　　FutureGen 是世界上第一家"零排放"燃煤发电厂，它将引领新一代零排放燃煤发电厂的发展[27]。FutureGen 将展示商业规模的综合气化联合循环（IGCC）技术和目前处于研发阶段的先进煤炭技术的潜力，以建造一座 275MW 的综合发电厂，该发电厂将捕获和封存 90% 的潜在二氧化碳排放量。美国能源部于 2008 年 1 月宣布了对 FutureGen 的改造方案，重点放在二氧化碳捕获和封存（CCS）技术上。煤炭气化仍然是清洁煤技术未来发电的基本组成部分之一。高温 SOFC，能够在合成气条件下运行，适合开发与燃气轮机结合的循环系统，以更清洁、更有效的方式发电。SECA 的 SOFC 是 FutureGen 计划内测试的研发技术之一。目前正在制定计划，在 FutureGen 测试 3 台 5MW 的高效率 SOFC，该装置将对氢和含碳捕获的煤基合成气进行实验。

　　要求兆瓦级功率调节系统将中央电站规模的工厂燃料电池模块产生的低压功率转换为向公用电网输送电力所需的更高电压水平。这一要求对美国能源部的"FutureGen"和"SECA"计划特别重要；这方面的活动由 NIST 牵头[25, 26, 28]。SECA 为 SOFC 发电厂能量转换系统设定了 40 美元/kW 的成本目标，最高为 100 美元/kW，这被普遍认为是当今技术无法实现的目标[28, 29]。为了应对这一挑战，美国能源部和 NIST 签订了一项机构间协议，由 NIST 牵头评估高兆瓦电池能量转换系统的各种先进技术选择，并确定需要开发的技术，以满足 SECA 中央电站燃料电池发电厂的总体能量转换系统的成本和效率（>90%）目标。

　　NIST 正在考虑各种注重在低、中、高压体系结构中使用先进技术的能量转换系统方法。正在考虑的先进元件技术包括用碳化硅（SiC）材料制造的先进功率半导体器件、用于滤波电感和变压器的先进纳米晶磁性材料、先进的电容器技术、先进的电力电子器件冷却系统以及模块化的电力电子封装和互连方法。参考文献 [29] 讨论了被认为有潜力降低能量转换系统成本的具体技术细节，以及燃料电池行业和联邦政府机构对高兆瓦燃料电池系统的共同需求。

10.5　燃料电池的未来：综述和作者的观点

　　燃料电池系统的广泛应用面临着若干技术和经济挑战。这些挑战与能源效率和排放（特别是二氧化碳）方面的现有和未来监管政策密切相关。本章概述了燃料电池商业化面临的三大挑战（成本、燃料和燃料基础设施，以及材料和制造）。为了实现燃料电池的广泛使用，今后必须在这些领域取得革命性进展。特别是，燃料电池燃料（氢）的供应将使燃料电池系统的示范和迅速发展成为可能。燃料电池特别适合与风能和太阳能等替代能源系统相结合，在这种系统中，它们可以用来解决这些系统固有的间歇性问题。可逆燃料电池可用作电解槽，利用从其他来源产生的电力从水中产生氢（和氧），然后通过燃料电池存储和使用，以便在高峰电力需求期间产生电力。

预计在未来的能源系统设计中，燃料电池将作为集成混合发电系统的子系统。混合发电系统的其他部分可能包括一次能源，如煤、天然气和水电，或替代能源，如太阳能、风能、地热、微型涡轮机和生物质能。另外，储能（特别是储氢）和电力电子子系统将是集成混合发电系统的重要组成部分。

由于人为气候变化与二氧化碳排放有关，作者认为，应立即实施一切可行的减排措施。随着这一问题的紧迫性在全球范围内形成共识，国际决策者将制定战略，包括一系列节能和增效的解决方案和措施（无论是从源头还是在最终用途）。这些措施将进一步推动燃料电池系统的开发和商业化，以供多种应用场合。因此，预计燃料电池和其他高效率的能源转换装置将继续得到更多的关注和发展支持。虽然有些应用的固有特点决定了其比其他应用困难（例如，初级运输功率的燃料电池比小型固定电源的燃料电池困难），但所有的应用都应该被开发，以便早期采用者能够将关键的性能数据进行反馈，以促进未来的发展。总的来说，未来能源转换设备无疑将利用燃料电池系统的诸多优点，并将成为多种应用的共同之处，且有望比预期发展更快。

参 考 文 献

[1] J. Larminie and A. Dicks, *Fuel Cell Systems Explained*, 2nd edn, Wiley, Hoboken, NJ, 2003.

[2] N. Sammes, *Fuel Cell Technology: Reaching Toward Commercialization*, Springer, New York, 2006.

[3] S. Singhal, and K. Kendall, *Solid Oxide Fuel Cells: Science and Technology*, Elsevier, Amsterdam, 2003.

[4] J. Wang, F.Z. Peng, J. Anderson, A. Joseph, and R. Buffenbarger, Low cost fuel cell converter system for residential power generation, *IEEE Transactions on Power Electronics*, 19 (5), 1315–1322, 2004.

[5] F.Z. Peng, H. Li, G.-J. Su, and J.S. Lawler, A new ZVS bidirectional DC–DC converter for fuel cell and battery application, *IEEE Transactions on Power Electronics*, 19 (1), 54–65, 2004.

[6] R. Sharma and H. Gao, Low cost high efficiency DC–DC converter for fuel cell powered auxiliary power unit of a heavy vehicle, *IEEE Transactions on Power Electronics*, 21 (3), 587–591, 2006.

[7] C. Liu, A. Johnson, and J.-S. Lai, A novel three-phase high-power soft-switched DC/DC converter for low-voltage fuel cell applications, *IEEE Transactions on Industry Applications*, 41 (6), 1691–1697, 2005.

[8] J. Lai, A low-cost soft-switched DC/DC converter for solid oxide fuel cells, SECA FY 2006 Report, pp. 207–210, 2006.

[9] S. Luo, Z. Ye, R.-L. Lin, and F.C. Lee, A classification and evaluation of paralleling methods of power supply modules, *Proceedings of IEEE Power Electronics Specialist Conference*, 2 (pt. 2), 901–908, 1999.

[10] V.J. Thottuvelil and G.C. Verghese, Analysis and control design of paralleled DC/DC converters with current sharing, *IEEE Transactions on Power Electronics*, 13 (4), 635–644, 1998.

[11] J.-J. Shieh, Peak-current-mode based single-wire current-share multi-module paralleling DC power supplies, *IEEE Transactions on Circuits and Systems I*, 50 (12), 1564–1568, 2003.

[12] M. Ponjavic and R. Djuric, Current sharing for synchronized DC/DC operating in discontinuous condition mode, *IEE Proceedings on Electric Power Applications*, 152 (1), 119–127, 2005.

[13] Y. Panov and M.M. Jovanoiv, Stability and dynamic performance of current-sharing control for paralleled voltage regulator modules, *IEEE Transactions on Power Electronics*, 17 (2), 172–179, 2002.

[14] P. Li and B. Lehman, A design method for paralleling current mode controlled DC–DC converters, *IEEE Transactions on Power Electronics*, 19 (3), 748–756, 2004.

[15] A. Litka, Hybrid ceramic/metallic recuperator for SOFC generator, *Office of Fossil Energy Annual Fuel Cell Report*, 205–207, 2007.

[16] H. Ghezel-Ayagh, Advanced control modules for hybrid fuel cell/gas turbine power plants, *Office of Fossil Energy Annual Fuel Cell Report*, 208–210, 2007.

[17] M.C. Johnson, Hot anode recirculation blower for SOFC systems, *Office of Fossil Energy Annual Fuel Cell Report*, 211–212, 2007.

[18] "Grid independent, residential fuel-cell conceptual design and cost estimate," NETL Final Report, TIAX, LLC (Subcontract #736222-300005), October 2002.

[19] D.B. Nelson, M.H. Nehrir, and J. Gerez, Economic evaluation of grid-connected fuel cell systems, *IEEE Transactions on Energy Conversion*, 20 (2), 2005.

[20] *Fuel Cell Handbook*, 7th edn, EG&G Services, Inc., Science Applications International Corporation, DoE, Office of Fossil Energy, National Energy Technology Laboratory, 2004.

[21] L.R. Pederson, P. Singh, and X.-D. Zhou, Application of vacuum deposition methods to solid oxide fuel cells, *Vacuum*, 80 (10), 1066–1083, 2006.

[22] Robotic assembly of fuel cells could hasten hydrogen economy, *ScienceDaily,* November 9, 2005.

[23] W. Surdoval, DOE's SECA and FutureGen Programs: Progress and Plans, Proceedings, 2008 IEEE PES General Meeting, July 20–24, Pittsburgh, PA.

[24] Federal Register, Vol. 70, No. 233, pp. 72634–72635.

[25] National Energy Technology Laboratory, SECA 8th Annual Workshop, DOE/NETL 2007/1299 (CD), 2007.

[26] National Energy Technology Laboratory, 2007 Office of Fossil Energy Fuel Cell Program Annual Report, DOE/NETL-2007/1288 (CD), 2007.

[27] U.S. Department of Energy, Office of Fossil Energy, FutureGen Integrated Hydrogen, Electric Power Production and Carbon Sequestration Research Initiative, Report to Congress 2004.

[28] A.R. Hefner Jr. Advanced power conditioning system technologies for high-megawatt fuel cell power plants, Proceedings, 2008 IEEE PES General Meeting, July 20–24, Pittsburgh, PA.

[29] Proceedings, The High Megawatt Converters Workshop, January 24, 2007, NIST Headquarters, Gaithersburg, MD.

附录

运行 PEMFC、SOFC 模型及其分布式发电应用模型的指南与本书相关的 FTP 站点（ftp：//ftp. wiley. com/sci_tech_med/fuel_cells）包含以下文件：

- 第 3 章构建的 500W PEMFC 堆动态物理模型。
- 第 4 章构建的 5kW SOFC 堆动态物理模型。
- 第 7 章讨论的基于 PEMFC 的分布式发电（PEMFCDG）系统模型，该模型是以 500W PEMFC 堆为基础构建的。
- 第 7 章讨论的基于 SOFC 的分布式发电（SOFCDG）系统模型，该模型是以 5kW SOFC 堆为基础构建的。

本附录后面的部分给出了运行上述模型的简要说明。运行这些模型，需要有 MATLAB/SIMULINK 或 PSpice 的基础知识。读者可参考 MATLAB 用户指南和 PSpice 用户指南，以获得如何使用 MATLAB/SIMULINK 和 PSpice 运行仿真的帮助。

I. PEMFC 模型

动态 PEMFC 模型是一个在恒定通道压力下，对进入燃料电池（FC）的输入燃料流没有控制的自主运行的模块。燃料电池堆将根据其负载电流调节输入燃料流以保持通道压力的恒定。除了在 MATLAB/SIMULINK 中建立的模型外，还利用 PSpice 建立了相同 PEMFC 堆的等效电路模型。两个模型都已被在 500W Avista（现在 ReliOn 公司）的 PEMFC 堆上获得的实验数据验证。这些模型可用于 PEMFC 的性能评价、控制器设计、燃料电池车辆研究，以及开发大功率 PEMFC 发电厂的模型。

A. PEMFC 的 MATLAB/SIMULINK 模型

- 运行模型的步骤

1）找到文件夹 "PEMFC Model \ PEMFC SIMULINK" 并且在 MATLAB/SIMU-LINK 中打开名为 "PEMFC500W. mdl" 的仿真模型。这个模型是使用版本号为 V7. 0. 4. 365（R14）Service Pack2 的 MATLAB 构建的。

2）为模型设置合适的输入量。既可以明确设置燃料电池（负载）电流，也可以从实际负载测量，然后反馈给模型。

3）选择合适的求解器并设置仿真时间。这个模型的推荐解算器是 "ode23tb"。在菜单中单击 "Simulation" 并选择 "Simulation parameters" 来设置解算器。

4）单击 "Start simulation" 运行仿真模型。

- 模型的输入量

燃料电池的负载电流，$I(A)$。最大负载电流是 25A。

阳极通道的压强，Panode（atm）。

阴极通道的压强，Pcanode（atm）。

室温，Troom（K）。

燃料电池的初始温度，Tinitial（K）。

- 模型的输出量

输出端电压，V（V）。

燃料电池的温度，Tout（K）。

● 示例文件

1）在运行 MATLAB/SIMULINK 模型之前，3 个负载电流的示例文件需要加载到工作区中。要做到这一点，可以在同一个目录下运行文件"firstload. m"。3 个示例文件被加载到 MATLAB 工作区中。

2）任何负载电流数据都可以用于仿真研究。但是，在仿真模型中，负载电流被限制在 25A 以内。图 A.1 给出了一个示例的 SIMULINK 框图，其中，电阻 R 连到 PEMFC 的模型上，负载电流被反馈到模型，作为模型的输入。

3）在仿真之前，需要设置合适的仿真时间。仿真时间由期望的仿真研究的时间长度和/或实际输入数据的长度决定。3 个示例的仿真时间如下：

InputI_stdy_ ideal：在稳态，理想的燃料电池负载电流，仿真时间：4900s。

InputI_stdy：在稳态，实际的燃料电池负载电流，仿真时间：3900s。

Inputl - dynshrt4：在瞬态，实际的燃料电池负载电流，仿真时间：2040s。

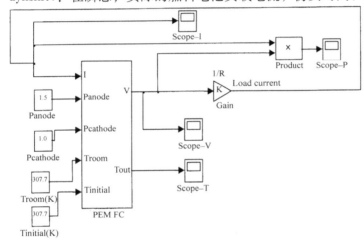

图 A.1　使用 PEMFC 在 MATLAB/SIMULINK 的仿真模型示例

B. PEMFC 的 PSpice 仿真模型

● 运行模型的步骤

1）寻找文件夹"PEMFC Model \ PEMFC PSpice \ Version10. 1. 0. p001"。在 Capture CIS（版本号为 10. 0. 0. p001）中打开模型文件"ETModel. opj"。

2）寻找名称为"PEMFC500"的模块。在自己的仿真系统中正确连接模型。燃料电池的模型可以看作是一个 PSpice 组件，下面将给出一个运行该模型的例子。

● 输入端

室温：Troom（用 V 表示的绝对温度）。

地（见图 A.2）。

● 输出端

输出电压，Vout。

燃料电池的温度，Tout（用 V 表示的绝对温度）。

- 示例

图 A.2 显示了一个由上述 PSpice PEMFC 模型和超级电容器（大电容器小电阻的串联组合）组成的示例系统，超级电容器连接在 PEMFC 模型输出端子上。负载电流在文件"iload.c"中定义，该文件保存在模型文件夹下。可以按需求确定仿真研究的负载电流，只要电流不超过 25A 即可。确保系统中明确规定了负载定义文件，否则，可能出现查找负载文件的错误。没有必要仅将负载建模为示例中预先由文件定义的电流源。比如，负载可以是很简单的电阻。

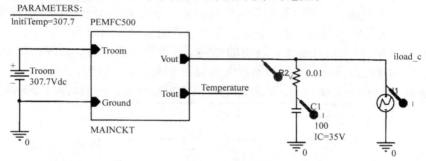

图 A.2　在 PSpice 中使用 PEMFC 的例子

II. SOFC 模型

SOFC 模型有 9 个输入量和 2 个主要的输出量，分别在表 A.1 列出。MATLAB/SIMULINK 中的"示波器"块可以用来测量任何感兴趣的量。在模型中一些示波器模块已经用来测量下面的量：负载电流、燃料电池的输出功率、燃料电池的输出电压、燃料电池的温度、活化电压降、欧姆电压降、浓差电压降、燃料利用率以及氢气、水和氧气的有效分压。

表 A.1　SOFC 的输入量和输出量

输入量	
I	燃料电池的负载电流，最大电流为 160A
Pa	阳极通道的压强（atm）
MH2	阳极输入氢气的摩尔流速（mol/s）
MH2O	阳极输入水的摩尔流速（mol/s）
Pc	阴极通道的压强（atm）
Tairinlet	进气口空气的温度（K）
Mair	空气的摩尔流速（mol/s）
Tfuelinlet	燃料入口处燃料的温度（K）
TsteadyState	是一个布尔量，0/1 选项"1"仅用于稳态研究，此时没有温度动力学。燃料电池温度由 Tairinlet 设定，意味着 Tout 不会改变 选项"0"用于动态分析，模型中包括热动力学
输出量	
Vout	SOFC 模型的输出电压（V）
Tout	SOFC 模型的温度（K）

- 运行模型的步骤

1）运行 MATLAB/SIMULINK（版本 7.0.4.365（R14）Service Pack2）。

2）在文件夹"\ SOFC_Model"中，在 MATLAB/SIMULINK 中打开模型文件"SOFC_5kW.mdl"。

3）设置合适的模型输入量。

4）选择合适的求解器并设置仿真时间。这个模型的推荐解算器是"ode23tb"。在菜单中单击"Simulation"并选择"Simulation parameters"来设置解算器。

5）单击"Start simulation"运行模型。

6）通过双击相应的示波器模块观察任意输出量的波形。

- 示例

1）SOFC 的稳态特性

设置 TSteadyState = 1。设置适当的 Tairinlet 值，在这种情况下被视为燃料电池的工作温度。例如，设置 Tairinlet = 1173K。使用"Ramp"模块作为负载电流的输入。斜率为 0.01，仿真时间为 15800s。在这种情况下，负载电流将从 0 增加到 158A，增长率为 0.01A/s。其他参数值（表 A.1 所给出的参数）与模型中设置的相同。用户可以改变参数值。运行模型，观察运行结果。

2）SOFC 的动态响应

设置 TSteadyState = 0。相应地设置 Tairinlet 和 Tfuelinlet 值。例如，把它们都设置为 1173K，如图 A.3 所示。使用模型文件中给出的"I_step"块来模拟负载瞬变。仿真时间为 15800s，其他输入量使用默认值。运行模型，观察其动态响应。

III. 燃料电池分布式发电系统

在 CD 中给出了基于 PEMFC 和 SOFC 堆模型的燃料电池分布式发电系统范例。燃料电池分布式发电系统的构造已经讨论并如第 7 章的图 7.1 所示。第 6 章介绍了系统中电力电子电路（DC/DC 变换器和逆变器）的工作原理和设计，第 7 章讨论了逆变器和 DC/DC 变换器的控制器设计。下面简要介绍 SOFC 分布式发电系统仿真的运行过程。可以执行类似的过程来运行 PEMFC 分布式发电系统的仿真文件。

- 运行模型的步骤

1）运行 MATLAB/SIMULINK（版本 7.0.4.365（R14）Service Pack2）。应用 SIMULINK 中的 SimPowerSystems 工具箱（版本 4.0.1）对系统中的电力电子器件进行建模。在不同版本的 MATLAB/SIMULINK 中运行仿真系统会出现不兼容的问题。可能需要来自 MATLAB 技术支持专业人员的帮助。

2）寻找"\ FCDG"文件夹，打开模型文件"SOFC_DG.mdl"。用户应该能看到如下子系统模块：燃料电池发电厂、DC/DC 变换器及其控制器、DC/AC 逆变器及其控制器，以及公用电网。可以通过双击或右击每个子模块并从弹出菜单中选择"Look Under Mask"来获得每个子系统的细节。为避免任何代数环，系统中有

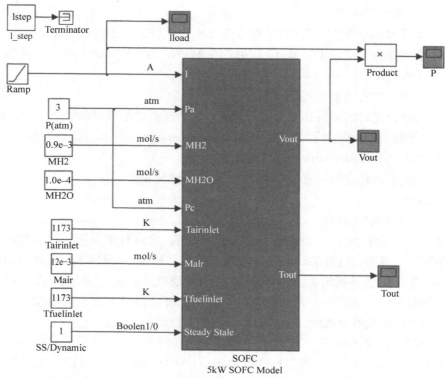

图 A.3　在 MATLAB/SIMULINK 中使用 SOFC 模型的例子

一个简单的小时间常数的延迟模块。

3）默认的用于电力开关器件的脉宽调制模块的仿真时间设置为 $T_s = 2\mu s$。这个参数可以按照需要调整，但是，不推荐超过 $10\mu s$。

4）选择合适的解算器并设置仿真时间。这个模型的推荐解算器是"ode23tb"。在菜单中单击"Simulation"并选择"Simulation parameters"来设置解算器。

5）为了提高仿真速度，推荐使用 SIMULINK Accelerator。即使应用 Accelerator，也要意识到要完成仿真可能需要相当长的时间（数小时）。

6）单击"Start simulation"运行模型。

7）仿真结束后，可以通过将输出数据文件装载到 MATLAB 工作空间来观察输出，这些数据文件以 MAT 的类型保存在同一文件夹。需要注意的是，想要观察的输出量被保存在相应的 MAT 文件中。例如，"P. mat"是有功功率的数据文件。当仿真结束，使用指令"load P. mat"将有功功率数据装载到工作空间。然后，使用指令"plot（P（1,:），P（2,:））"画出功率曲线。